Teubner Studienbücher der Geographie

J. Hagel
Geographische Interpretation
topographischer Karten

Teubner Studienbücher der Geographie

Herausgegeben von
Prof. Dr. W. D. Blümel, Stuttgart
Prof. Dr. Ch. Borcherdt, Stuttgart
Priv.-Doz. Dr. F. Kraas, Bonn
Prof. Dr. E. Löffler, Saarbrücken
Prof. Dr. Dr. h.c. E. Wirth, Erlangen

Die Studienbücher der Geographie wollen wichtige Teilgebiete, Probleme und Methoden des Faches, insbesondere der Allgemeinen Geographie, zur Darstellung bringen. Dabei wird die herkömmliche Systematik der Geographischen Wissenschaft allenfalls als ordnendes Prinzip verstanden. Über Teildisziplinen hinweggreifende Fragestellungen sollen die vielseitigen Verknüpfungen der Problemkreise wenigstens andeutungsweise sichtbar machen. Je nach der Thematik oder dem Forschungsstand werden einige Sachgebiete in theoretischer Analyse oder in weltweiten Übersichten, andere hingegen in räumlicher Einschränkung behandelt. Der Umfang der Studienbücher schließt ein Streben nach Vollständigkeit bei der Behandlung der einzelnen Themen aus. Den Herausgebern liegt besonders daran, Problemstellungen und Denkansätze deutlich werden zu lassen. Großer Wert wird deshalb auf didaktische Verarbeitung sowie klare und verständliche Darstellung gelegt. Die Reihe dient den Studierenden zum ergänzenden Eigenstudium, den Lehrern des Faches zur Fortbildung und den an Einzelthemen interessierten Angehörigen anderer Fächer zur Einführung in Teilgebiete der Geographie.

Geographische Interpretation topographischer Karten

Von Dr. rer. nat. Jürgen Hagel
Akademischer Direktor a.D. der Universität Stuttgart

Mit 33 Abbildungen und 2 Beilagen

B. G. Teubner Stuttgart · Leipzig 1998

Dr. rer. nat. Jürgen Hagel, Akademischer Direktor a. D.

Geboren 1925. 1943–1945 Kriegsdienst bei der Kriegsmarine, 1945 Kriegsgefangenschaft. 1946–1954 Studium der Naturwissenschaften an den Universitäten Kiel und Hamburg. 1955 Promotion an der Universität Kiel mit einer Dissertation über Auswirkungen der Teilung Deutschlands auf die deutschen Seehäfen. 1956–1965 Redakteur bei der naturkundlichen Monatsschrift KOSMOS, zuletzt zuständig für Geowissenschaften. 1965–1989 am Geographischen Institut der Universität Stuttgart. Schwerpunktgebiete der Lehrtätigkeit: Siedlungsgeographie, Geomorphologie, Kartographie, Regionale Geographie (Deutschland, Niederlande, Alpenländer, Mittelmeerländer), Umweltveränderung durch raumwirksame Staatstätigkeit. Hauptarbeitsgebiete: Kartographie, Historische Geographie und Historische Kartographie des Raumes am mittleren Neckar (insbesondere Stuttgart), historische Umweltforschung, Behandlung von Umweltproblemen im Unterricht.

Die Deutsche Bibliothek – CIP-Einheitsaufnahme

Hagel, Jürgen:
Geographische Interpretation topographischer Karten /
von Jürgen Hagel. – Stuttgart ; Leipzig : Teubner, 1998
  (Teubner Studienbücher der Geographie)
  ISBN 3-519-03440-9

Das Werk einschließlich aller seiner Teile ist urheberrechtlich geschützt. Jede Verwertung außerhalb der engen Grenzen des Urheberrechtsgesetzes ist ohne Zustimmung des Verlages unzulässig und strafbar. Das gilt besonders für Vervielfältigungen, Übersetzungen, Mikroverfilmungen und die Einspeicherung und Verarbeitung in elektronischen Systemen.

© B. G. Teubner Stuttgart · Leipzig 1998

Printed in Germany
Gesamtherstellung: W. Röck GmbH, Weinsberg
Einbandgestaltung: Peter Pfitz, Stuttgart
Umschlagbild: Ausschnitt aus TK 50 L 7934 München, Ausgabe 1983.
Wiedergabe mit Genehmigung des Bayrischen Landesvermessungsamtes München, Nr. 1632/98.

Vorwort

Für den Geographen ist der Umgang mit Karten eine Selbstverständlichkeit. Kein Geländepraktikum und keine Exkursion finden ohne topographische Karten statt, ja so manches Exkursionsziel wurde bewußt ausgewählt, nachdem wir beim vorbereitenden Studium der Karten interessante Ziele, wie etwa einen Moränenstausee in den Alpen, Erholungsgebiete an neu entstandenen Baggerseen oder eine Anlage zur Trinkwassergewinnung im Dünengürtel Hollands, ausfindig gemacht hatten. Schon in den ersten Semestern hat die Benutzung der Karte bei der Einführung in die Geographie und in die Geländearbeit mit Recht ihren Platz. Daß die Karteninterpretation dann im Rahmen der Hauptausbildung bis ins Examen hinein einen besonderen Stellenwert hat, bedarf für die Kenner des Faches keiner Erläuterung.

Ein Vierteljahrhundert lang habe ich regelmäßig am Geographischen Institut der Universität Stuttgart und – im Rahmen von Lehraufträgen – mehrmals an der Pädagogischen Hochschule Ludwigsburg Seminare zur geographischen Interpretation topographischer Karten und zeitweise auch thematischer Karten abgehalten und zudem zahlreiche Klausuren durchgesehen. Dabei blieb mir nicht verborgen, wie schwierig vielen Studierenden die Einarbeitung in die Karte fällt. Ich suchte deshalb nach Wegen, eine Brücke zwischen Landschaftsbild und Karte zu schlagen, indem ich auf Exkursionen grundsätzlich von jedem Teilnehmer die Mitnahme einer topographischen Karte verlangte, besondere Halte zum Kartenstudium im Gelände einlegte und einige der üblichen Exkursionsprotokolle unter der Verwendung einer Karte schreiben ließ, ja ich führte gezielt Exkursionen in den Bereich eines besonders schwierig zu interpretierenden Blattes (L 8116 Donaueschingen) zur Interpretation im Gelände durch und ließ auch im Seminar Lichtbilder besonderer Phänomene, z. B. der Glazialmorphologie im Bereich der Beilage 2 oder des Hamburger Hafens bei der Besprechung des Blattes Hamburg-Harburg, mit der Darstellung in der Karte vergleichen, so wie es hier mit den Abb. 21 + 22 und 25 + 26–29 geschieht. Auch in Seminaren zur Regionalen Geographie arbeitete ich immer wieder mit topographischen Karten. Weil in Stuttgart Kartensätze einzelner Blätter aus verschiedenen Jahren verfügbar sind, konnten wir durch deren Vergleich überdies nicht nur die Weiterentwicklung der Karten, sondern auch starke Veränderungen der Struktur im Bereich einiger Blätter verfolgen. Schließlich machte ich die Beschäftigung mit historischen Karten zu einem Hauptarbeitsgebiet.

Gerne greife ich deshalb die Anregung der Herausgeber und des Verlages auf, im Rahmen der Studienbücher der Geographie eine Einführung in die Interpretation topographischer Karten zu geben. Daß ein solches Buch reich mit Abbildungen von Beispielen und mit Kartenausschnitten ausgestattet sein muß, ist für alle Beteiligten selbstverständlich. Um jedoch den Preis nicht zu hoch ansteigen zu lassen, haben wir uns dafür entschieden, die Zahl der Abbildungen und Beilagen zu begrenzen und dafür im Text zahlreiche Hinweise auf konkrete Beispiele zu geben und für diese die Nummern und Namen der Karten sowie die Rechts- und Hochwerte der Objekte zu nennen, wodurch die Arbeit mit diesem Buch zugleich mit der Arbeit in der Karte verbunden wird. Wir hoffen, damit einen vertretbaren Weg gefunden zu haben.

Eine Exkursion mit im Beruf stehenden Kartographen anläßlich des Kartographentages in Stuttgart 1992, bei der bewußt dargelegt werden sollte, wie wir Geographen Karten interpretieren, zeigte mir, daß den Herstellern der Karten oft wenig bekannt ist, was wir an Details herauslesen und welche Anforderungen wir deshalb an die Karten stellen. Aus diesem Grunde wünsche ich mir nicht nur viele Studierende der Geographie, sondern auch viele Geodäten und Kartographen, auf deren exaktes Arbeiten wir Geographen uns verlassen müssen, als Leser.

Ich danke Herrn Prof. Dr. Christoph Borcherdt (Bietigheim-Bissingen), mit dem ich zweieinhalb Jahrzehnte lang nicht nur im Bereich der Kartographie eng zusammenarbeiten durfte, und Herrn Vermessungsdirektor Roland Häberlein † (LV Stuttgart), der freundlicherweise das Kapitel zur Geschichte durchsah, für ihre Anregungen sowie Herrn Dr. Werner Ziesak (Burghausen) für die Informationen über die Milchviehanlage Göritz und Herrn Gottfried Große (Germering) für die Rundfahrt durch das in Abb. 25 dargestellte Gebiet. Den Herausgebern und dem Verlag danke ich für die Aufnahme des Buches in die Reihe der Teubner Studienbücher der Geographie, den beteiligten Vermessungsämtern für die freundliche Unterstützung und allen zusammen für die gute Zusammenarbeit.

Nürtingen, im Mai 1998   Jürgen Hagel

Inhaltsverzeichnis

Vorwort 5
Verzeichnis der Abbildungen 9
Verzeichnis der Beilagen 9
Hinweise für die Benutzung 10
Abkürzungen 11
Besonders häufig zitierte Blätter 11

1 Einleitung 13
    Warum geographische Interpretation topographischer Karten? 14
    Voraussetzungen für die Interpretation 15

2 Vom Abriß des Augenscheins zur topographischen Karte.
   Ein kurzer Überblick über die Geschichte der kartographischen Darstellung   17

3 Inhalte topographischer Karten 26
    Numerierung 27
    Angaben über die Grundlagen 28
    Maßstab 29
    Koordinatensysteme 29
    Stand der Nachführung 33
    Allgemeines zu den Signaturen 34
    Farben 35
    Namen 36
    Grenzen 37
    Siedlungen 38
    Verkehrsanlagen 42
    Vegetation 43
    Gewässer 44
    Relief 45
    Schwierigkeiten und Grenzen der Kartenauswertung 48

4 Geographische Analyse topographischer Karten 50

   4.1 Einarbeitung, Hilfsmittel, Vorgehensweise 50
       Wie kann ich mich in der Analyse üben? 50
       Welche Hilfsmittel benötige ich? 52
       Wie gehe ich bei der Analyse vor? 53

   4.2 Einzelformen der Naturlandschaft 57
       Relief 57

8 Inhaltsverzeichnis

    Untergrund und Bodenart 66
    Vegetation (siehe Kapitel 3) 69
    Gewässer 69
    Klima 75

4.3 Landschaftstypen von Naturlandschaften 76
    Eiszeitlich geprägte Gebiete außerhalb der Gebirge 76
    Bruch- und Schichtstufen 80
    Terrassenlandschaften 82
    Marsch 83
    Küste 84
    Mittelgebirge 85
    Karstlandschaften 86
    Vulkanische Landschaften 87
    Hochgebirge 88

4.4 Einzelformen der Kulturlandschaft 91
    Land- und forstwirtschaftliche Nutzung 91
    Ländliche Siedlungen 93
    Städtische Siedlungen 105
    Verkehr 118
    Typisierung 121
    Fazit 121

4.5 Kulturräumliche Einheiten 121
    Agrarlandschaften 122
    Stadtlandschaften 123
    Bergbaulandschaften 123
    Fremdenverkehrslandschaften 123
    Konfessionsgebiete 124

4.6 Grenzen 125

4.7 Messen in der Karte 125

5 Darstellung des Ergebnisses 128

  Wege der Darstellung 128
  Gliederung der Darstellung 130
  Hilfsmittel der Darstellung: Strukturskizze, Profil, Blockbild 131
  Einige Tips für die Klausur 132

6 Die Beispiele: Darstellung der Interpretation der zwei Beilagen 134

  Beilage 1: Ausschnitt aus L 7250 Reutlingen 134
  Beilage 2: Ausschnitt aus der Landeskarte der Schweiz Blatt 268 Julierpass 136

Literaturverzeichnis 139

Verzeichnis der Abbildungen
(Kurztitel)

Abb. 1: Ausschnitt aus der Charte von Wirtemberg von 1798 — 20
Abb. 2: Das Gauß-Krüger-Meridianstreifensystem — 31
Abb. 3: Schematische und kartographische Darstellung des Gittersprungs — 32
Abb. 4: Abweichungen der verschiedenen Nordrichtungen voneinander — 33
Abb. 5: Darstellung eines Industrie- und Gewerbegebiets — 39
Abb. 6: Braunkohlentagebau nördlich Senftenberg — 41
Abb. 7: Darstellung der Höhenlinien und Höhenpunkte — 45
Abb. 8: Struktursizze des Blattes L 6916 Karlsruhe-Nord — 53
Abb. 9: Kartographie Darstellung häufiger Oberflächenformen — 58
Abb. 10: Häufige Talformen: Muldentäler, Kerbtäler, Kastental — 60
Abb. 11: Der Durchbruchsberg bei Lauffen am Neckar — 61
Abb. 12: Das Trockental zwischen Dollnstein und Wellheim — 63
Abb. 13: Das Delta des Zinkenbachs am Wolfgangsee — 65
Abb. 14: Profil durch den Hildesheimer Wald — 67
Abb. 15: Vereinfachtes Schema eines angezapften Flußsystems — 73
Abb. 16: Angabe der Mittelwasserhöhen im Blatt 6013 Bingen — 74
Abb. 17: Interpretationsskizze für den SO-Teil des Blattes L 7936 Grafing — 77
Abb. 18: Schichttrippen des Teutoburger Waldes — 81
Abb. 19: Vulkankegel und Wüstungen im Blatt L 4922 Melsungen — 87
Abb. 20: Bergsturzgebiet bei Arnoldstein — 89
Abb. 21: Die Stallgebäude der Milchviehanlage Göritz — 96
Abb. 22: Agrargebiet südlich Pasewalk — 97
Abb. 23: Ingolstadt als Beispiel einer früheren Festung — 108
Abb. 24: Der Altstadtkern von Hildesheim — 110
Abb. 25: Grundrißformen verschiedener Wohngebiete in SO-München — 112
Abb. 26: Einfamilienreihenhäuser in der Bad-Kissingen-Straße in München — 114
Abb. 27: Reihenhäuser mit Mietwohnungen in der Zellhornstraße in München — 114
Abb. 28: Ehemalige Wohnsiedlung der US-Amerikaner in München — 115
Abb. 29: Großwohnsiedlung Neuperlach in München — 115
Abb. 30: Das Hafengebiet von Bremen — 120
Abb. 31: Industrialisiertes und verstädtertes Dorf: Schladen — 122
Abb. 32: Bestimmung von Abstand und Gefälle zwischen zwei Orten — 126
Abb. 33: Ausblick auf den Rand der Schwäbischen Alb — 133

Verzeichnis der Beilagen

Beilage 1: Ausschnitt aus L 7520 Reutlingen
Beilage 2: Ausschnitt aus der LKS Blatt 268 Julierpass

Bayerisches Landesvermessungsamt
Alexandrastr. 4, 80538 München
Tel. 089/2129-01

Geodaten von Bayern
Vertrieb durch das Dienstleistungszentrum des BLVA
- Amtliches Topographisch-Kartographisches Informationssystem (ATKIS)
- Digitales Geländemodell (DGM)
- Rasterdaten
- Luftbilder, Orthophotos

Landkarten von Bayern
Vertrieb über den örtlichen Buch- oder Landkartenhandel

Hinweise für die Benutzung

Die im Text erwähnten Beispiele sind, soweit möglich, den beigefügten Beilagen oder Abbildungen, ansonsten – außer Abb. 16 – der TK 50, der ÖK 50 und der LKS 50 entnommen. Auf die Beilagen wird durch ein B und die Nummer der Beilage verwiesen, auf die TK mit der Nummer des betreffenden Blattes und – zur Bezeichnung der Lage – dem zugehörigen Namen (z. B. L 7522 Bad Urach). Beispiele aus den TK werden, soweit nötig, mit Rechts- und Hochwert bezeichnet (s. Kapitel 3: Koordinaten). Die besonders häufig herangezogene Blätter sind unten in einer Übersicht aufgeführt. Sie dürften in den Kartensammlungen der Geographischen Institute und Seminare entliehen werden können, sofern man nicht das eine oder andere Blatt käuflich erwerben möchte. Weil man jedoch nicht alle diese Kartenblätter zugleich ausleihen kann, notiert man am besten die Nummer der erwähnten TK und dazu Rechts- und Hochwert des Beispiels, das angesprochene Objekt und die Seitenzahl des Textes. Dabei ist es zweckmäßig, für jede Kartennummer ein eigenes Notizblatt zu verwenden, damit man alle nach und nach aus demselben Kartenblatt folgenden Beispiele darauf notieren und anschließend die betreffende TK mit Benutzung des Textes gründlich studieren kann.

Bei Abbildungen von Kartenausschnitten ist jeweils das Ausgabejahr der benutzten Vorlage angegeben. Das ist deshalb wichtig, weil die TK von Ausgabe zu Ausgabe nachgeführt, also etwas verändert werden. Deshalb kann es vorkommen, daß in diesem Buch angesprochene Objekte in älteren Ausgaben der TK noch nicht oder in neueren nicht mehr enthalten sind, sofern der Leser andere Ausgaben benutzt als der Verfasser. Man wird dann jedoch unschwer andere Beispiele finden. Leider standen dem Verfasser wegen der starken Haushaltskürzungen nicht immer die jeweils neuesten Ausgaben der besprochenen Blätter zur Verfügung. Für den Text ist das jedoch ohne Belang; denn es geht nicht darum, die jeweils neueste Ausgabe vorzustellen, sondern den gezeigten Inhalt zu interpretieren.

Die Begriffe „Benutzer", „Leser", „Interpret" und „man" stehen selbstverständlich für Personen beiderlei Geschlechts.

Abkürzungen

BEV	=	Bundesamt für Eich- und Vermessungswesen, Wien
BfL	=	Bundesamt für Landestopographie, Wabern/Schweiz
BL	=	Bundesländer der Bundesrepublik Deutschland (mit dem Zusatz „alte" und „neue")
BMN	=	Bundesmeldenetz in Österreich
BRD	=	Bundesrepublik Deutschland
B x	=	Verweis auf die Beilage mit der Nummer x
DDR	=	(ehem.) Deutsche Demokratische Republik
E.	=	Einwohner
H	=	Hochwert
HN	=	Höhen-Null (s. Kapitel 2)
Jh.	=	Jahrhundert
L	=	Maßstabsangabe für die TK 1:50000, hier zusammen mit der Blattbezeichnung als Verweis auf ein Beispielblatt gebraucht
LKS	=	Landeskarte der Schweiz 1:50000, bei der Besprechung von Beispielen zusammen mit der Bezeichnung des jeweils verwendeten Blattes
LV	=	Landesvermessungsamt/Landesvermessungsämter bzw. die für die Vermessung zuständigen Ämter
NN	=	Normal-Null (s. Kapitel 2)
ÖK	=	Österreichische Karte 1:50000, bei der Besprechung von Beispielen zusammen mit Nummer und Namen des jeweils verwendeten Blattes
R	=	Rechtswert
TK	=	Topographische Karte/Karten, z.T. mit der Zusatzzahl 25 für den Maßstab 1:25000 oder 50 für den Maßstab 1:50000
TK 50 AS	=	Topographische Karte 1:50000 der DDR für den Staat (und Militär)
WK	=	Weltkrieg

Die Himmelsrichtungen werden mit den in Deutschland üblichen Abkürzungen O, S, W, N, NO usw. bzw. mit w, n, nö usw. bezeichnet.

Besonders häufig zitierte Blätter

Die meistzitierten oder ausführlicher besprochenen Blätter sind durch ! gekennzeichnet. Großbuchstaben geben an, in welcher Sammlung der auf S. 51 aufgeführten Landeskundlichen Erläuterungen das betr. Blatt enthalten ist.

L 2126 Bad Segeberg
L 2130 Lübeck!!
L 2524 Hamburg-Harburg D
L 2748 Prenzlau!
L 3924 Hildesheim
L 4124 Einbeck
L 4128 Goslar!
L 4360 Osterode am Harz!
L 4922 Melsungen!!
L 5914 Wiesbaden
L 6916 Karlsruhe-Nord!

L 6920 Heilbronn!!
L 7314 Baden-Baden! C
L 7316 Wildbad
L 7318 Calw
L 7320 Stuttgart-Süd!! E
L 7322 Göppingen!
L 7326 Heidenheim!
L 7520 Reutlingen
L 7522 Bad Urach!!
L 7524 Blaubeuren
L 7720 Albstadt

L 7722 Munderkingen
L 7724 Ulm
L 7932 Fürstenfeldbruck
L 7936 Grafing!
L 8116 Donaueschingen!
L 8542 Königssee
ÖK 173 Sölden
LKS 225 Zürich
LKS 255 Sustenpass
LKS 268 Julierpass!

1 Einleitung

Es gibt keine andere Möglichkeit, sich rasch über die Struktur eines Raumes einen Überblick zu verschaffen, als eine topographische Karte zu studieren, sofern sie in einem ausreichend großen Maßstab gehalten und deshalb nicht zu stark generalisiert ist. Eine solche Karte ist ja z. Z. auch leichter zu erwerben als ein entsprechendes Luftbild und meist billiger als ein Buch über den betreffenden Raum. Eine Karte zu verstehen, setzt allerdings die Kenntnis der Signaturen und die Fähigkeit voraus, sich aufgrund dieser Signaturen ein geistiges Bild der Landschaft zu machen. Gerade das aber fällt vielen Menschen schwer, und deshalb gilt das Seminar zur Karteninterpretation unter den Studierenden der Geographie als eines der schwierigsten, zumal dazu gründliche Kenntnisse in der allgemeinen Geographie unerläßlich sind. Hinzu kommt, daß dieses Seminar einen großen Aufwand an häuslicher Vor- und Nacharbeit erfordert, der leicht unterschätzt wird, weshalb man durchaus fragen mag, ob sich der Zeitaufwand lohnt, selbst wenn man „die hohe Kunst der Karteninterpretation und ihre Bedeutung für die Schulung geographischen Denkens" nicht bestreitet (NOLZEN 1976, S. 63). Deshalb ist es unerläßlich, bei jedem Geländepraktikum, sei es physisch-, stadt- oder agrargeographisch ausgerichtet, und bei jeder Exkursion, ja sogar in Seminaren zur Regionalen und zur Allgemeinen Geographie (z. B. über das Ruhrgebiet oder zur Glazialmorphologie des Hochgebirges) auch mit topographischen Karten zu arbeiten. Daß man bei eigenen Fahrten immer wieder Landschaft und Karte miteinander vergleicht – wozu sich natürlich auch die von den LV herausgegeben Wanderkarten 1 : 50 000 eignen, auch wenn der für Wanderer nützliche Überdruck bei der Interpretation eher stört und bei Zusammendrucken Rechts- und Hochwerte fehlen –, dürfte für Geographen ohnehin selbstverständlich sein. (Eine normale Straßenkarte genügt nicht!) Häufiger Umgang mit der Karte im Gelände garantiert die beste Erfahrung, und sich im Gelände mit Hilfe einer Karte zurechtzufinden, muß bereits in der Grundausbildung, etwa in der „Einführung in die Geländearbeit", gelernt werden. IMHOFS Empfehlung (1968, S. 160), „Blick ins Gelände und Blick in den entsprechenden Kartenteil sollen gleichgerichtet sein", mag dabei für den Anfänger nützlich sein.

In diesem Buch soll versucht werden, Grundlagen für die geographische Auswertung der TK zu legen, genauer: der TK 50. Wir haben diesen Maßstab gewählt, weil er sich bewährt hat. Bei kleineren Maßstäben ist zwar jeweils ein größerer Raum erfaßt, wird aber erheblich stärker generalisiert, und Karten größeren Maßstabs bringen zwar detailliertere, aber wenig zusätzliche Informationen – sofern sie nicht, wie teilweise die TK 25, durch Vergrößerung eines Ausschnitts aus dem Folgemaßstab hergestellt werden – und bieten einen geringeren Überblick (vgl. die Gegenüberstellungen bei MÄDER 1996, S. 53, 58, 68, 72). Die TK 50 hat sich – trotz den in ihr bereits notwendigen Vereinfachungen – in Seminar und Gelände als hinreichend genau bewährt, weil zum einen ihre Aussagekraft noch groß genug ist und zum anderen der dargestellte Raumausschnitt für einen Überblick ausreicht (SCHMITZ 1973). Die Wertschätzung, die sie erfährt, wird auch dadurch belegt, daß sie unter allen TK den größten Anteil an der zivilen Verbreitung und Nutzung hat und viele Wandervereine Ausgaben mit Wanderwegen herstellen lassen (KRAUSS/HARBECK 1985, S. 381).

Zwei Kartenausschnitte und zahlreiche Textabbildungen sollen helfen, die Einarbeitung in die geographische Interpretation zu erleichtern. Allerdings wollen wir uns in den Beispielen auf die deutschsprachigen Länder beschränken; denn Karten anderer Großlandschaften werden von deutschsprachigen Studenten wohl nur in besonderen Fällen benutzt. Wer mit den hier behandelten Karten richtig umzugehen versteht, kann sich in die anderer Länder, insbesondere aller Nachbarländer im Norden, Westen und Süden, leicht einarbeiten, zumal die Signaturen meist ähnlich sind. Mit dieser Begrenzung nehmen wir in Kauf, in Mitteleuropa nicht vorkommende Formen unberücksichtigt zu lassen; das ist aber durchaus vertretbar, denn es geht hier um die Methode der Karteninterpretation, nicht um ein Kompendium der Allgemeinen Geographie, das alle überhaupt vorkommenden Formen ansprechen müßte.

Die große Gruppe der *thematischen Karten* soll ausgespart bleiben, weil für sie andere kartographische Voraussetzungen gelten. Nicht zu behandeln sind hier außerdem die Vermessungstechnik, die Konstruktion von Karten (Projektionen bzw. Netzentwürfe) und die Technik der Kartenherstellung. Hierüber möge man Näheres in den Studien- und Lehrbüchern zur Kartographie nachlesen (z. B. ARNBERGER/KRETSCHMER 1975, HAKE/GRÜNREICH 1994, HOFMANN 1971, IMHOF 1968, JENSCH 1975, MÄDER 1996).

Merke: Dieses Buch ist auf die Praxis der Karteninterpretation in Seminar, Klausur und Hausarbeit ausgerichtet, und wir meinen hier immer die *geographische* Interpretation, d. h. eine solche mit den Fragestellungen und Begriffen der Geographie.

Warum geographische Interpretation topographischer Karten?

Die Seminare zur geographischen Interpretation topographischer Karten sollen nicht nur auf eine Examensklausur oder Hausarbeit und auf die mögliche Verwendung einer Karte in der mündlichen Abschlußprüfung vorbereiten, vielmehr liegt ihnen eine mehrfache Zielsetzung zugrunde:

1. Es soll die Fähigkeit vermittelt werden, aus der Karte heraus einen Überblick über einen Raum zu gewinnen, d. h. die Struktur, die Funktionen und die Dynamik des betreffenden Raumes bzw. von Teilen desselben zumindest in ihren wesentlichen Zügen zu erkennen und erklärend zu beschreiben.

2. Durch die Arbeit mit den Karten sollen die Grundkenntnisse in Geographie vertieft und gefestigt werden, z. B. hinsichtlich bestimmter Siedlungs- oder Geländeformen und ihrer Entwicklung.

3. Die Arbeit mit den Karten soll die Fähigkeit vermitteln, Zusammenhänge bzw. die Vielfalt von Beziehungen im Raum zu erkennen und zu erklären. Das bedeutet: weg vom Kästchendenken „hie Physische – hie Kulturgeographie" hin zum Erkennen und Bewerten genetischer und funktionaler Verflechtungen. Anders gesagt: Bei der Kartenauswertung sind beide Richtungen der Geographie in gleicher Weise und gerade in ihrer Verknüpfung wichtig.

4. Die Beschäftigung mit Karten ausgewählter, verschiedener Gebiete dient zugleich dazu, die landeskundlichen Kenntnisse zu erweitern und zu festigen, anders gesagt: Das Seminar zur Karteninterpretation hat immer auch eine regionalgeographische Komponente.

Gerade die unter 2–4 genannten Zielsetzungen rechtfertigen es nach den Erfahrungen des Verfassers, ein Seminar zur Interpretation topographischer Karten abzuhalten, können doch in ihm weitgefächert viele noch vorhandene Wissenslücken geschlossen werden.

Die hier genannten Fähigkeiten und Kenntnisse sind eine Voraussetzung dafür, die TK einerseits als Hilfsmittel des Schulunterrichts einzusetzen, andererseits sie als Hilfsmittel der Forschung benutzen zu können. In der Forschung steht allerdings meist ein bestimmtes Thema im Vordergrund, z. B. die Untersuchung von Karstlandschaften (MARK 1993), der Verbreitung von Ortsnamen (WALTER 1960) oder – durch Vergleich verschieden alter Karten – die Analyse der historischen Entwicklung der Kulturlandschaft eines Raumes bzw. des Landschaftsverbrauchs (SANDER/WENZEL 1975, KANNENBERG 1969, WOLF 1985, WOLF 1995). K. GRIPP versuchte 1934, durch unterschiedliches Einfärben der Höhenunterschiede von 10 und 20 m in der TK 25, die Haupt-Eisrandlagen der Weichsel-Eiszeit in Südost-Holstein zu erkennen; er gab der Forschung damit bedeutende Impulse. Dabei wird die Karte oftmals nur verwendet, um Fragen für die Geländearbeit zu finden, d. h. die TK wird als „Impulsgeber" benutzt (GEIGER 1977, S. 16). Man darf die Anforderungen dabei allerdings nicht zu hoch schrauben (HEMPEL 1957). Für die Herstellung eines Reliefs (z. B. im Schulunterricht), für die Zeichnung eines Blockdiagramms und die Erstellung eines Kausalprofils bildet die TK ebenfalls die Grundlage (WILHELMY 1990, S. 21 ff.). Andererseits kann die TK als Grundlage für Kartierungen im Gelände eingesetzt werden. Daß sie auch beim Militär ein wichtiges Hilfsmittel darstellt, bedarf keiner näheren Erläuterung.

Im übrigen muß wohl nicht betont werden, daß im Seminar zur Karteninterpretation zur Erreichung der genannten Ziele selbstverständlich auch andere Quellen und Hilfsmittel herangezogen werden müssen.

Voraussetzungen für die Interpretation

Wer eine topographische Karte *interpretieren* will, muß in der Lage sein, sie zu *lesen*. Er muß deshalb die Signaturen und ihre Bedeutung kennen, das heißt, er muß wissen, welche Bedeutung der Maßstab hat und wie reale Objekte und Sachverhalte in der Karte dargestellt sind. Was BARTEL (1970) und HÜTTERMANN (1993) als Erfassen (Erkennen) und Beschreiben der Geofaktoren ansprechen, wird hier also bereits vorausgesetzt.

Ebenso wichtig sind umfangreiche Kenntnisse insbesondere in der Geomorphologie und der Siedlungsgeographie, teilweise auch der Wirtschaftsgeographie, und selbstverständlich die Kenntnis der geographischen Terminologie. Ohne sie läuft nichts.

Man muß also zum Beispiel wissen, welche Elemente für eine Lößbörde charakteristisch sind und welche für eine Schichtstufenlandschaft, an welchen Indikatoren man diese in der Karte erkennen kann und was es für die Struktur des Raumes bedeutet, wenn diese oder jene Landschaft vorliegt (z. B. Bodenverhältnisse, Siedlungsgang und Nutzung). Oder: Welche Grundrißmuster kennzeichnen die einzelnen Entwicklungsphasen unserer Städte oder – umgekehrt formuliert – was sagt das aus dem Grundriß ablesbare Siedlungsgefüge über die Entwicklung bzw. Dynamik einer Stadt aus? Auch sollten Grundkenntnisse über die natur- und kulturräumliche Gliederung Mitteleuropas vorhanden sein, damit man den in der Karte dargestellten Raum geographisch einordnen kann. Eben wegen dieser Anforderungen ist es sinnvoll, das Seminar zur Interpretation topographischer Karten im zweiten Teil der Hauptausbildung zu besuchen.

Für die schriftliche Ausarbeitung schließlich stellt sich die Frage des methodischen Vorgehens. Deshalb sollten die Methoden der Länderkunde zumindest in ihren Grundzügen bekannt sein. Auch hierauf soll (in Kapitel 5) näher eingegangen werden.

Dieses Buch nennt eine Fülle von Formen und Vorgängen, die in den TK zu erkennen oder abzuleiten sind, doch keine Angst: Kein Blatt enthält sie alle zugleich, sondern immer nur eine begrenzte, durch die Struktur des betreffenden Raumes bestimmte Anzahl. Und wenn man wirklich einmal etwas nicht deuten kann, braucht man deswegen nicht zu verzweifeln.

Manche Fehler kehren bei Interpretationen häufig wieder. Um sie zu vermeiden, wird auf die Bedeutung der betr. Informationen mit dem herausgehobenen Stichwort „Merke" hingewiesen. Es wird auch benutzt, um besonders wichtige Sachverhalte hervorzuheben. Diese Bewertung beruht auf der Erfahrung des Verfassers aus seinen Seminaren.

Um ein rascheres Auffinden von Stichworten zu ermöglichen, sind diese *kursiv* gesetzt.

FEZER (1976) nennt mehrfach Beispiele dafür, wie man Berechnungen durchführen kann, um quantitative Angaben zu erhalten, z. B. aus der Breite eines Flusses dessen Tiefe, Geschwindigkeit und Abflußmenge oder aus dem Krümmungsradius von Mäandern die Hochwassermenge und die Abtragung im Einzugsgebiet zu errechnen. Das ist für wissenschaftliche Fragestellungen sicherlich sinnvoll, für eine „normale" Karteninterpretation in Seminar oder Klausur aber kaum durchführbar. Wir wollen hier deshalb darauf verzichten.

2 Vom Abriß des Augenscheins zur topographischen Karte

Ein kurzer Überblick über die Geschichte kartographischer Darstellung

Die kartographische Darstellung unseres Raumes hat – wenn wir von den antiken Übersichtskarten und Itinerarien (Wegekarten) der Antike und des Mittelalters sowie von den alten (auf Schafshäute gezeichneten) Seekarten absehen – zwei Wurzeln. Die eine sind die sogenannten Abrisse des Augenscheins. Sie entstanden bei Streitfällen, wenn die eine Seite oder gar beide Kontrahenten Gebietsansprüche belegen wollten. Oft ordnete auch der Richter eine Aufnahme nach dem Augenschein durch einen vereidigten Landmesser an, um eine bessere Grundlage für sein Urteil zu erhalten, insbesondere dann, wenn er den strittigen Ort nicht selbst aufsuchen konnte (NEUMANN 1993, SCHWARZMAIER 1986). Dabei erschien das Vogelschaubild besonders übersichtlich. Der älteste derartige Abriß im Landesarchiv Schleswig-Holstein wurde während eines Streits um den Alster-Beste-Kanal 1528 dem Reichsgericht in Speyer vorgelegt (HECTOR 1961), die beiden ältesten des Stuttgarter Raumes stammen von 1527 und 1559 (HAGEL 1984). Große Genauigkeit wurde in diesen Abrissen allerdings nicht erzielt.

Die zweite Wurzel liegt in den Übersichtskarten größerer Gebiete, von denen als Beispiele die Karte der Schweiz von Konrad Türst (1496/7), die des Oberrheingrabens von Martin Waldseemüller (1513), die Bodenseekarte von Sebastian Münster (1542) und Hans Conrad Gygers Kartengemälde der Schweiz (1665/67) genannt sein mögen (ARNBERGER/KRETSCHMER 1975, GROSJEAN 1996, IMHOF 1968). Beide Gattungen begannen sich im 16. Jahrhundert zu entwickeln.

Auch die ersten Atlanten wurden, wenngleich nicht gebunden, bereits zu dieser Zeit erstellt. Genannt seien als Beispiele die Schweizer Chronik von Johannes Stumpf (1554), die neun Holzschnitt-Blätter der Schweiz von Aegidius Tschudi (1538), der Atlas über die Ämter des Herzogtums Württemberg von Heinrich Schweickher (1575), die (kartographische) Beschreibung des Herzogtums Württemberg von Georg Gadner (1586–1596), das württembergische See-Buch von Jakob Ramminger (1596) (HAGEL 1984) und der Atlas der Ämter des Fürstentums Lüneburg von J. Mellinger (1600) (LEERHOFF 1985, Nr. 7).

Sowohl Gadner als auch Ramminger arbeiteten im Auftrag ihres Landesherrn, der daran interessiert war, sein Land systematisch unter bestimmten Gesichtspunkten, hauptsächlich hinsichtlich des wirtschaftlichen Ertrages – der Forste bei Gadner und der Fischerei bei Ramminger –, in Karten zu erfassen. In Sachsen erfolgte eine kartographische Landesaufnahme bereits 1557/58, in Bayern durch Apian 1560. Damit begann die Erstellung von Kartenwerken nach einheitlichen Gesichtspunkten und in einheitlichem Maßstab, auch wenn die Karten noch nicht aneinandergefügt werden konnten. Hier konnte gleichfalls von großer Genauigkeit noch keine Rede sein, zumal die Vermessungstechnik erst schwach entwickelt war. Wie in den Abrissen des Augenscheins wurden lediglich Grenzen und Flüsse linienhaft, andere Objekte aber bildlich dargestellt, z. B. Siedlungen durch Häuser und Kirchen – aber keineswegs unbedingt naturgetreu – und Hügel wie Erdhaufen, weshalb man in der Kartographie von der „Maulwurfsmanier" spricht. Eine solche Darstellung des Geländes findet sich bereits in einer Weltkarte von 1475 sowie in der Italien-Karte Leonardo da Vincis von 1502/03 (KUPCIK 1990, Abb. 25 u. 26). Für eine Veröffentlichung dieser Karten bestand damals keinerlei Bedarf, so daß sie in der Regel nur als Unikate und nur gelegentlich als Duplikate erhalten sind.

Mit dem Ausbau der Landesverwaltung und der Ausweitung der Staatstätigkeit, dem Aufbau einer Beamtenschaft und stehender Heere im 17. und 18. Jahrhundert gewann die Erstellung zusammenfügbarer, einheitlich gestalteter Karten größerer Gebiete erheblich an Bedeutung. Begünstigt wurde dies dadurch, daß die Vermessungstechnik und die Kartographie beachtliche Fortschritte machten, zum Beispiel mit der Erfindung des Meßtisches durch Johannes Prätorius 1590, des Fernrohrs ~ 1600, der Dreiecksmessung durch Willebrord Snellius 1615 und der Logarithmen 1618 sowie mit der ersten Anwendung des Quecksilber-Barometers zur Höhenbestimmung durch Blaise Pascal 1643 (ARNBERGER/KRETSCHMER 1975, S. 15, GROSJEAN 1996, WITT 1979). Die Abrisse des Augenscheins wurden, auch wenn man gelegentlich immer wieder auf sie als raschen Entwurf zurückkam, ersetzt durch die auf Messungen im Gelände beruhenden Risse der geprüften und verpflichteten oder vereidigten Feldmesser, deren Pläne den Charakter von Urkunden haben. Mehr und mehr trat auch die bildliche Darstellung aus der Vogelschau zugunsten der Grundrißabbildung zurück und kamen die Darstellung des Reliefs durch Schraffen (Böschungsschraffen, Schattenschraffen, Bergstriche; WILHELMY 1990, S. 106 ff.) oder Schatten und die Verwendung von Signaturen auf. Für die Anwendung der Schraffen entwickelte der sächsische Major Johann Georg Lehmann ab 1793 eine wissenschaftlich fundierte Methode, und 1799 stellte er eine neunstufige Skala der Schraffenstärke und -dichte vor, die nun maßgeblich wurde (vgl. PASCHINGER 1953, S. 26 f.). Die Anforderungen des Militärs beschleunigten die Entwicklung der Kartographie, vor allem nachdem der Siebenjährige Krieg die Bedeutung brauchbarer Karten (auf der Seite der Preußen) deutlich gemacht und schließlich Napoleon begonnen hatte, Feldzüge nach der Karte zu planen (GROSJEAN 1996, S. 113).

Neben diesen eben beschriebenen beiden Kategorien von Karten – den lokalen Rissen und den Landesaufnahmen – gab es als weitere die zur Buchillustration verwendeten Holzschnitte und vor allem die 1477 einsetzende „Kupferstich-Kartographie" mit Darstellungen größerer Räume, der Kontinente und der ganzen Welt, für die mit der ständig fortschreitenden Entschleierung der Erde ein großes Interesse bestand. Die Neuentdeckung der Ptolemäischen Geographie hatte an dieser Entwicklung einen großen Anteil (GROSJEAN 1996). Die Karten dieser Gruppe sind hervorragende und gefragte Kunstwerke, war es doch üblich, die Blätter in den freien Räumen der Kontinente und Meere mit Bildern sowie am Rande mit Schmuckleisten, etwa Darstellungen der antiken Weltwunder, mit Wappen, allegorischen Figuren und mit anderem reichen Schmuck zu versehen, bei Landeskarten auch mit einzelnen Plänen wichtiger Städte. Als Beispiele für viele ihrer Urheber und Verleger seien nur die Niederländer Willem Janszoon Blaeu (1571–1638) und seine beiden Söhne Joan Blaeu (1598/99–1673) und Cornelis Blaeu (~ 1610–1644) genannt (HAGEL 1981). Bereits im 16. Jh. begann man,

Karten (verschiedener Herkunft, also nicht einheitlicher Darstellung) zu Büchern zu binden. Der erste, der Karten gleichen Formats zusammenstellte, die für jedes Land von ein und demselben Verfasser stammten, war Abraham Ortelius, der 1570 das „Theatrum orbis terrarum" herausbrachte. Gerhard Mercator bezeichnete seine 1585–1595 erschienene Kartenzusammenstellung erstmals als „Atlas". Ortelius und Mercator leiteten damit die Epoche der Großatlanten und Landeskarten ein (FREITAG 1972).

Gerade die großen Kupferstiche waren es, die in der Geschichte der Kartographie bis vor nicht allzu langer Zeit besonders im Vordergrund standen (siehe beispielsweise BAGROW/SKELTON 1963, KUPCIK 1990, LEITHÄUSER 1958). Immerhin sind diese Karten wichtige Zeugnisse für die damalige Sicht der Welt und die Kenntnis von der Erde, doch für die Entwicklung der topographischen Kartenwerke blieben sie von geringerer Bedeutung, zumal ihre geographische Aussagekraft gering war. Inzwischen ist jedoch der Quellenwert der Risse, Stadtpläne und Landes-Kartenwerke erkannt, wie es die Häufung einschlägiger Ausstellungen seit 1976, die zahlreichen Schriften und Nachdrucke nicht nur von Einzelkarten, sondern auch von ganzen Kartenwerken (z. B. der Kurhannoverschen Landesaufnahme von 1764–1786, der Varendorfschen Karte von 1789–1796 und der Schmittschen Karte von 1797; s. u.), die in den letzten Jahrzehnten erschienen, und nicht zuletzt das vom Arbeitskreis „Geschichte der Kartographie" der Deutschen Gesellschaft für Kartographie regelmäßig veranstaltete Kartographiehistorische Kolloquium bezeugen (s. u. a. HÄBERLEIN/HAGEL 1987, KUPCIK 1969, KOST 1951, LEERHOFF 1965, OEHME 1961, WOLFF 1988).

Wegweisend in der Entwicklung topographischer Kartenwerke wirkten im 18. Jh. insbesondere Vater, Sohn und Enkel Cassini de Thury, die 1744–1789 nicht nur ganz Frankreich mit Hilfe trigonometrischer Vermessung und astronomischer Ortsbestimmungen aufnahmen und in 184 Blättern im Maßstab 1:86 400 darstellten, sondern ihre Ortsbestimmungen sogar bis nach Wien ausdehnten (KUPCIK 1990, S. 178, VOLLET 1987). Die Cassinische Karte wurde zum Vorbild vieler anderer genauer und detaillierter Landeskartenwerke (FREITAG 1972). Bemerkenswert ist auch die Leistung der Tiroler „Bauernkartographen" ab 1760 (FISCHER 1997). Der Mathematiker Karl Friedrich Gauß ist mit seinen Vermessungen im Königreich Hannover 1821–1823 ebenfalls besonders hervorzuheben. Wolkenhauer nennt diese Zeit (bis 1840) die „Periode der Triangulation"; Freitag spricht von der „Epoche der Landeskartenwerke" (vgl. WITT 1979 mit der großen Übersicht S. 184 ff.).

Auch für diese neue Entwicklung können aus der großen Zahl bemerkenswerter Kartenwerke nur einige Beispiele aus dem deutschsprachigen Gebiet angeführt werden:

- 1586–1633 Kursächsische Landesaufnahme durch Matthias Öder und Balthasar Zimmermann;
- 1668–1670 Darstellung Oberösterreichs (12 Blätter) und Niederösterreichs (16 Blätter) durch Matthäus Vischer 1:150 000;
- 1698–1732 Landesaufnahme des Kurfürstentums Hannover 1:12 000 (nur für die Grenzgebiete);
- 1746–1784 Generallandesvermessung des Herzogtums Braunschweig mit 432 Feldrissen 1:4000;
- ab 1758   Preußische Kabinettskarte Nouveau Theatre de guerre ou Atlas topographique et militaire 1:50 000 mit 47 Blättern (für das Gebiet ö der Weser), erweitert 1767–1787 von Friedrich v. Schmettau auf 272 Blätter;

2 Vom Abriß des Augenscheins zur topographischen Karte

- 1760–1793   Aufnahme der TK von Tirol (20 Blätter 1:103 800), Vorarlberg und Vorderösterreich durch die Bauernkartographen Peter Anich, Blasius Hueber und Anton Kirchebner;
- 1763–1775   TK des Herzogtums Braunschweig-Wolfenbüttel ~ 1:42 000;
- 1763–1787   Erste oder Josefinische Landesaufnahme Österreichs mit anfangs 3589, später 4096 Blättern 1:28 800;
- 1764–1786   TK des Kurfürstentums Hannover 1:21 333,3 mit 165 Blättern in 4–5 Ausfertigungen;
- 1780–1825   Landesvermessung Sachsens unter Major Aster für die Karte 1:12 000;
- 1789–1796   TK von Holstein 1:26 293 von Gustaf Adolf v. Varendorf mit 68 Blättern;
- 1795–1818   Charte von Wirtemberg bzw. (später) Charte von Schwaben von Johann Gottlieb v. Bohnenberger, Ignaz Ambros v. Amman und Ernst Heinrich Michaelis 1:86 400 mit 54 Blättern;
- 1796–1802   Karte der Schweiz von J. H. Weiß und J. E. Müller, hrg. von J. R. Meyer 1:108 000 mit 16 Blättern;
- 1797–1798   Karte Südwestdeutschlands von Heinrich v. Schmitt 1:57 600 mit 198 Blättern;
- 1801–1829   Karte der Rheinlande von Jean Joseph Tranchot und Philipp v. Müffling 1:20 000;
- 1806–1869   Zweite Landesaufnahme Österreichs im Maßstab 1:28 800.

Die uns heute etwas eigenartig anmutenden Maßstäbe ergaben sich daraus, daß jedes Land seine eigene Längeneinheit hatte und eben diese oder aber die eines bedeutenden Landes wie Frankreich zugrunde legte. So folgten sowohl Preußen für die Rheinlande als auch Nassau, ferner Bohnenberger, Amman und Michaelis für Schwaben (Abb. 1)

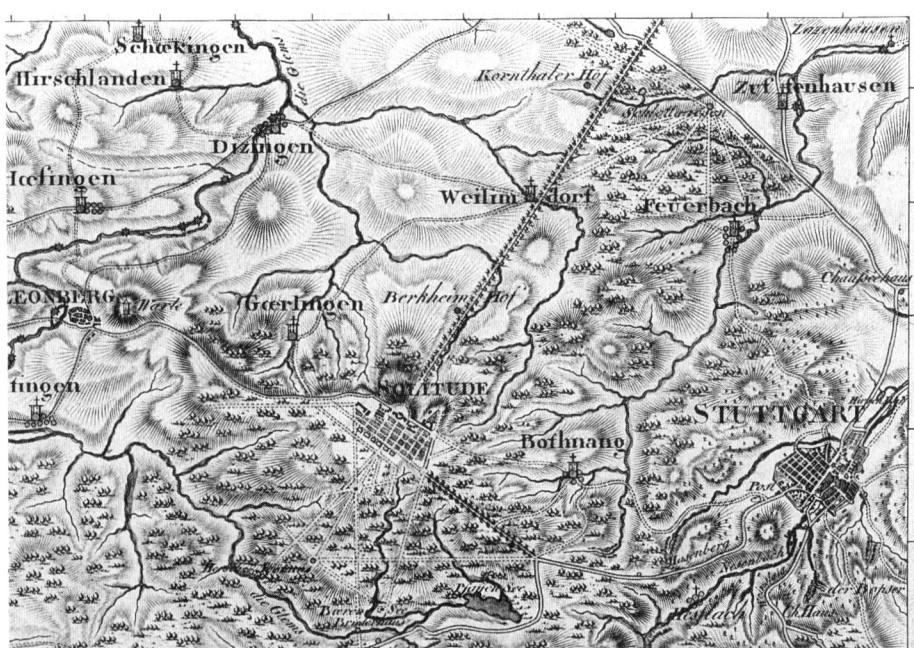

Abb. 1:   Verkleinerter Ausschnitt aus der Charte von Wirtemberg, Blatt 13, aufgenommen 1798 von J. G. F. Bohnenberger. Original im Maßstab 1:86 400.

sowie Bayern (mit wenigen Karten) dem Beispiel Cassinis und stellten 100 Toise in der Natur (= 194,9 m) auf der Karte in der Länge von einer Pariser Linie (= 2,256 mm) dar, was umgerechnet dem Maßstab 1:86400 entspricht. Doch schon im 18. und zu Beginn des 19. Jh., z.T. bereits vor der Festlegung des Meters 1790, ging man teilweise auf Maßstäbe des dekadischen Systems über, so Preußen 1758, Mecklenburg-Schwerin 1788–1794, Bayern ab 1801 (1:100000) und 1804 (1:50000) sowie Württemberg 1818 mit der landesweiten Aufnahme der Flurkarten 1:2500 (15572 Blätter), Hessen ab 1823 und Baden ab 1824 (1:50000), ferner Tranchot und v. Müffling mit der Karte der Rheinlande 1:20000. Bayern und Württemberg gaben bereits in der Mitte des 19. Jahrhunderts topographischen Atlanten 1:50000 und die Schweiz den Dufour-Atlas 1:100000 heraus. Das Meßtischblatt 1:25000 wurde in den 1870er Jahren – nach der gesetzlichen Einführung des metrischen Systems in Deutschland – die topographische Einheitskarte des Deutschen Reiches.

Die meisten frühen Kartenwerke wurden allerdings nicht gedruckt, zum einen weil sie für das Militär bestimmt waren und der mögliche Gegner keinen Einblick gewinnen sollte, zum anderen weil die Herstellung so vieler Karten in der damals üblichen Form des Kupferstichs viel zu teuer war. Nur wenige Werke wie die Cassinis, Preußens und das von Bohnenberger/Amman/Michaelis erschienen gedruckt. Viele Karten wurden übrigens von Offizieren aufgenommen, die für den Einsatz im Festungsbau und bei der Artillerie im Vermessen ausgebildet waren. Es gab in einigen Ländern sogar Vermessungseinheiten des Militärs wie das 1759 gebildete Corps des Guides in Württemberg (HAGEL 1984, S. 15), die Offiziere beim österreichischen Generalquartiermeisterstab (1764) oder das 1802 in Mailand gebildete Militärgeographische Korps (MESSNER 1970). In vielen Ländern waren die Generalstäbe noch bis zum Ende des 1. WK für die Landesvermessung zuständig, doch bildeten andere Länder auch eigene staatliche Institute, denen die Vermessung und die Herausgabe der Karten übertragen wurde. Als Beispiele seien genannt:

- 1791 Ordnance Survey of Great Britain;
- 1801 Topographisches Büro in München;
- 1806 Astronomisch-trigonometrisches Departement in Wien;
- 1807 Abteilung für Karten und Pläne im Allgemeinen Kriegsdepartement in Preußen;
- 1818 Statistisch-topographisches Büro in Stuttgart (für Württemberg);
- 1838 Eidgenössisches Topographisches Bureau in Genf.

Jetzt setzte sich auch die Ausrichtung der Kartenblätter nach Norden durch. Die Erfassung der dritten Dimension durch Höhenangaben begann in der ersten Hälfte des 19. Jh., z. B. in Baden 1833, in Württemberg 1836, in Österreich ab 1860; ab 1846 benutzte man in Preußen zur Darstellung des Reliefs in der TK 25 anstelle der Schraffen die Höhenlinien (EGERER 1920, S. 49, Anm. 1, STROBEL 1968, S. 93ff., KRAUSS/HARBECK 1985, S. 151f.). (Tiefenlinien für Gewässer wurden schon 1584 gezeichnet [HAKE 1985, S. 327], Isohypsen in Frankreich seit 1791 verwendet.) Die zahlenmäßige Angabe der Höhen setzte allerdings feste Bezugspunkte voraus, deren Festlegung übrigens auf eine Anregung Alexander von Humboldts zurückgeht. Von den Festpunkten aus konnten dann durch Nivellements die Höhen im ganzen Land bestimmt werden. Die Messungen waren anfangs jedoch noch nicht hinreichend gesichert. Erst nach der Konferenz für mitteleuropäische Gradmessung 1864/1867 nahm man entlang von

Bahnen und Straßen Präzisionsnivellements auf. 1879 führte Preußen das „Normal-Null" ein. Überdies wurden Regeln für das Zeichnen der Karten schon 1811 durch den hessischen Generalstabschef L. J. Lyncker und 1828 auch von G.-H. Dufour (in seinem Lehrbuch) empfohlen (WITT 1979) und später amtlich erlassen, so 1898 in Preußen als „Musterblatt" 1:25 000 (EGERER 1920, S. 53). In der DDR nannte man sie „Redaktionsdokumente" (WITT 1979). Benutzt wurden v. a. die TK 25 und TK 100; die TK 50 setzte sich erst nach dem 2. WK stark durch. An der Entwicklung der Hochgebirgskartographie in 1:50 000 hatten übrigens der Schweizer Alpenclub sowie der Deutsche und der Österreichische Alpenverein seit den 1860er Jahren wesentlichen Anteil (ARNBERGER/KRETSCHMER 1975, S. 418ff., GROSJEAN 1996, S. 178ff.).

Da über den Begriff „NN" (Normal-Null), wie die Seminar-Erfahrung zeigt, weitgehend Unklarheit herrscht, sei hier seine Festlegung kurz beschrieben. Das erste Nivellement von einem Festpunkt aus führte 1835 Major J. J. Baeyer auf der Strecke Swinemünde – Berlin durch, und etwa ab 1860 wurden in Preußen und bald darauf in ganz Deutschland die Höhen aller Lagefestpunkte trigonometrisch bestimmt. Allerdings war man sich anfangs noch nicht darüber einig, wie die unter der Erdoberfläche zu denkende Bezugsfläche für die Höhenangaben definiert werden sollte. In Nordwestdeutschland zum Beispiel bezog man die Höhenangaben auf den Nullpunkt des Amsterdamer Pegels, in Schleswig-Holstein auf den Nullpunkt des Flutmessers in Hamburg, in anderen Teilen Preußens auf den Nullpunkt des Pegels von Neufahrwasser, in Baden und Württemberg auf den Boden des Straßburger Münsters (dessen Höhenlage auf das Mittelmeer bezogen wurde, heute 145,752 m + NN), in Bayern auf den Pegel von Venedig (mit 0,2 – 0,4 m Differenz zu NN), in Hessen auf das Mittelwasser von Swinemünde. In der Schweiz wurde ein Fixpunkt auf Pierre du Niton, einem Stein im Genfer See, als Bezugspunkt gewählt.

Dies war die Situation, als der Chef der preußischen Landesaufnahme, General von Morozowicz, am 11. Dezember 1875 dem Zentraldirektorium für Vermessung vorschlug, einen „Normalhöhenpunkt" für einheitliche Höhenangaben festzulegen. Die daraufhin eingesetzte Kommission empfahl 1876 denn auch, für alle Höhenbestimmungen in Preußen einen allgemein sichtbaren Nullpunkt einzuführen. Da sich die Höhenlage jener Fläche, auf die sich der Meeresspiegel entsprechend den Schwerkraftverhältnissen einstellen würde, nicht genau genug angeben ließ, entschied man sich dafür, die Bezugsfläche in die Höhe des Nullpunktes des seit 1701 ständig kontrollierten Amsterdamer Pegels zu legen, zumal dieser bis dahin in Preußen am häufigsten benutzt wurde. Auf zwei Wegen wurden nun Nivellements zwischen Amsterdam und Berlin durchgeführt und danach am Nordpfeiler der Berliner Sternwarte eine Skala, die mit Nivellierinstrumenten anvisiert werden konnte, derart angebracht, daß der Skalen-Nullpunkt genau 37 Meter höher lag als der Nullpunkt des Amsterdamer Pegels. Sodann wurde umgekehrt bestimmt, daß der preußische Normal-Nullpunkt 37,000 m unterhalb des Skalen-Nullpunktes liegt und als Ausgangspunkt für Höhenangaben dienen solle. (Tatsächlich wies das Nivellement einen geringfügigen Fehler auf.) Die förmliche Übergabe der Anlage erfolgte am 22. März 1879. (Das war gewissermaßen der „Geburtstag" von Normal-Null.) Die Angabe einer Höhe in einer Karte gibt also nicht die Länge des Lotes bis zur ideellen Meeresoberfläche, sondern die Länge der Lotlinie bis zu dem durch Normal-Null willkürlich festgelegten Niveau an, doch ist der Unterschied unbedeutend. Dieser Regelung haben sich im Laufe der Zeit auch die anderen deutschen Länder angeschlossen (z. B. Württemberg 1885, Bayern 1896). Vgl. auch S. 47.

Als die Berliner Sternwarte abgerissen werden mußte, entschied man sich dafür, einen neuen Nullpunkt festzulegen, wobei man jedoch die Nähe der Großstadt meiden wollte. Deshalb verlegte man ihn 1912 in die Nähe von Hoppegarten an den Punkt 40,7 km der B 1: Berlin – Müncheberg – Küstrin. Die Bezugsfläche blieb dabei unverändert. Der Normal-Höhenpunkt und vier Kontrollpunkte (zu denen später weitere hinzugefügt wurden) bestehen aus jeweils mehreren Granitblöcken. Deren oberster trägt Bronzebolzen mit Achatkugeln. Der höchste Punkt der

Kugel des Hauptpfeilers bezeichnet den Nullpunkt (JORDAN/EGGERT/KNEISSL 1955, S. 310ff., KRAUSS/HARBECK 1985, S. 139ff.).

Beachte: Das in den Seekarten für Tiefenangaben benutzte Seekarten-Null ist vom Normal-Null verschieden und unabhängig! Als SKN gilt das (örtlich verschiedene) mittlere Springtide-Niedrigwasser.

Noch zu Beginn unseres Jahrhunderts zählten die deutschen TK die Längengrade nach Ferro (spanisch Hierro), der westlichsten der Kanarischen Inseln. Dorthin hatte man 1634 in Anlehnung an Ptolemäus den Nullmeridian gelegt, ihn aber, weil dort eine Sternwarte für genaue Berechnungen fehlte, 1720 definiert als 20° w Paris, womit er etwa 20 km ö der Insel zu liegen kam. Daneben waren aber auch andere Definitionen in Gebrauch, so in Preußen der Bezug auf die Sternwarte von Berlin und in der Schweiz auf den Meridian der Sternwarte von Paris. 1884 wurde in Deutschland und 1911/13 allgemein der Meridian von Greenwich als Nullmeridian gewählt (HAAG 1912, KRETSCHMER u. a. 1986, S. 551). In Österreich erfolgte die Umstellung erst später (WAGNER 1970), und noch heute gibt die ÖK 50 die Umrechnungsformel an: Geographische Länge von Ferro = Geographische Länge von Greenwich + 17° 40' 00''.

Im 19. Jahrhundert wurde es üblich, die Kartenwerke für den allgemeinen Gebrauch zu veröffentlichen, wofür das von Alois Senefelder 1796/97 entwickelte Verfahren des Steindrucks (Lithographie), das auch den Druck farbiger Karten ermöglichte, einen wichtigen Fortschritt darstellte. Erst im 20. Jh. wurde es durch den Offsetdruck abgelöst. Als neue Aufnahmetechnik entwickelte sich seit den 1920er Jahren die Luftbildmessung.

Heute werden in Deutschland von den Vermessungsämtern der einzelnen BL nach einheitlichen Richtlinien gestaltete topographische Karten folgender Kartenwerke herausgegeben:

Kurzbe- zeichnung	Maßstab	Kenn- buchst.	1 cm in der Karte sind in der Natur	1 km in der Natur sind in der Karte	abgebildete Fläche* in 50° n. Br.	in Sachsen
TK 25	1:25000	–	250 m	4 cm	132 km^2	128 km^2
TK 50	1:50000	L	500 m	2 cm	529 km^2	510 km^2
TK 100	1:100000	C	1000 m	1 cm	2116 km^2	2042 km^2

* Nach N werden die Werte kleiner, nach S größer.

Dabei bilden jeweils vier Blätter eines größeren Maßstabs ein Blatt des nächstkleineren Maßstabs. Hinzu kommen in den alten BL die Grundkarte 1:5000 (die aber nicht flächendeckend vorliegt) bzw. (in den neuen BL) 1:10000. Ergänzt wird diese Reihe durch Übersichtskarten und die Internationale Weltkarte, die das Bundesamt für Kartographie und Geodäsie herausbringt:

TÜK 200	1:200000	CC	2 km	0,5 cm
ÜK 500	1:500000		5 km	0,2 cm
IWK	1:1000000		10 km	0,1 cm

Welche Flächen die Blätter der TK 50, auf die wir uns in diesem Buch weitgehend beschränken wollen, jeweils abbilden, zeigt die folgende Übersicht:

Kartenwerk	abgebildete Fläche	Format der Abbildung (Br. × H.)
TK 50	12 Breitenminuten × 20 Längenminuten	~45 cm × 45 cm
ÖK 50	15 Breitenminuten × 15 Längenminuten	~38,4 cm × 45,6 cm
LKS 50	35 km × 24 km	~70,2 cm × 48,2 cm

Wegen der polwärtigen Konvergenz der Längengrade sind die Blätter am N-Rand ein wenig schmaler als am S-Rand.

In der DDR wurden die überkommenen Kartenwerke nicht weitergeführt, sondern neue, wenn auch in den früheren Maßstäben entwickelt und ein Kartenwerk 1:10 000 hinzugenommen. Man wählte jedoch ein anderes Bezugs-Ellipsoid, andere Blattgrößen, eine andere Numerierung und eine andere inhaltliche Darstellung. Die Höhenangaben wurden (wegen der Zugehörigkeit zum Ostblock) bezogen auf HN (= Höhen-Nullpunkt = Pegel von Kronstadt bei St. Petersburg), der um 0,16 m vom Normal-Null abweicht (HN + 0,16 = NN). Die TK 50 erschien zudem in zwei Ausgaben in etwas unterschiedlichem und von dem der alten BL stark abweichendem Blattschnitt: 1. Unter der Bezeichnung AS (Ausgabe Staat) als „vertrauliche Verschlußsache" für die Streitkräfte, bearbeitet nach den Grundsätzen, die von den Teilnehmerstaaten des Warschauer Vertrags vereinbart waren (Signaturen entsprechend der sowjetischen Kartographie), und mit detaillierten Angaben. 2. unter der Bezeichnung AV (Ausgabe Volkswirtschaft) als „vertrauliche Dienstsache" für Wirtschaft und Verwaltung, zwar abgeleitet aus der Ausgabe AS, jedoch stark generalisiert. Geheimzuhaltende Objekte und Daten sind in der AV nicht realistisch angegeben oder sogar getilgt wie die relativen Höhenangaben, die Daten der Flüsse, bestimmte Signaturen oder Schriftzusätze und ganze Streifen entlang der Grenze. Einige Eintragungen wurden verfälscht – ungeachtet der modernen Möglichkeiten der Aufklärung –, so im Blatt Prenzlau (N-33-100-B bzw. 0609-2) die Gewässer im Gebiet Alexanderhof – Bietikow. Verwaltungsgrenzen wurden jedoch ergänzt. Für den „Normalbürger" waren die „vertraulichen" Karten praktisch nicht zugänglich.

Seit der Wiedervereinigung wird die Ausgabe AS in Format, Blattschnitt, Lagebezugssystem, Numerierung, Farbgebung und Begriffsinhalten auf die alte (wenngleich inzwischen modernisierte) Form der alten BL umgestellt. Das Höhenbezugssystem, viele Kartenzeichen und die Abkürzungen bleiben jedoch erhalten. Die Umstellung wird allerdings einige Zeit erfordern, so daß man vorerst vielfach noch mit den DDR-Karten arbeiten muß. Die Ausgabe AS wird aber nicht mehr fortgeführt, die Ausgabe AV zurückgezogen. Die endgültige Vereinheitlichung wird mit der Digitalisierung erfolgen (s. unten).

Am Beispiel des Blattes Prenzlau der TK 50 seien einige wichtige Unterschiede dieser drei Kartenwerke dargestellt (vgl. auch Abb. 6 + 22):

Blattbezeichnung	N-33-100-B (AS)	0609-2 (AV)	L 2748
Maße (ohne Rand) (Breite unten × Höhe)	33,5 cm × 37,1 cm	33,4 cm × 37,1 cm	44,6 cm × 44,5 cm
Dargestelltes Gebiet	~310,25 km^2	~308,86 km^2	~495,06 km^2
Siedlungsdarstellung	detailliert	generalisiert	detailliert
Höhenangaben	absolut, z. T. relativ viele Höhepunkte	absolut kaum Höhepunkte	absolut, z. T. relativ viele Höhenpunkte
Verkehrsanlagen	detailliert	generalisiert	detailliert
Hochspannungsleit.	mit kV-Angabe	ohne kV-Angabe	mit kV-Angabe
Militäranlagen	detailliert	fehlen	verzeichnet
Schriftl. Informat. bei Siedlungen	z. T. detailliert, z. B. Stall, RepW(erkst.)	nur Ortsnamen	nur Ortsnamen
Angaben für Wasserläufe	Gefälle, Breite, Tiefe, Grund	nur Fließrichtung	nur Fließrichtung
Waldart	Zahlen über Baumbestand, Höhe u. a.	nur Signatur über Zusammensetzung	nur Signatur über Zusammensetzung
Neigungsmaßstab	vorhanden	vorhanden	fehlt
Legende	fehlt	fehlt	vorhanden

Die elektronische Datenverarbeitung bringt für die Kartographie einen großen technischen Umbruch. Seit 1984/89 sind die LV bestrebt, die in der TK enthaltenen Informationen in allen Bundesländern einheitlich im „Amtlichen Topographisch-Kartographischen Informationssystem ATKIS" in digitaler Form auf Datenträgern zu speichern (GRIMM 1993, HERDEG 1993; vgl. auch die Kartenverzeichnisse der LV). Damit kann die Karte ständig auf dem neuesten Stand gehalten werden. Es wird sich aber die Graphik (Signaturen und Kartenbild) ändern, andererseits wird es möglich sein, zu jeder Zeit jeden beliebigen Kartenausschnitt nach dem neuesten Stand in unterschiedlichen Formen auszudrucken. MÄDER (1996, S. IV) befürchtet, daß mit der Umstellung „zunehmende Zugeständnisse auf Kosten der Qualität gemacht werden, zugunsten der raschen Verfügbarkeit". Die Grundzüge der Interpretation dürften sich allerdings nicht grundsätzlich ändern – vorausgesetzt, der Informationsgehalt der Karten, der in den letzten Jahrzehnten leider bereits um einiges reduziert worden ist, wird nicht weiter vermindert (wie es nach HERDEG, 1993, S. 3 vorgesehen ist), sondern eher – im Rahmen des Möglichen – erhöht (HAGEL 1993, SPERLING 1994). Daß längst auch im europäischen Rahmen eine Diskussion über die Vereinheitlichung der Karten im Gange ist, sei wenigstens erwähnt (BRÜGGEMANN 1994).

Neuerdings ist das gesamte Kartenwerk 1:50 000 sogar flächendeckend und blattschnittfrei auf CD-ROM erhältlich. Einzelheiten möge man bei den LV erfragen. Für Übungen zur Karteninterpretation dürften sich aber die Kartenblätter wegen ihres gegenüber dem Bildschirm größeren Formats (Übersichtlichkeit!) und zum Schutz der Augen besser eignen.

3 Inhalte topographischer Karten

Die topographischen Karten sind maßstabsgebunden verkleinerte, verebnete, zudem einerseits je nach Maßstab vereinfachte (generalisierte), andererseits inhaltlich (z. B. durch Schrift) ergänzte und über Legenden erläuterte Grundrißabbildungen von Teilen der Erdoberfläche. FREITAG (1972, S. 187) nennt sie ein „Mittel der visuellen Kommunikation", WILHELMY (1990, S. 18) spricht von einem „inhaltlich begrenzten Modell räumlicher Informationen". Die TK stellt für einen bestimmten, jeweils angegebenen Zeitpunkt fast alle sichtbaren Erscheinungen der Erdoberfläche und fast alle unbeweglichen Objekte auf ihr dar, d. h. alles, was das optisch wahrnehmbare Bild des dargestellten Raumes bestimmt. Generalisiert bedeutet, der Inhalt ist vereinfacht und ausgewählt: Weniger Wichtiges ist aus Gründen der Darstellung und Lesbarkeit weggelassen, Gärten, Waldstücke, Naturschutzgebiete (mit ihren Grenzen) u. ä. erscheinen erst ab einer Kartenfläche von 0,5 cm², Dämme u. ä. erst ab einer bestimmten Länge und Höhe, Gebäudegrundrisse sind vereinfacht usw. Soweit die dargebotenen Informationen ausgewählt oder generalisiert sind, geschah dies durch die Hersteller (Geodäten, Kartographen) nach Gesichtspunkten, die nicht immer denen der Geographen entsprechen (vgl. SCHMITZ 1973).
Im Unterschied zu den Karten sind die Pläne in einem großen Maßstab gehalten und müssen deshalb nicht generalisiert werden. Grenzpunkte und Grenzlinien sind damit sehr genau bestimmbar. Die Grenze zwischen Plan und Karte liegt aus Gründen der Zeichentechnik (z. B. der Strichdicke) etwa bei den Maßstäben 1:5 000 – 1:10 000. Zu nennen sind als Beispiele die Flur- und Katasterkarten oder Baupläne. Der Begriff Stadtplan wird allerdings auch für kleinere Maßstäbe verwendet.
Den topographischen Karten stellt man im Sprachgebrauch die thematischen Karten gegenüber, die „spezielle Sachverhalte in kartographischen Ausdrucksformen" darstellen (ARNBERGER 1966, S. V). Diese Unterscheidung ist zwar nicht logisch, denn auch die topographischen Karten sind einem bestimmten Thema gewidmet – nämlich der Darstellung der Erdoberfläche mit den Grundrissen der auf ihr befindlichen Objekte –, andererseits ist sie aber durchaus sinnvoll, weil topographische Angaben in den thematischen Karten bis auf Orientierungsgrundlagen weitgehend reduziert und vereinfacht, spezielle Themen dargestellt und andere Signaturen verwendet werden. Anders gesagt: Thematische Karten stellen ihre Themen in abstrakter Art, die nicht auf ein visuell erfaßbares physiognomisches Bild der „Wirklichkeit" abzielt, dar und können auch nicht sichtbare Erscheinungen beinhalten (HÜTTERMANN 1979, S. 10, 1987, S. 13).
Gegenüber der Beschreibung durch das Wort (in Sprache und Schrift), in der die Informationen nur nacheinander gegeben werden können, hat die Darstellung in der Karte den Vorteil, daß sie eine Fläche mit einer Fülle von Informationen geschlossen und einheitlich vorstellt. Insbesondere gestattet sie es, auf einen Blick die Lage der Objekte im Raum, flächenhafte Ausdehnungen sowie Distanzen und Richtungen zu erkennen. Sie dient damit nicht nur der Orientierung im Gelände, sondern ermöglicht einen raschen Überblick über den Raum hinsichtlich seiner Gestalt und Struktur, über Verflechtungen in ihm und über seine Dynamik, eben weil die Karte räumliche Sach-

verhalte synoptisch darstellt (EGLI 1990, S. 73, HÜTTERMANN 1979). Sie tut dies mit einer eigenen „Kartensprache", nämlich mit Hilfe von Signaturen, die zu lesen der Benutzer erst lernen muß. Vorgestellt wird diese „Sprache" in der „Legende" (von lat. legere = lesen) oder „Zeichenerklärung", die angibt, wie etwas „zu lesen" ist. Die Legende sollte deshalb möglichst neben der Karte abgedruckt sein.

Für die Interpretation ist wichtig zu wissen, daß eine TK durch ihre Signaturen nicht nur primäre, d. h. direkt ablesbare Informationen gibt, sondern auch eine Fülle sekundärer Informationen enthält, nämlich solche, die mit den primären zu verbinden sind oder sich aufgrund der geographischen Grundkenntnisse aus ihnen ableiten lassen. Ihr Umfang hängt allerdings vom Kenntnisstand des Benutzers ab (HÜTTERMANN 1975, 1979). So muß der Benutzer wissen, in welcher Lage zu einer Siedlung die Gebäude einer Kaserne in welcher Form angeordnet sind und welche Begleitobjekte dazu gehören, um eine nicht näher bezeichnete Gebäudegruppe als Kaserne identifizieren zu können. Der Benutzer sollte auch wissen, daß anthropogene Formen sich im Gelände häufig durch gerade Umrißlinien zu erkennen geben, etwa eine Deponie (im Gegensatz zu einer natürlichen Kuppe) oder ein Baggersee. Weiter sollte er beispielsweise wissen, daß ein unruhiger Verlauf von Höhenlinien auf Rutschzonen in Ton- oder Mergelhorizonten hinweisen kann (die berühmte „Isohypsenknitterung", B 1: 3523/ 5375), zumal wenn die Bezeichnung „Schliff" eingetragen ist (L 7522 Bad Urach: 3525/5376). An diesen Beispielen wird deutlich, wie wichtig die Kenntnis der allgemeinen Geomorphologie und Siedlungsgeographie ist.

Numerierung

Jedes Kartenblatt trägt am oberen Kartenrand eine Nummer und den Namen des größten oder bedeutungsvollsten dargestellten Ortes, z. B. L 7520 Reutlingen. In der TK 50 waren diese Angaben früher deutlich abgehoben, seit dem neuen Musterblatt erscheinen sie dagegen in einem kleinen, schwer lesbaren Schriftzug oben rechts und unten links, doch weil die Umschlagseite jetzt auf der Vorderseite erscheint, kann man diese Angaben besser ihr entnehmen. Die Angabe „L" der deutschen TK bezeichnet den Maßstab 1:5000 (s. Kap. 2). Die folgende Nummer setzt sich aus zwei Zahlen zusammen, nämlich im Beispiel des Blattes Reutlingen 75 und 20. Diese Zählung gilt seit der Zeit des Deutschen Reiches für das Kartenwerk 1:25 000, und zwar bezeichnet die erste Zahl die Reihe, in der das Blatt erscheint, in der Zählung von Nord nach Süd, beginnend an der damaligen Grenze gegen Dänemark, die zweite diejenige der Spalte, von West nach Ost gezählt. Dabei ist das Netz so gelegt, daß auch die äußersten Teile Deutschlands erfaßt sind. Wo die Grenze zurückschwingt, fallen die Nummern aus. Das Blatt 7520 gehört demnach in die 75. Reihe von N und in die 20. Spalte von W. Der nördlichste Punkt Deutschlands liegt im Blatt L 0916 List/Sylt, der südlichste in L 8726 Einödsbach, der westlichste in L 4900 Waldfeucht, der östlichste in L 7348 Wegscheid.

Da nun jeweils vier Meßtischblätter ein Blatt 1:50000 bilden, wird in diesem Kartenwerk nur jede vierte Nummer benötigt (bzw. jede zweite in Reihe und Spalte). Übernommen wird (mit dem Zusatz „L") die Nummer der jeweils im SW-Quadranten liegenden TK 25. Daraus ergibt sich, daß Blatt L 7520 die Meßtischblätter 7420, 7421, 7520 und 7521 umfaßt. Dies war bis vor kurzem in den alten BL am Kartenrand rechts unten in der „Blattübersicht" angegeben, doch fiel diese der Rationalisierung zum Opfer. An jeder Seite der Umrandung (nicht überall!) oder in einem Übersichtskärtchen oder in der Blattübersicht (auf einer Außenseite oder der Rückseite) kann man die Bezeichnung der jeweils anschließenden Blätter ablesen.

Für die TK 50 AS folgt die Bezeichnung der Blätter einem anderen Prinzip. Sie besteht aus mehreren durch Bindestriche getrennten Buchstaben und Zahlen. Am Anfang steht eine Angabe für die Breitenlage, und zwar M für das südlich des 52. Breitengrades, N für das nördlich davon gelegene Gebiet. Sodann wird die Lage in Bezug auf die Längengrade angegeben: Westlich 12° ö. L. durch die Zahl 32, ö davon 33. Nach einem Bindestrich folgt eine Zahl aus einer Zählung der Quadrate in Reihen von W nach O, für die Gebiete M und N jeweils für sich. Die so erhaltene Angabe bezeichnet die Blätter der TK 100, z. B. N-33-100 das Blatt Prenzlau. Dieses Blatt enthält vier Blätter der TK 50, die von NW nach NO und weiter von SW nach SO mit den Buchstaben A bis D bezeichnet werden. Das nö Blatt der TK 50 AS hat also die Kennzeichnung N-33-100-B Prenzlau. Für die TK 25 AS wird ebenso, aber mit Kleinbuchstaben verfahren. Das so aus der genannten TK 50 AS erhaltene NW-Blatt der TK 25 AS hat damit die Bezeichnung N-33-100-B-a Prenzlau.

In der ÖK 1:50 000 werden die Blätter in Reihen von W nach O fortlaufend von 1 bis 213 gezählt. Zusätzlich wird jeweils oben rechts die Bezeichnung nach dem österreichischen Bundesmeldenetz (BMN) angegeben, die aus drei Zahlen zusammengesetzt ist. An erster Stelle steht die Nummer der Spalte im Netz der ÖK 200, gezählt von 0 (für die erste Spalte) im W bis 8 (für die neunte Spalte) im O; es folgt die Zahl der Reihe der ÖK 200, gezählt von 6 im S bis 9 im N. Daran schließt sich die zweistellige Nummer der ÖK 50 innerhalb des betreffenden Blattes der ÖK 200 an, gezählt von 1 bis 16 (jeweils 4 Blätter in 4 Reihen). Das Blatt 151 Krimml liegt in Spalte 3 und Reihe 7 und damit im Blatt 37 der ÖK 200, in der es das Blatt 06 (zweites Blatt in der zweiten Reihe) ist. Es hat damit im BMN die Bezeichnung 3706. Einzelheiten dazu sind auf den Rückseiten der ÖK 50 angegeben. Wir verwenden in diesem Buch die Bezeichnung mit Nummer und Namen des Blattes, weil sie die geographische Lage besser erkennen läßt als die nach der BMN, so sinnvoll diese im Meldewesen auch sein mag.

In der LKS setzt sich die Numerierung aus zwei Zahlen zusammen. Die erste ist eine Zahl zwischen 20 und 29, und zwar werden die Reihen der Blätter von N nach S von 20 bis 29 gezählt. Die letzte Ziffer bezeichnet die Stellung innerhalb dieser Reihen, gezählt von W nach O von 0 bis 9 (mit zwei Zusatzblättern „9bis"). Auch hier tragen die Blätter Namen, z. B. Julierpass Blatt 268.

Angaben über die Grundlagen

Die einzelnen Blätter sowohl der TK 50 als auch der ÖK 50 enthalten bezüglich der Grundlagen folgende Angaben (die LKS nur einige wenige):

- Koordinatensystem,
- geodätische Grundlagen,
- Abweichung der Magnetnadel von geographisch Nord (Mißweisung) und ihre jährliche Veränderung (infolge der Wanderung des Magnetpols) (fehlt in einigen neuen BL),
- Herausgeber und Erscheinungsjahr,
- letzte Aktualisierung (Berichtigung) und Ergänzung – sie ist nicht identisch mit dem Erscheinungsjahr und für die Interpretation die wichtigere Angabe!
- Übersicht über die Verwaltungsgrenzen innerhalb des Kartenblatts.

Für die Interpretation sind die geodätischen Grundlagen und die Mißweisung nicht wichtig. Beim Einordnen der Karte im Gelände müssen die Mißweisung und ihre jährliche Veränderung allerdings beachtet werden.

Maßstab

Auf jedem Kartenblatt ist der *Maßstab* genannt, in unseren Beispielen 1:50000. Er gibt an, in welchem Verhältnis ein Objekt in der Karte zu dem in der Natur steht:

Länge in der Karte : Länge in der Natur $= 1:M$.

z. B.: 0,02 m : 1000 m $= 1:50000$.

Darin wird M als Modul oder Maßstabszahl bezeichnet. Aus der Gleichung geht hervor, daß der Maßstab um so kleiner ist, je größer M ist (vgl. Kapitel 2, S. 23). Je größer M, desto größer das auf gleicher Fläche dargestellte Gebiet. Bei $M > 300000$ ist bereits die Verzerrung zu berücksichtigen (JENSCH 1975, S. 53). In historischen Karten fehlt übrigens eine zahlenmäßige Angabe, weil es erst in der ersten Hälfte des 19. Jh. üblich wurde, den Maßstab als Zahlenwert anzugeben.

Außer der zahlenmäßigen Angabe ist am unteren Kartenrand – bei neuen deutschen TK unterhalb der am linken Kartenrand wiedergegebenen Legende – ein *Längenmaßstab* in Form einer Maßstabsleiste wiedergegeben. Mit deren Hilfe kann man in der Karte in Zentimetern gemessene Längen in Kilometern bestimmen (s. Kap. 4.7).

Die älteren Ausgaben der deutschen TK 50 und die TK 50 AS enthalten auch einen *Neigungsmaßstab*, der bei den neuen deutschen Ausgaben fehlt. Um mit seiner Hilfe die Hangneigung zu ermitteln, muß man in der Karte den Abstand zwischen zwei ausgewählten Höhenlinien senkrecht zu ihnen messen und dann im Neigungsmaßstab feststellen, wo die betreffenden Höhenlinien entlang einer senkrechten Linie denselben Abstand haben, um die Hangneigung in Grad, in Prozent oder in einem Zahlenverhältnis abzulesen. In der ÖK ist der Abstand zwischen zwei 20-m-Isohypsen zu messen und am Böschungsmaßstab die Neigung in Grad abzulesen.

Koordinatensysteme

Auf jedem Blatt sind an den vier Eckpunkten die *geographischen Koordinaten* (Länge, Breite) in Grad und Minuten angegeben. In Deutschland sind die Blätter so geschnitten, daß sie 12 Breitenminuten hoch und 20 Längenminuten breit sind, in Österreich mit 15' Breite und 15' Länge. Das bedeutet, daß die Karten keine Rechtecke, sondern nach N enger werdende Trapeze sind, weil die Längenkreise nach N konvergieren (PASCHINGER 1953, S. 13 ff.). An der inneren Linie des Kartenrahmens kann man in der TK 50 die Minuten an dem Wechsel der Zweifach- und Dreifach-Linie ablesen; denn der kleine Strich an dem Wechsel dieser Linien bezeichnet jeweils eine Bogenminute. An einigen dieser Striche sind auch die Zahlen angegeben. In der ÖK wird etwas anders verfahren (s. Kartenrand der ÖK). In der LKS werden die Koordinaten nur mit Zahlen und kleinen Strichen bezeichnet. In allen Kartenwerken sind also die geographischen Koordinaten eines Punktes bestimmbar.

Um die Verzerrungen infolge der Projektion in die Ebene möglichst gering zu halten, hat Carl Friedrich Gauß in der ersten Hälfte des 19. Jahrhunderts für die hannoversche Landesvermessung ein eigenes Koordinatensystem entworfen, das Louis Krüger 1912 ergänzte (WITT 1979). Es wurde 1923 für die amtlichen Kartenwerke übernommen. In diesem *Gauß-Krüger-System* werden einzelne Streifen entlang von Meridianen auf eine Zylinderfläche abgebildet. Dabei werden die Zylinder bei jedem dritten Längengrad angelegt, also bei 0°, 3°, 6° usw., und die Streifen fortlaufend für sich gezählt, also 0° = 0, 3° = 1, 6° = 2, 9° = 3 usw. gesetzt (Abb. 2). Die so erhaltene Zahl ist die erste Ziffer des Koordinatenwerts. Von diesen Meridianen aus zählt man dann den Abstand einzelner Punkte in Kilometern. Um aber nicht nach einer Seite hin mit negativen Zahlen rechnen zu müssen, ist der Längengrad willkürlich gleich 500 km gesetzt. Nach W hin ergeben sich dann Werte <500, nach O solche >500. Die so erhaltene Zahl fügt man der Meridianzahl an. Der Meridian 9° ö. L. erhält somit die Bezeichnung 3500. Man nennt dies wegen der Zählung von links nach rechts den *Rechtswert*. Er ist oben und unten am Kartenrahmen im 2-km-Abstand angegeben.

Entsprechend wird auch statt der geographischen Breite eine Entfernungsangabe gemacht, und zwar wird der Abstand vom Äquator in Kilometern angegeben und als *Hochwert* bezeichnet. Für Deutschland ist das ebenfalls eine vierstellige Zahl, die in der TK 50 seitlich derart angegeben wird, daß die beiden ersten Ziffern nur am oberen und unteren Rand genannt und von den beiden letzten Ziffern nur die geraden genannt werden (2-km-Abstand, Abb. 6). So sind z. B. 48° 39' ziemlich genau 5392 km vom Äquator entfernt, und alle Punkte auf dieser Breite haben demnach H 5392. In der TK 50 erleichtern von 4 zu 4 km eingezeichnete Kreuze die Bestimmung.

Mit R und H lassen sich alle Punkte in einer Karte genau lokalisieren. Für die Achalm bei Reutlingen (B 1) z. B. lauten sie 3518,1/5372,9, für das alte Messegelände in Leipzig 4528/5687. Diese Art der Bezeichnung von Punkten hat sich bewährt, weil sie ein rasches Auffinden ermöglicht, und ist bei der Interpretation heute üblich. Die Angabe von Zehnteln oder gar Hundertsteln ist zur Lagebezeichnung möglich, aber nicht immer erforderlich.

Wo die Abbildungsstreifen zweier Meridiane aneinanderstoßen – nämlich entlang der *Grenzmeridiane* –, ergibt sich infolge der Konvergenz der Meridiane zum Pol hin das Problem, daß die aufeinandertreffenden Gitter, einander immer weiter überlappend, sich schräg schneiden. Man gleicht dies aus durch den *Gittersprung* (Abb. 3), nämlich stufenförmige Versetzungen der Schnittlinie. Grenzmeridiane sind die jeweils mitten zwischen zwei Berührungsmeridianen gelegenen Längenkreise, d. h. 7° 30', 10° 30' usw. Als Beispiel diene das Blatt L 4128 Goslar, in dem auf den Wert 3602 (= 102 km

3 Inhalte topographischer Karten   31

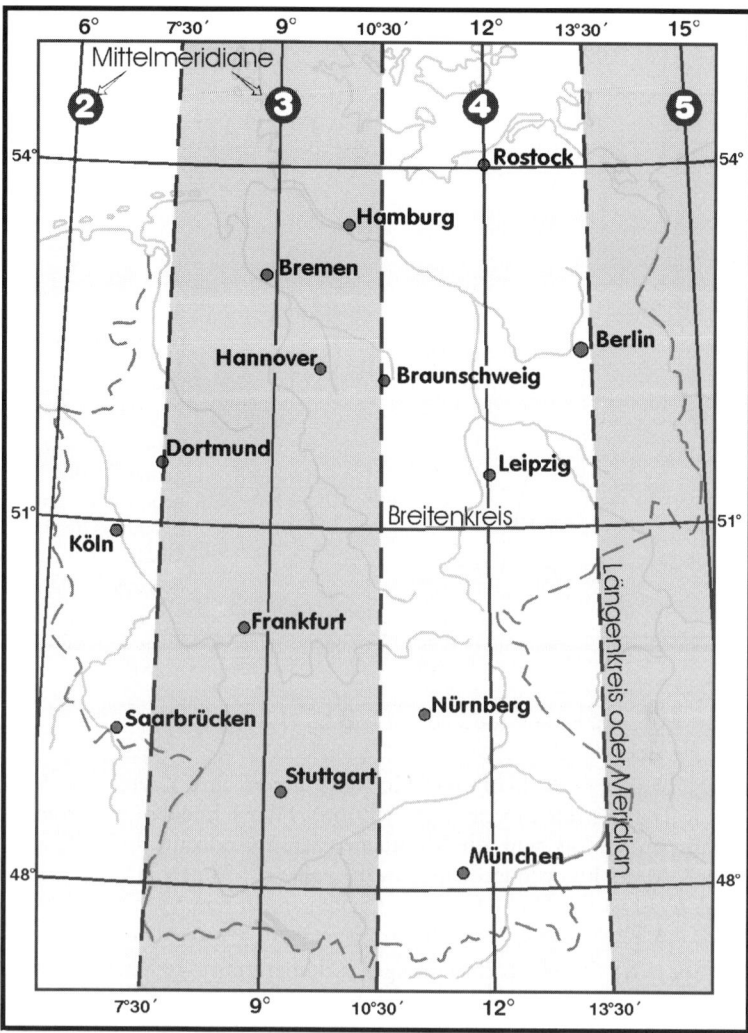

Abb. 2: Das Gauß-Krüger-Meridianstreifensystem für den Bereich der Bundesrepublik Deutschland (aus Faltblatt ‚Topographische Karten'. 2. Aufl. 1996 Hessisches Landesvermessungsamt, Wiesbaden).

ö 9° ö. L.) der Wert 4398 (= 102 km w 12° ö. L.) folgt. Hier sind am Kartenrahmen zusätzlich die jeweils korrespondierenden Werte angegeben. Das gilt entsprechend für die H-Werte, deren Gitterlinien ja senkrecht zu denen der R-Werte stehen.

Merke: In diesem Buch werden zur Lagebezeichnung Rechts- und Hochwert – in dieser Reihenfolge und ohne zusätzliche Bezeichnung mit R und H, jedoch durch Schrägstrich getrennt – verwendet und einheitlich mit den (meist abgerundeten) km-Zahlen (wie sie am Kartenrand angegeben sind) genannt.

32   3 Inhalte topographischer Karten

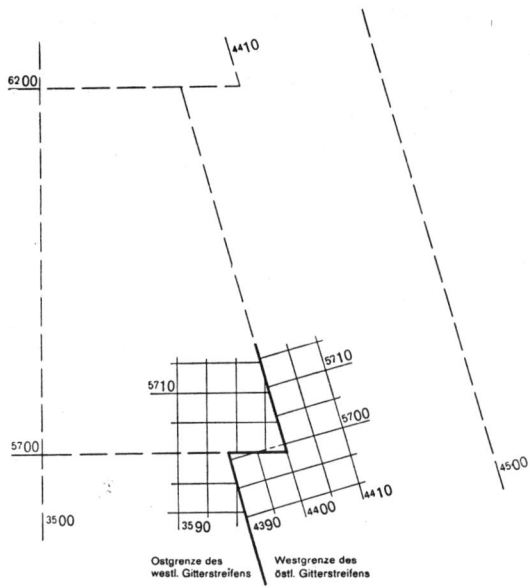

Abb. 3:
Schematische Darstellung des Gittersprungs. (Aus JENSCH 1975.) Darunter ein Ausschnitt aus dem oberen Kartenrand der TK 1:50000, Blatt L 4128 Goslar, Ausgabe 1997, mit den doppelten Angaben der Rechtswerte. Herausgegeben von und vervielfältigt mit Erlaubnis der Landesvermessung + Geobasisinformation Niedersachsen (LGN) 52-598/98.

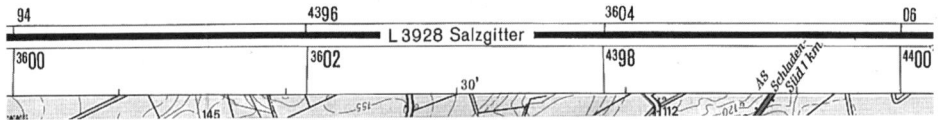

Einige Länder (z. B. Schleswig-Holstein) liefern ihre Karten mit *UTM-Gitter* (Universale Transversale Mercator-Projektion). Hier schneiden die Projektionsflächen den Erdkörper, und es sind alle Meridiane, deren Gradzahl durch 3, aber nicht durch 6 teilbar ist, als Hauptmeridiane gewählt, also 3°, 9° usw. In den militärischen Karten der NATO ist das UTM-Gitter mit Seitenlängen von 1 km auf die Karte aufgedruckt. Auch die TK 50 AS enthält ein Gitternetz mit 1-km-Abstand (Abb. 22).

Auf die LKS ist ein rechtwinkliges Kilometernetz gedruckt. Dem „Fundamentalpunkt" der Projektion, der Meridianmarke der alten Sternwarte in Bern, hat man ursprünglich die Werte y = 0 und x = 0 gegeben, dann aber, um für die weiter westlich und weiter südlich liegenden Orte negative Werte zu vermeiden, die Werte Y = Ostwert = 600 km und X = Nordwert = 200 km festgelegt (IMHOF 1968, S. 73). Y zählt von W nach O, X von S nach N; der größere ist immer der Ost-Wert, der kleinere der Nord-Wert (B 2. MÄDER 1996, S. 48). Beide sind am Kartenrand dreistellig angegeben, können aber sechsstellig (bis auf Meter) zitiert werden, z. B. für das Löwendenkmal in Luzern 666 270/212 290. Wir zitieren sie hier in gleicher Weise wie die deutschen R und H in Kilometern, also dreistellig (weil am Rande so angegeben), ggf. mit Dezimalstellen.

Die ÖK 50 benutzt gleichfalls die Gauß-Krüger-Projektion. Das Netz ist mit einer Maschenweite von 2 km aufgedruckt. Um die Ermittlung der Werte zu erleichtern, ist in der Mitte jedes Quadrats ein Kreuz eingezeichnet, das folglich von jeder Quadratseite 1 km entfernt ist. Um ganz Österreich abzubilden, sind drei Meridianstreifen erforderlich. Man wählte hierfür die Längengrade 28, 31 und 34 ö von Ferro (entsprechend 10° 20', 13° 20' und 16° 20' ö. Gr.) und bezeichnete die Meridianstreifen mit M 28, M 31 und M 34. Die Bezeichnung des jeweils zugrundeliegenden Meridianstreifens ist am oberen und unteren Kartenrand bei der westlichsten eingezeichneten Gitterlinie angegeben. Die Zählung der R erfolgt jedoch nicht wie in der deutschen TK innerhalb der Meridianstreifen, sondern nach dem BMN. In diesem wird von M 28 – 150 km an nach O durchgehend über ganz Österreich hinweg in Kilometern gezählt. Dadurch ergeben sich als R für M 28: 150 km, für M 31: 450 km und für M 34: 750 km. H nennt die Entfernung in Kilometern vom Äquator, doch wird der Tausender, d. h. die Ziffer 5, weggelassen. Zusätzlich wird an erster Stelle aber die Bezeichnung des Blattes im BMN angegeben und die andere Blattbezeichnung (z. B. 151 Krimml) weggelassen. Die Dreiherrnspitze in ÖK 151 hat damit die Koordinaten 3706 – R:367 H: 215. In Klausuren wird man allerdings auf die BMN-Nummer verzichten können, weil sich die Angaben R/H nur auf das vorgegebene Blatt beziehen können.

Wo in der ÖK 50 zwei Meridianstreifen aneinandergrenzen und sich die Gitternetze schräg schneiden, sind wie bei der TK 50 am Rande die R und H des jeweils anstoßenden Meridianstreifens mit angeführt.

Merke: Die *Nordrichtung* der Gitterlinien (Gitter-Nord) ist nicht gleich der geographischen Nordrichtung (ausgenommen am Mittelmeridian), und beide sind nicht gleich der magnetischen Nordrichtung (Abb. 4)! Die TK 50 und die ÖK 50 sind nach geographisch Nord, die LKS nach Gitter-Nord orientiert (s. für die Schweiz MÄDER 1996, S. 47).

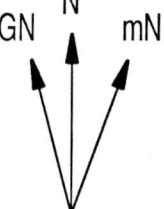

Abb. 4:
Abweichungen der verschiedenen Nordrichtungen voneinander. Die Winkel sind bewußt zu groß dargestellt.

N = geographisch Nord
GN = Gitternord
mN = magnetisch Nord

Deutlich wird das, wenn das Gitternetz aufgedruckt ist. Man vergleiche z. B. ÖK 151 Krimml und 173 Sölden. Die erwähnten Abweichungen ergeben sich zum einen aus der Rechtwinkligkeit der Gitterlinien, während die Meridiane polwärts konvergieren, zum anderen daraus, daß der Magnetpol nicht genau auf dem geographischen Pol liegt. 1985 betrugen die Abweichungen von geographisch Nord z. B. in der Mitte von TK 50 AS N-33-99-B Lychen: mN = 08' W, GN = 1° 18' W, in N-33-100-B Prenzlau: mN = 04' O, GN = 54' W.

Stand der Nachführung

Die einzelnen Blätter der TK werden nur in Abständen von fünf oder mehr Jahren aktualisiert (auf den neuen Stand gebracht), nämlich bei jeder Neuausgabe. Das bedeutet, daß Objekte, die seit der letzten Nachführung entstanden sind, nicht erscheinen, inzwischen verschwundene aber noch enthalten sind. Überdies ist zwischen Aktualisierung und (einzelnen) Nachträgen zu unterscheiden.

Merke: Eine Interpretation kann nur für denjenigen Zeitpunkt erfolgen, den die Karte mit ihrem Inhalt wiedergibt. Seit der letzten Nachführung des benutzten Blattes eingetretene Änderungen, die noch nicht verzeichnet sein können, kann man nicht interpretieren.

Allgemeines zu den Signaturen

Zur näheren Bezeichnung konkreter Objekte dienen zahlreiche *Signaturen* (Kartenzeichen) und Abkürzungen. Mit ihnen werden nicht nur qualitative, sondern teilweise sogar quantitative Aussagen gemacht (z. B. Höhenangaben, Größengruppen von Siedlungen, Wassertiefen u. a. m.). Die Kartenzeichen lassen sich gliedern in Objektsignaturen und Eigenschaftssignaturen (IMHOF 1968, S. 101). Für die Interpretation wichtiger ist die Unterscheidung von

– Punkt- (nach IMHOF lokalen) Signaturen (zu denen auch auf einen Punkt bezogene Symbole zählen),
– Linien- (oder linearen) Signaturen (Striche verschiedener Art, Bänder),
– Flächen- (oder flächenhaften) Signaturen (einschl. der gleichmäßigen Wiederholung von Einzelzeichen),
– Ortssignaturen (WILHELMY 1990, S. 100) als Kombination der drei genannten,
– Schrift (Worte, Buchstaben, Zahlen), und zwar zum einen stehend sowie *kursiv* (vorwärtsliegend) und (nach links) *liegend*, zum anderen gemein (normal geschrieben) und Versalien (Großbuchstaben).

Zur Kennzeichnung dienen ferner Farben (für alle genannten Signaturen) sowie als Flächensignaturen Raster (einschließlich der durch Rasterung erzielten Schummerung) und Schraffur. In den neuen deutschen Ausgaben sind die Signaturen randlich nach den Sachgruppen Grenzen, Siedlungen, Verkehr, Vegetation, Gewässer, Relief, sonstige topographische Objekte und Abkürzungen aufgeführt, in der ÖK am unteren Rand. Dieser Reihenfolge gemäß gehen wir in diesem Kapitel vor, um einen Vergleich des Textes mit der Legende zu ermöglichen.

Die Art und Breite der einzelnen Liniensignaturen (z. B. zur Kennzeichnung von Straßen verschiedenen Ranges oder von Höhenlinien verschiedener Stufen), die Höhe von Symbolen, die Form und Größe der Schrift (z. B. zur Kennzeichnung von Ortsteilen oder als Hinweis auf die Einwohnerzahl) und die Farben der Signaturen sind in jedem Staat einheitlich festgelegt. Für die BRD hat das LV Baden-Württemberg hierzu Regeln und ein *Musterblatt* 1:50000 herausgegeben (4. Ausgabe Stuttgart 1981 mit Ergänzungen 1989), dem Einzelheiten entnommen werden können. Entsprechende Musterblätter gibt es auch für andere Kartenwerke (s. Literaturverzeichnis). Das BEV veröffentlichte einen entsprechenden Zeichenschlüssel, das (DDR-) Ministerium des Innern eine Zeichenerklärung. Diese Musterblätter und Erläuterungen sollten in den Geographischen Instituten verfügbar sein.

Merke: Die wichtigsten Signaturen sind in der TK 50 und der ÖK 50 am Rande in der Legende erläutert. Deshalb kann hier darauf verzichtet werden, sie vollständig wiederzugeben,

zumal die LV z. T. zusätzliche Faltblätter herausgegeben haben, die in das Karten*lesen* einführen und die Signaturen ausführlich (Hessen) oder wenigstens teilweise (Brandenburg) erklären. Die Schweiz verzichtet darauf, die wichtigsten Signaturen auf den Kartenblättern zu erläutern und läßt damit den Benutzer „hilflos vor diesen schönen, aber komplizierten Karten" stehen (HÜTTERMANN 1992). Der Grund dafür mag in dem großen Format der Schweizer Blätter liegen. Wer sie zum ersten Mal benutzt, muß deshalb das Erläuterungsheft heranziehen, das beim BfL erhältlich ist, oder zumindest eine Kopie des von IMHOF (1968, S. 111) abgedruckten Abkürzungs-Verzeichnisses. Gleiches gilt für die TK 50 AS, für die das LV Brandenburg ein zweiteiliges Faltblatt mit Erläuterungen und einem Kartenausschnitt herausgebracht hat. Auch diese Faltblätter sollten in den Geographischen Instituten in genügender Anzahl verfügbar sein. Gleichwohl wollen wir im folgenden einige wichtige Signaturen ansprechen. Überschneidungen mit dem folgenden Kapitel lassen sich dabei nicht vermeiden.

Die *Symbole* sind meist als „sprechende Signaturen" gestaltet, d.h. sie deuten durch ihre Form das Objekt an (z.B. ein Mühlrad eine Wassermühle, ein torartiger Bogen einen Höhleneingang).

Merke: Die Größe der Symbole sagt nichts aus über die Größe der Objekte.

Merke: Die Signaturen sowohl in der TK 50 AS als auch der TK 50 der neuen BL, der TK 50 der alten BL sowie der ÖK und der LKS folgen im wesentlichen zwar demselben Prinzip, haben aber in den einzelnen Kartenwerken häufig eine andere Form. Etliche Signaturen werden nur in der einen, andere nur in der anderen TK verwendet. Abkürzungen weichen teilweise voneinander ab. Bei der Benutzung der Karte empfiehlt es sich deshalb, die zugehörige Legende (auch wenn sie nicht vollständig ist) nicht außer acht zu lassen.

Die Gemeinsamkeiten und die Unterschiede in den Karten der alten und der neuen BL werden in einem Zusammendruck besonders deutlich, wie ihn HERZIG (1995) mit dem 1994 erschienenen Blatt 2630 Boizenburg (Elbe) der TK 25 vorstellte und wie ihn auch L 4128 Goslar (1993) zeigt.

Viele Signaturen sind im Vergleich zu dem Objekt, das sie darstellen, maßstabsmäßig zu groß. Das ist aus Gründen der Lesbarkeit und der Strichstärke nicht zu vermeiden, muß aber bei Ausmessungen beachtet werden. So dürfte ein Fußweg von 1 m Breite in der TK 50 nur 0,05 mm breit sein. Das ist an der Grenze der Lesbarkeit. Abstände zwischen Doppellinien und Flächen kann das Auge erst ab 0,25 mm erkennen (MÄDER 1996, S. 30f.). Die Signaturen sollen aber lesbar bleiben. Schmale Objekte sind deshalb zu breit, kleine zu groß abgebildet. Es gilt jedoch die Regel, dies so auszugleichen, daß das Gesamtbild (z.B. einer Siedlung) oder, anders gesagt, die Naturähnlichkeit erhalten bleiben. Innerhalb geschlossener Siedlungen werden besondere Objekte (z.B. Bildstöcke, Bezeichnungen durch Abkürzungen) nur in besonderen Fällen dargestellt.

Farben

Bezüglich der *Farben* von Linien, Flächen und Schrift gilt:
- Schwarz: Grundrisse und Beschriftung (soweit nicht eine andere Farbe zu wählen ist), Beschaffenheit des Bodens (Sand, Kies, Geröll).

- Blau: Gewässer und Eis, Feuchtgebiete, Tiefenlinien, Einrichtungen der Wasserver- und -entsorgung (in den neuen BL z. T. anders!). Die Beschriftung ist in den Karten der alten BL stets liegend, in denen der neuen BL kursiv.
- Braun: Steilränder; in der Schweiz auch Skilifte.
- Grün: Vegetation.
- Gelb/Rot: Verkehrsbedeutung von Straßen (Deutschland: Gelb und Orange, Österreich: Gelb und Rot).

Höhenlinien sind in der TK 50 auf erdigem Boden sowie auf Sand und Geröllfeldern braun, auf Felsmassiven im Hochgebirge schwarz, auf Gletschern und in Seen blau dargestellt. In der LKS erscheinen sie auch auf Geröllfeldern schwarz, in der ÖK auf Gletschern blau und sonst nur braun. Zweifel können sich aber kaum ergeben.

Nach Möglichkeit sind die Farben also denen in der Natur angepaßt, nämlich Wasser ist blau und Wald grün wiedergegeben. Die LKS und die ÖK stellen abends besonnte Hänge (sofern sie nicht bewaldet sind) gelblich dar, beschattete grau (Lichtquelle also im W-NW) und Talböden lichtgrau. Dadurch wirkt die Karte besonders plastisch. Teilweise wird versucht, natürliche und künstliche Geländeformen farblich zu unterscheiden (braun bzw. schwarz), doch wird das erfahrungsgemäß nicht konsequent gehandhabt und z. B. ein Deich schwarz, aber eine Wurt braun dargestellt.

Namen

Die *Namen* sind sowohl für Landschaften wie auch für größere Täler und Wälder, für Berge und Wasserläufe sowie für Siedlungen aller Größen angegeben. Flurnamen erscheinen dagegen in der TK 50 der alten BL nur in Auswahl und werden darin leider teilweise gestrichen, obwohl dies den Quellenwert der Karte reduziert (WALTER 1960, HAGEL 1993); in den neuen BL werden sie gar nicht genannt. In der Schweiz werden die Namen in der jeweils ortsüblichen Sprache aufgeführt, bei Ortsnamen z. T. zweisprachig (B 2: St. Moritz/S. Murezzan, Val für Tal). Das schweizerische Merkblatt zur Zeichenerklärung führt die in den TK verwendeten Abkürzungen in den vier Sprachen rumantsch, deutsch, französisch und italienisch auf. Daß es landschaftlich verschiedene Namen (oder Bezeichnungen) geben kann, stört insofern nicht, als das Objekt meist aus der Karte erkennbar ist. Als Beispiele seien genannt:
- Alm – Alp – Alpe (Abkürzung einheitlich mit A.);
- Kees (ö des Zillertals) – Ferner (westliches Tirol bis ins Zillertal) – Gletscher – Firn (Schweiz) – Glacier (frz. Schweiz) – Vadret (rätoroman. Schweiz) – Vedretta, Ghiacciaio (Italien in der LKS);
- (das) Meer – Zee (Niederlande);
- (der) See – Meer (in NW-Niedersachsen, z. B. bei Steinhude, Bad Zwischenahn, Niederlande) – Lai, Lej (rätoromanisch) – Lac (franz. Schweiz);
- Warf (Langeness; w Norden) – Warft (Hooge; Pellworm) – Werf(t) – Wurt(h) (Butjadingen) – Wierde (bei Wilhelmshaven) – Terp(e) (Westfriesland/Niederlande);
- Moor – Ried (Schwaben, Niedermoor) – Filz (Bayern, Hochmoor) – Moos (Bayern, Hochmoor) – Misse (Schwarzwald, Hochmoor) – Luch (sprich Luuch, Brandenburg) – Bruch (Brandenburg) – Venn (Eifel) – Fehn (Friesland) – Sumpf;

– Wald – Holz – Holt – Busch – Heide (NO-Deutschland) – Hag – Hain – Hart – Hau – Hurst – Schopf – Tann – Schlag.

Manche Flüsse ändern in ihrem Verlauf ihren Namen: Pegnitz – Regnitz, Ucker – Uecker, Jeetze – Jeetzel. Daß manche Flüsse männliche Namen haben, dürfte bekannt sein (Rhein, Neckar, Kocher, Lech, Inn, Regen).

Der Verfasser möchte es dem Interpreten überlassen, welche Schreibweise er bei geographischen Begriffen jeweils übernimmt. Er selbst zieht die deutsche bzw. die geläufigste Bezeichnung vor (z. B. Gletscher, Wurt). Bei Namen sollte man die in der Karte verwendete Form benutzen, es sei denn, Irrtümer sind ausgeschlossen (z. B. En = Inn).

Die Art, wie Namen geschrieben sind, ist eine Aussage über die Bedeutung der Objekte. Als Beispiele seien genannt aus B 1 Reutlinger Alb (3522/5364) und Eninger Weide (3522/5371), aus B 2 die unterschiedlichen Schriftgrößen der Bergnamen. Die vom LV Baden-Württemberg erarbeitete Zusammenstellung der wichtigsten Zeichen führt für die deutsche TK 50 für Landschaften vier, für Bodenerhebungen acht, für Gewässer sieben Schriftgrößen an. Bei *Siedlungen* sagt die verwendete Schriftgröße und -art etwas über die Stellung und die Größe der Siedlung aus. So werden für die deutsche TK 50 je nach Stellung und Einwohnerzahl der Gemeinden insgesamt 15 Schriftgrößen benutzt (einschl. der kursiven), für die schweizerische acht. Es kann aber nicht Sinn einer Interpretationsübung sein, auswendig zu lernen, daß die Namen selbständiger Landgemeinden mit >5000 E. 3,2 mm, die von Städten mit 50000 – 100000 E. 4,8 mm groß geschrieben werden; denn es geht bei einer Interpretation in erster Linie darum, welche Bedeutung die einzelnen Siedlungen im dargestellten Raum und im Vergleich miteinder haben, und das ist aus dem Vergleich der Schriftgrößen und der überbauten Fläche leicht abzulesen. Wer genauere Angaben wünscht, muß ohnehin andere Quellen heranziehen.

Beachte: Die Reihenfolge der nächsten Abschnitte entspricht derjenigen in der Legende der TK 50, die Reihenfolge in Kapitel 4 dagegen der Vorgehensweise bei der Interpretation.

Grenzen

Dargestellt werden Staats-, Landes- (bzw. Kantons-), Regierungsbezirks- (oder Bezirks-) und Kreisgrenzen, in Österreich und der Schweiz auch Gemeindegrenzen, wobei die Strichdicke mit dem Rang abnimmt. Weiter sind die Grenzen von Truppen- und Standortübungsplätzen, von Naturschutzgebieten, Naturparken und Ruhezonen (im Wattenmeer) verzeichnet und diese Gebiete oder Grenzen zusätzlich beschriftet. Fallen Grenzen verschiedenen Ranges zusammen, so ist nur die höherrangige dargestellt. Das ist durchaus konsequent, weil eine politische oder Verwaltungsgrenze mit einem geringeren Rang nicht über eine solche mit höherem Rang hinweggreift. Liegen Grenzen in der Mitte von kleinen Wasserläufen, Straßen usw., so werden sie abwechselnd rechts und links davon dargestellt, genaugenommen also verfälscht, weil ein Hin- und Herspringen vorgetäuscht wird.

Siedlungen

Gebäude – das Musterblatt der TK 50 (S. 34) spricht vereinfachend von „Wohnplätzen und Industrieanlagen" – können nur grundrißähnlich (vereinfacht) dargestellt werden und erscheinen meist etwas zu groß. Kleinere Nebengebäude entfallen. Grundrißtyp und Gliederung der Siedlung sowie Dichte, Flächengröße, Form und Lage der Gebäude sollen jedoch zum Ausdruck kommen. Überlagerungen verschiedener Nutzungen werden nicht dargestellt (z. B. ein Parkhaus unter einer Grünfläche); abgebildet ist die im Luftbild sichtbare oberste Ebene.

In Stadtkernen wird die *geschlossene Bebauung* in voller schwarzer Farbe ohne Unterscheidung von Gebäudegrundrissen wiedergegeben (B 1: Reutlingen) (in den neuen Karten der neuen BL ab 50 000 E. rot unterlegt). Die offene Bebauung erscheint mit den Grundrissen der einzelnen Gebäude. Dadurch sind die funktionalen Stadtkerne meist gut zu erkennen. Die alten Kerne sind an ihrem Grundriß zu identifizieren.

Rechtliche Stellung und *Größe* der Siedlungen ergeben sich aus der Schrift: Die Namen von Städten sind in Versalien geschrieben, die der anderen Gemeinden gemein. Dabei kann man davon ausgehen, daß „Städte" in der Regel >10 000 E. haben (von einigen Ausnahmen abgesehen). Die Namen von Stadtteilen erscheinen in Versalien kursiv, die von Gemeindeteilen gemein kursiv. (In der Schweiz gilt eine etwas andere Regelung.) Überdies kann man von der Regel ausgehen, daß eine Kreisstadt >10 000, meist sogar >20 000 E. und den Rang eines Mittelzentrums hat und daß eine Stadt mit Sitz eines Regierungsbezirks Großstadt und Oberzentrum ist. In den Karten einiger neuer BL ist die Ortsgröße in 1000 E. in Klammern unter dem Ortsnamen angegeben.

Merke: Die Zahlenangaben bei den Ortsnamen der deutschen Karten haben unterschiedliche Bedeutung! In den alten BL ist die mittlere Höhenlage, in den neuen BL die Einwohnerzahl in 1000 angegeben.

Gebäudenutzungen sind nur dort abzulesen, wo nähere Angaben gemacht sind, z. B. Schützenhaus, Wanderheim, Gut. Mit entsprechendem Vorwissen kann man jedoch anhand der Größe von Gebäuden und ihrer Häufung Gewerbe- bzw. Industriegebiete, Kasernen und Wohngebiete erkennen. Gewächshäuser werden nur dann abgebildet, wenn sie besonders groß sind (in alten und neuen BL mit unterschiedlichen Signaturen).

Bei *Kirchen*, die durch ein besonderes Symbol als ein- oder zweitürmig bezeichnet sind, ist Vorsicht geboten, ihren Rang nach der Zahl der Türme bestimmen zu wollen. Insbesondere kann man nicht argumentieren (wie gelegentlich im Seminar zu hören war), eine Bischofskirche habe zwei Türme. So hat der Dom in Hildesheim nur einen Turm, aber auch einen Dachreiter und ist deshalb als zweitürmig verzeichnet. Der Dom in Bamberg besitzt dagegen vier Türme, und in Lübeck haben sowohl der Dom als auch die (bürgerliche) Marienkirche jeweils zwei Türme. Für die bisher nicht bezeichneten „Versammlungshäuser nichtchristlicher Religionen" (so lautet der vorläufige Arbeitstitel) soll in Deutschland demnächst eine eigene Signatur eingeführt werden.

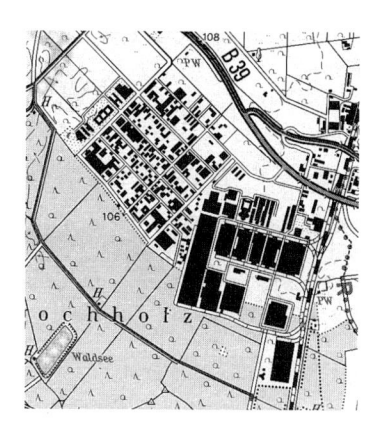

Abb. 5:
Darstellung eines Industrie- und Gewerbegebiets bei Walldorf. Ausschnitt aus TK 1:50000, Blatt L 6716 Speyer, Ausgabe 1997, mit Erlaubnis des Landesvermessungsamtes Baden-Württemberg vom 1. 4. 1998 Az.: 5.11/819. Mehrfarbige Karten vom ganzen Land sind dort und im Buchhandel erhältlich.

Industrieanlagen und andere *Großbetriebe*, z. B. des tertiären Sektors, sind nicht immer einwandfrei als solche zu identifizieren (Abb. 5). Nur in wenigen Fällen sind sie näher bezeichnet, aber auch in den einzelnen BL keineswegs einheitlich, z. B.

Hamburg (LV Schl.-Holst.)	L 2524 Hamburg-Harburg: Schwimmdock bei 563,3/5933 fehlt. Flugzeugwerft (555,5/5933) bezeichnet, Aluminiumhütte (559/5929,5) nicht.
Niedersachsen	L 2708 Emden: Raffinerie bezeichnet, Volkswagenwerk nicht.
	L 3520 Wolfsburg: Volkswagenwerk bezeichnet.
	L 3928 Salzgitter-Bad: Stahlwerk benannt, VW-Werk (3599/5784) nicht.
Nordrhein-Westfalen	L 4308 Recklinghausen: Chemische Werke Marl-Hüls nicht bezeichnet. L 4510 Dortmund: Hüttenwerk 3396/5613 (Hoesch) nicht bezeichnet, nur aus Bahnhofsbenennung Hoesch zu erschließen. Universität 2598/5707 bezeichnet.
Hessen	L 4722 Kassel: Volkswagenwerk Baunatal bezeichnet.
	L 5916 Frankfurt-West: Chemiewerk 3467/5551 (Hoechst AG) nicht bezeichnet.
Rheinland-Pf.	L 6914 Landau: 3448/5435 Automobilwerk, 3450/5435 Raffinerie bezeichnet.
Sachsen-Anh.	L 4134 Stassfurt: 4457/5758 Kaliwerk Westeregeln nicht bezeichnet.
Baden-Württemberg	L 6516 Mannheim: Chemische Fabrik 3458/5486 (BASF) nicht bezeichnet. L 7318 Calw: Automobilwerk 3499/5396 (Daimler) nicht bezeichnet. L 7320 Stuttgart-Süd: Universität bei Vaihingen 3508/5401 bezeichnet, Universität Hohenheim 3515/5397 dagegen nicht.
Bayern	L 7334 Ingolstadt: Automobilwerk 4457/5405,5 (Audi) nicht bezeichnet. Vier Raffinerien nicht bezeichnet.
Dagegen Österreich:	45 Ranshofen: Aluminiumwerk bezeichnet (428/343). 47 Ried: Skifabrik bezeichnet (460,5/340,2).

Die Beispiele ließen sich leicht vermehren.

Hier wird ein Ungleichgewicht in der Beschriftung deutlich, ist doch jede kleine Mühle namentlich (als Siedlungsplatz) bezeichnet, ein Großbetrieb aber nur in seltenen Fällen. Wir Geographen wünschen uns etwas mehr Information, weil entsprechende Angaben wichtige Aussagen zur Struktur, z. T. auch über Beschäftigtenzahlen sind.

Der Grundriß allein gestattet jedenfalls keine Aussage. So haben sich in dem großen Industrie- und Gewerbegebiet östlich von Stuttgart-Vaihingen (L 7320 Stuttgart-Süd: 3509/5398) Fabriken, Verwaltungen, Auslieferungslager, Großhandlungen, Verlage (darunter der Teubner-Verlag), die Straßenbahn mit ihrem Depot u. ä. niedergelassen. Eine solche Mischung ist heute für derartige Gebiete typisch, weshalb man sie nicht generell – wie es in Seminaren häufig geschieht – als „Industriegebiete" bezeichnen sollte. Ablesbar sind allein: Hier gibt es viele Gebäude mit großer Grundfläche, im W mit Bahnanschluß, im O Anschlüsse der Straßenbahn, ferner einzelne hohe (weithin sichtbare) Schornsteine. Da Eisenbahnanschluß für Büros nicht üblich ist, kann man ihn als Hinweis auf Fabriken mit großem Materialverbrauch oder/und großem Ausstoß werten, zumal wenn hohe Schornsteine verzeichnet sind. Die in derselben Karte bei 3508/5401 mit großen Bauten eingezeichnete Universität wäre ohne Beschriftung nur schwer als eine solche erkennbar. Daß dort viele hohe Gebäude stehen, ist aus der Karte leider nicht ersichtlich.

Merke: Ein als *Universität* bezeichnetes Gebiet beherbergt in der Regel nur einen Teil der Hochschule und möglicherweise auch andere Einrichtungen. In der Innenstadt gelegene Teile können wegen Platzmangels nicht beschriftet werden.

So sind z. B. im Hochschulgelände in Stuttgart-Vaihingen neben zwei Dritteln der Universitäts-Institute, Bibliotheksfiliale und Mensa angesiedelt: Wärmekraftwerk, Universitäts-Bauamt, Institute der Max-Planck-Gesellschaft, der Fraunhofer-Gesellschaft und der Deutschen Forschungsanstalt für Luft- und Raumfahrt, Materialprüfungsanstalt, Fachhochschule für Druck, Technologie-Zentrum, Wohngebäude für Hochschul-Mitarbeiter und für Studenten. Verallgemeinernd kann man deshalb von einem Standort für Bildung und Forschung sprechen. Ein Drittel der Universitäts-Institute liegt in der Innenstadt.

Bei *Raffinerien* und *Tanklagern* findet man viele schwarze Vollkreise unterschiedlicher Größe als Grundrißabbildungen der zahlreichen Tanks (L 7320 Stuttgart-Süd: 3519/5404 Tanklager, L 5106 Köln: 2570/5636 Raffinerie). In der ÖK 50 gibt es für Öl- und Gasbehälter eine besondere Signatur, in einigen neuen BL, so in Sachsen, sogar – übernommen aus den DDR-Karten, in denen dies militärisch wichtig war – für Tankstellen. Die ÖK 50 hat auch für weithin sichtbare Silos ein eigenes Zeichen.

Bergwerke sind durch Hammer und Schlägel bezeichnet, und zwar unterschieden, ob in oder außer Betrieb. *Tagebaue* – wie zwischen Köln und Aachen (L 5106 Köln) oder im südlichen Brandenburg und nördlichen Sachsen (Abb. 6) – und die in ihrer Nähe liegenden Abraumhalden sind zum einen an den großen Flächen mit steilwandiger, meist geradliniger Begrenzung, zum anderen an der Beschriftung erkennbar.

Merke: Das Alter von Kohle und Braunkohle bzw. deren geologische Formation ist nicht ablesbar!

Abb. 6: Braunkohlentagebau nördlich Senftenberg. Ausschnitt aus L 4548 Lauchhammer, Ausgabe 1993 mit Genehmigung des LVermA Brandenburg, GB 49/98.

3 Inhalte topographischer Karten   41

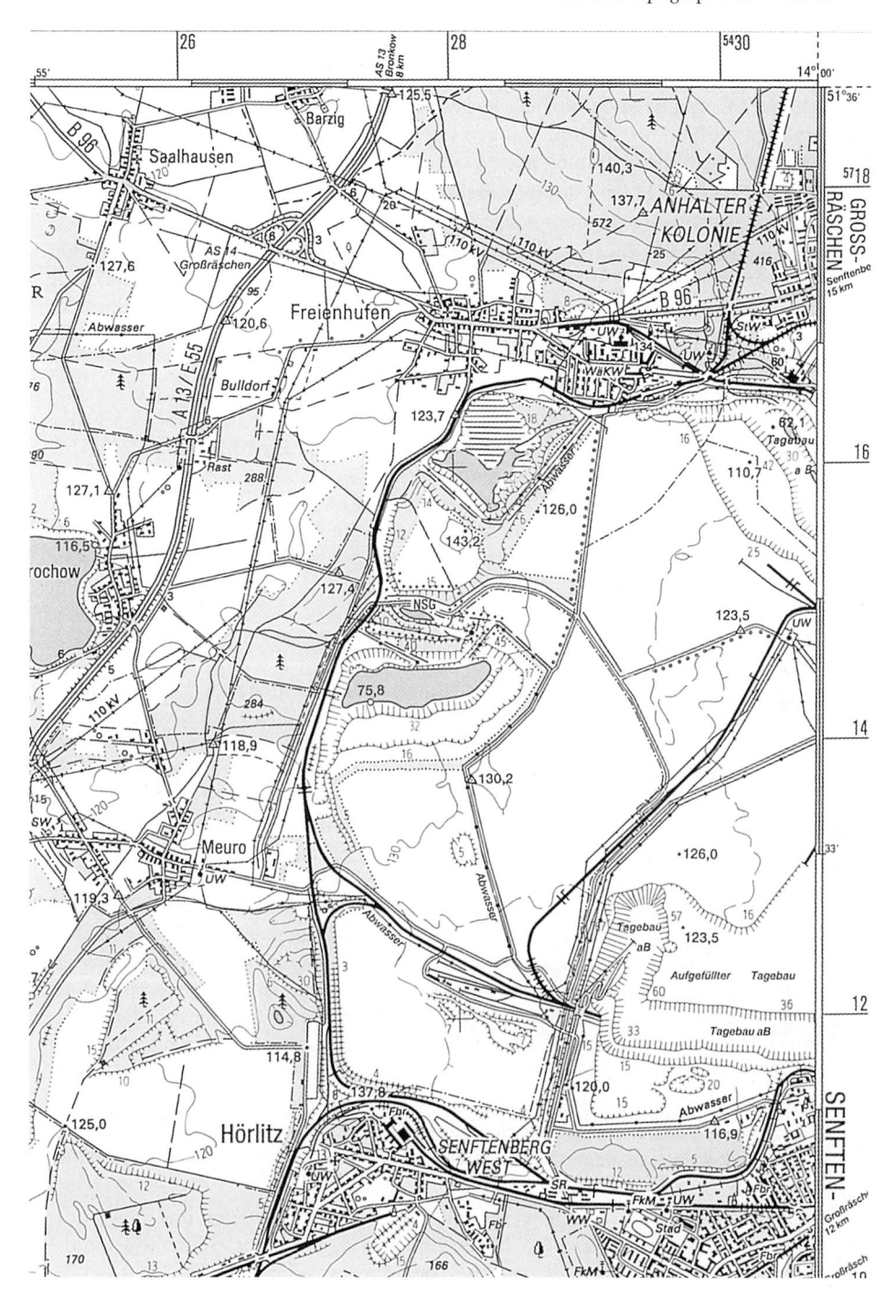

Erdöl- und Erdgasfelder sind in der TK 50 durch einen Schriftzug, in der ÖK durch ein Symbol für die Sonden bezeichnet.

Kraft- und Elektrizitätswerke sowie Umspannwerke sind an ihrer Beschriftung sowie an ihrer Lage im Netz der Stromleitungen erkennbar. In den neuen BL ist bei Hochspannungsleitungen die Spannung angegeben.

Merke: Die Pfeile bei Hochspannungsleitungen zeigen in der TK 50 nicht die Fließrichtung des Stromes an, sondern weisen nach N.

Die ursprünglichen *Ortsformen* sind in der Regel gut ablesbar (z. B. mittelalterlicher Stadtkern, wilhelminisches Viertel, Straßendorf, Rundling, Weiler usw.). Zusätzliche Bezeichnungen sind selten (Gut, Domäne, aber leider oft schon gestrichen). Die in der TK 50 AS üblichen Bezeichnungen für Ställe, Werkstätten und Bauhöfe können in der neuen Ausgabe entfallen.

Wüstungen oder abgegangene oder ehemalige Siedlungen sind in einigen Fällen, aber keineswegs vollständig als solche bezeichnet (L 4922 Melsungen: 3534,5/5654,5 Name „Wüste Kirche" sowie Abb. 19, L 7522 Bad Urach: ehem. Zizelhausen 3527,5/5364 und insbesondere im Bereich des Truppenübungsplatzes Münsingen). Allerdings kann auch aus manchen Flurnamen auf verlassene Siedlungen geschlossen werden (L 7522 Bad Urach: Dörfle 3547/5370). Ruinen sind als solche bezeichnet. Die alte TK der neuen BL wies auch zerstörte Gebäudeviertel aus.

Verkehrsanlagen

Die Verkehrsanlagen sind hinsichtlich Ausbauzustand, Klassifizierung und Bedeutung durch die Signatur und z. T. durch Farbe unterschieden, *Straßen* zusätzlich durch ihre Nummer bezeichnet. Die Breite, in der sie zu zeichnen sind, ist unabhängig von der wirklichen Breite durch das Musterblatt vorgegeben und aus zeichentechnischen Gründen zu groß; das bedeutet, daß der Benutzer die tatsächliche Breite nicht durch Ausmessen ermitteln und auch nicht die Zahl der Spuren ablesen kann. In der TK 50 findet sich am Rande eine Angabe über das nächste Fernziel und dessen Entfernung. Die TK 50 AS und die TK 50 einiger neuer BL geben bei wichtigen Straßen außer der Breite auch den Belag an (Abb. 22). Innerhalb geschlossener Bebauung wird die Straße als freie Fläche ausgespart. Bei *Bahnen* ist die Kennzeichnung der Bedeutung in alten und neuen BL verschieden. Allgemein kann man davon ausgehen, daß mehrgleisige Bahnen einen höheren Rang besitzen, Schmalspurbahnen einen geringen. Auch Kurvenreichtum und -radien lassen Schlüsse auf den Rang einer Bahnlinie zu; denn enge Radien erlauben keine besonders schnelle Fahrt. Das gilt entsprechend auch für Straßen.

Seilschwebebahnen, Sessellifte und *Schlepplifte* werden in der TK 50, der ÖK 50 und der LKS nicht in gleicher Weise unterschieden und nicht gleichartig dargestellt. *Materialseilbahnen* haben eine eigene Signatur; man sollte vorsichtig sein, sie als Merkmale des Tourismus zu werten.

Bei Anlagen für den Flugverkehr werden in den alten BL *Flughäfen* und *Flug-* oder *Landeplätze* unterschieden. Letztere haben einen geringeren Rang. In den Karten der neuen BL wird angezeigt, ob eine befestigte oder eine unbefestigte Start- und Landebahn vorhanden ist. Wirtschaftsflugplätze (z. B. für den Agrardienst) sind durch die Abkürzung WFlPl gekennzeichnet (Abb. 22). In den alten BL und in der Schweiz sind die Pisten jeweils eingezeichnet (L 7320 Stuttgart-Süd: 3515/5395). Bei Militärflugplätzen ist die reine Flugplatzfläche weiß gelassen oder als Wiese dargestellt (L 7314 Baden-Baden Ausgabe 1987: 3432/5406), meist aber anhand einiger Merkmale zu erkennen (s. S. 117).

Produktleitungen sowie unterirdische Gas- und Wasser-Fernleitungen haben, sofern sie, wie in einigen neuen BL und Österreich, dargestellt sind, eine besondere Signatur und sind teilweise auch beschriftet (L 4548 Lauchhammer: 5426/5717 Abwasser, s. Abb. 6, L 4940 Borna: 4524/5673 Äthylen, Benzin, L 2748 Prenzlau: 3433/5911 Öl).

In der Flur stehende *Bildstöcke, Marterln* und *Kapellen* sind durch ein Symbol vermerkt (Abb. 12). Man kann sie als Hinweis auf eine katholische Bevölkerung werten. Die in den Alpen zum *Lawinenschutz* errichteten Bauwerke (schwarze Striche) zeigen ebenso wie Bannwälder und Schneisen im Hangwald an, welche Gebiete besonders gefährdet sind.

Vegetation

Die *Vegetation* wird in der TK 50 erst ab mindestens 0,5 cm² dargestellt. Dabei wird unterschieden zwischen geschlossenen Waldgebieten, einzelnen Bäumen oder Büschen, Anpflanzung (Baumschule, Plantage), Park, Garten, Weingärten, Hopfenanpflanzungen und Heide, bei der Letzteren ohne Unterscheidung der verschiedenen Formen. Hecken und Wallhecken (Knicks = meterhohe Wälle mit Hecken, die in regelmäßigem Turnus „geknickt" = abgeholzt werden) sind an ihrer unterschiedlichen Signatur erkennbar. Dargestellt werden nur Flächen mit mehrjährigem Bewuchs; Akkerflächen (auf denen der Anbau von Jahr zu Jahr wechselt) bleiben weiß, doch heißt das nicht, daß alle weiß gelassenen Flächen ackerbaulich genutzt sein müssen.

Der *Baumbestand* von Wäldern wird in den alten und neuen BL für Laub- und Nadelwald verschieden dargestellt. Die TK 50 AS enthält auch Angaben über den Baumbestand (Ei = Eiche, Bu = Buche, Ki = Kiefer usw.) sowie Angaben über Baumhöhe, Stammdurchmesser und Baumabstand. Sie weist auch abgeholzte Wälder und Jungwälder aus. In der neuen TK entfallen diese Angaben. Man sollte beachten, daß in Norddeutschland viele Waldgebiete als „Heide" bezeichnet werden, so z.B. die Schorfheide oder die Große und Kleine Heide bei Prenzlau. Die Forsteinteilung ist in allen BL durch Zahlen angegeben, die man nicht mit Höhenzahlen verwechseln darf. Die LKS unterscheidet nicht hinsichtlich des Baumbestandes, die ÖK 50 weist Kampfwald, Bestände von Legföhren (Latschen) sowie Gestrüpp und Gebüsch mit und ohne Baumwuchs gesondert aus.

Von *Feuchtgebieten* werden in der TK 50 Hochmoore, Flachmoore, Sümpfe und Brüche durch die gleiche Signatur bezeichnet. Die LKS stellt nur Sümpfe dar, die ÖK 50 unterscheidet nassen Boden sowie Sumpf- und Moorboden.

Gewässer

Bei *Wasserläufen* ist die Fließrichtung durch einen blauen Pfeil angegeben. Außerdem kann man sie aus den Höhenverhältnissen erschließen. Blaue Zahlen geben die mittlere Höhenlage des Wasserspiegels über NN an. Die Breite eines Fließgewässers wird durch vorgegebene Stufen der Signatur dargestellt. Die TK 50 AS enthält außerdem zahlenmäßige Angaben über die Flußbreite (über einem Strich) sowie (unterhalb des Striches) über die Wassertiefe und die Beschaffenheit des Grundes (s = sandig, schl = schluffig usw., Abb. 22). Neben dem Richtungspfeil ist in diesen Karten die Fließgeschwindigkeit in m/s angegeben. Bei Staudämmen und Wehren findet man die Höhenangaben für das Ober- und das Unterwasser, bei Schleusen weitere charakteristische Werte. Alle diese nicht nur für Militärs interessanten Hinweise werden bei der Umstellung auf die neuen Karten leider gelöscht.

Bei schiffbaren *Flüssen* sind am Ufer neben einem Punkt kursiv schwarze Zahlen eingetragen. Sie geben jeweils im Abstand von 2 km die „Flußkilometer" an (Abb. 23). Beim Rhein werden sie ab Konstanz gezählt (obwohl eine durchgehende Schiffahrt nicht möglich ist), bei der Trave ab Beginn der Schiffbarkeit flußabwärts, an der Donau und beim Neckar ab der Mündung flußaufwärts (L 6516 Mannheim, Abb. 11). Verzeichnet sind auch Buhnen, die dem Uferschutz und der Tiefhaltung dienen. Schiffbarkeit ist in den Karten der neuen BL an dem kursiv in Versalien geschriebenen Namen erkennbar, ansonsten an Schleusen, Anlegestellen, Hafenbecken usw. Häfen für Sportboote sind an den vielen (schwarz eingezeichneten) Anlegestegen zu identifizieren. Doch

Merke: Eine Anlegestelle (z. B. am Rhein) ist kein Hafen! Sie dient nämlich in der Regel allein der Personenschiffahrt.

Zu einem *Handelshafen* gehören nämlich außer den Hafenbecken auch befestigte Ufer, Straßen, Bahnen, Hafengebäude und nicht selten Industrieanlagen.

Für *Seen* geben blaue Zahlen (in der ÖK schwarze in Klammern) die Höhenlage des Wasserspiegels an, schwarze Zahlen neben einem Punkt dagegen die Höhenlage des Seebodens. Für größere Seen sind in der TK der neuen BL und in der ÖK 50 Tiefenlinien (Isobathen) eingezeichnet (Abb. 13), in den alten BL und in der LKS jedoch blaue Höhenlinien des Seebodens, z. B. beim Bodensee (L 8524 Lindau), die die Fortsetzung des Reliefs in das Seebecken hinein zeigen sollen (JENSCH 1975, S. 107). Man tut also gut daran zu prüfen, in welcher Richtung die Zahlen steigen oder fallen. Stauseen sind benannt oder zumindest am Staudamm als solche erkennbar. Uferlinien von Stauseen beziehen sich auf deren normalen Höchststand, solche von Pumpspeicherbecken auf den jeweils gefüllten Stand (oben also morgens, unten abends).

In den Küstenblättern ist das *Watt* bis zur Linie des Mittleren Springtide-Niedrigwassers durch einen Braun- oder Grauton gekennzeichnet, während die Priele (Flutrinnen) und Baljen (auch bei Ebbe schiffbare Rinnen) in Wasserblau erscheinen. Auch Leitdämme (vor Flußmündungen), Buhnen und Lahnungsfelder (zur Aufhöhung) sind (schwarz) dargestellt, über das MThw (mittlere Tidehochwasser) reichende Sande durch schwarze Punkte; Deiche sind an der Steilrandsignatur erkennbar. Wassertiefen oder gar Tiefenlinien sind (außer in Mecklenburg-Vorpommern) nicht eingetragen.

Gletscher sind in derjenigen Ausdehnung eingezeichnet, in der sie den Sommer überdauern, d. h. für den Monat August.

Wasserbehälter und (im Flachland) *Wassertürme* sind besonders bezeichnet. Sie werden benötigt, um in den Wasserleitungen den erforderlichen Druck zu haben, sagen also nichts über den Untergrund (z. B. Wasserarmut) aus. Anders bei *Pumpwerken*, die der Beschaffung von Trinkwasser dienen und deshalb grundwasserreiche Gebiete anzeigen. Fernwasserleitungen sind leider nicht verzeichnet, ausgenommen die ÖK und die TK 50 der neuen BL. In der LKS wurde die Signatur für Druckstollen, die einen weitgespannten Verbundbetrieb anzeigten, neuerdings leider getilgt.

Relief

Das Relief wird dargestellt, indem alle Punkte, die auf gleicher Höhe liegen, in die Zeichenebene projiziert und in Form von *Höhenlinien* (Isohypsen) dargestellt werden (Abb. 7). Dabei ist die Strichstärke für die Isohypsen von jeweils 100 m, 20 m und 10 m sowie für Hilfshöhenlinien von 5 m und 2,5 m der besseren Orientierung und Abschätzung halber verschieden. Welche dieser Linien eingezeichnet werden, hängt vom Relief ab (Flachland, Mittelgebirge, Hochgebirge). Die Linien für die geringen Höhenunterschiede werden nur dort, wo die Hangneigung gering ist, und oft auch nur für kurze Strecken eingetragen. Zusätzlich sind bei den Höhenlinien Zahlen vermerkt, die deren Höhenlage angeben. Für TK 50 und ÖK 50, nicht aber für die LKS gilt, daß der Fuß der Höhenzahl stets hangabwärts gerichtet ist.

a Felskante w des Höhenpunktes 785 m
b Steilkante
c Mulde in der Darstellungsart der alten BL
d Mulde in der Darstellungsart der neuen BL
e Sattel mit w anschließendem Sporn

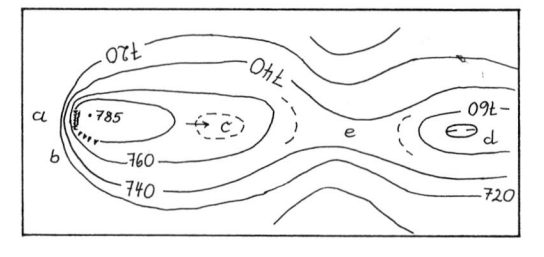

Abb. 7: Tafelskizze zur Darstellung der Höhenlinien und Höhenpunkte in der TK 50.

Merke: Steht die Zahl für den Betrachter richtig lesbar, so blickt er hangaufwärts, steht sie auf dem Kopf, so blickt er hangabwärts. Ausnahme: Schweiz!
Die LKS spricht nicht von Höhenlinien, sondern von „Zählkurven", die ÖK von Höhenschichtlinien. Der Begriff Isohypsen wird in keinem der deutschsprachigen Länder gebraucht.
Merke: Höhenlinien gibt es nur in der Karte, sie sind nicht im Gelände sichtbar. Sichtbare Geländekanten werden – allerdings erst ab einer gewissen Größe – durch Steilrandsignatur bezeichnet.
Die Projektion der verschieden hohen Punkte in die Kartenebene hat zur Folge, daß die Punkte – auch wenn sie in der Natur gleiche Abstände aufweisen – in der Karte um so enger zusammenrücken, je steiler der Hang ist. Sie bedingt auch, daß Linien,

die schräg oder senkrecht zu einem Hang laufen, in der Karte kürzer erscheinen, als sie in der Natur sind (Abb. 32). Entsprechend sind auch Flächen an Hängen in der Projektion kleiner, und zwar um so mehr, je steiler der Hang ist.

Merke: Je enger die Höhenlinien in der Karte angeordnet sind, desto steiler ist der Hang, je weiter sie auseinander liegen, desto flacher ist er.

Wenn dies durch die Höhenlinien optisch zum Ausdruck kommt, so liegt das an dem Hell-Dunkel-Effekt: Je dichter sie beisammen liegen, desto dunkler erscheint die Fläche, und nach dem Prinzip „je steiler desto dunkler" kann man – mit Vorbehalt – aus der Tönung auf die Böschungsverhältnisse schließen (JENSCH 1975, S. 111). Bei Steilwänden ginge mit Höhenlinien die Lesbarkeit verloren; deshalb werden sie durch Felsschraffen dargestellt, die auch ihre Form deutlicher erkennen lassen.

Ein Problem ergibt sich bei geringen Höhenunterschieden. So erscheinen z.B. *Dünen* im Oberrheintal, deren Höhen gerade zwischen den Werten zweier Höhenlinien schwanken, in der Karte nicht, aber solche, deren Höhen sich gerade um den Wert einer Isohypse auf und ab bewegen, sind erkennbar (L 6916 Karlsruhe-Nord). Erfahrungsgemäß kommt im Seminar hier die Frage, warum gerade dort ein scheinbar unruhiges Relief erscheint. Höhere Dünen sind durch Schraffen angedeutet. Auch stärkere Höhenstufen oder Geländekanten, die niedriger als der Höhenabstand der Isohypsen (20 m) sind, heben sich optisch nicht ab, wenn nicht Hilfshöhenlinien eingezeichnet sind (HEMPEL 1957). Überdies fallen kleinere Formen der Generalisierung zum Opfer.

So sind die von H. Frei (1966) beschriebenen „Trichtergruben" des vorgeschichtlichen Erzabbaus mit 3 – 12 m Durchmesser und 0,5 – 3 m Tiefe in der TK nicht erkennbar; lediglich im Blatt L 7530 Wertingen ist bei 4422/5384 eine „vorgeschichtliche Erzschürfstelle" verzeichnet (s. auch S. 102 f.).

Merke: Die Höhenlinien sind sogar in der TK 25 meist nicht genau genug aufgenommen oder gezeichnet. Man sollte ihre Aussagekraft nicht überschätzen (HEMPEL 1957).

Örtliche Höhenunterschiede (z. B. an Steilrändern) sind nur in der TK 50 einiger neuer BL und in der ÖK 50 mit Zahlen angegeben (Abb. 22). Für besonders hohe Bauwerke kann in den neuen BL die Höhe in Metern genannt sein (L 2748 Prenzlau: 5424/ 5809,7 Marienkirche 68 m).

Als Ergänzung zu den Höhenlinien weisen die TK häufig (aber nicht alle) eine *Schummerung* auf. Es handelt sich dabei um einen feinen Punktraster, der als Schatten einer im NW gedachten Lichtquelle beschrieben werden kann (s. IMHOF 1968, S. 96, JENSCH 1975, S. 114 ff.). Die Schummerung läßt das Relief plastisch erscheinen und damit deutlicher hervortreten, die Karte wird leichter lesbar. In der Regel sind die deutschen TK mit und ohne Schummerung erhältlich.

Höhenpunkte (Koten) und Trigonometrische Punkte sind durch einen schwarzen Punkt (in der LKS auch durch ein Kreuz) mit der daneben stehenden Höhenangabe bezeichnet. Die LKS gibt für Triangulations-Fixpunkte sogar Dezimalstellen mit an. In den alten BL ist zudem bei Orten unter dem Namen in Klammern die mittlere Höhenlage angegeben.

Die Höhenangaben der alten BL beziehen sich auf NN, die der neuen auf HN. Der Unterschied ist auf den Blättern der neuen BL jeweils angegeben. Die Höhenpunkte der Schweiz haben den Ausgangspunkt der schweizerischen Höhenmessung als Basis, einen Fixpunkt auf dem Pierre du Niton im Hafen von Genf. Dieser Punkt liegt 373,60 m über dem mittleren Meeresspiegel von Marseille. Österreich bezieht seine Höhenangaben auf das Mittelwasser der Adria am Pegel Molo Sartorio in Triest (Wagner 1970). Wenn trotzdem für alle drei Kartenwerke (TK 50, ÖK 50, LKS 50) für den Pfänder (bei Bregenz) übereinstimmend 1063 m Höhe angegeben werden, so rührt das daher, daß einerseits in Kartenblättern von Grenzgebieten die topographischen Grundlagen des benachbarten Auslandes jeweils aus dessen TK übernommen werden, andererseits die Abweichungen zu gering sind, um bei Angaben in vollen Metern durchzuschlagen.

Die Abweichungen gegenüber NN betragen nach Witt (1979, S. 231):

Neue BL	−0,16 m	Frankreich	−0,25 m	Niederlande	+0,02 m
Schweiz	−0,06 m	Belgien	−2,30 m	Dänemark	−0,09 m
Österreich	−0,31 m				

Bei der Interpretation können wir diese Unterschiede vernachlässigen.

Steilhänge, seien sie natürlich oder künstlich, groß oder klein, seien es Stufen, Voll- oder Hohlformen (Ackerterrassen, Einschnitte von Verkehrswegen, Dämme, Dolinen, Gruben, Wurten u. ä.), werden nur eingezeichnet, wenn sie topographisch bedeutsam sind, d. h. wenn sie eine bestimmte Höhe, Länge oder Größe erreichen. Sie sind durch stumpfe Böschungsstriche entlang einer Linie oder durch spitze Zacken (Fallstriche) bezeichnet.

Merke: Die Spitzen der Böschungszeichen zeigen immer hangabwärts.

Felsen und Klippen erhalten eine besondere Signatur mit kurzen Strichen. Bei Einzelfelsen und Klippen ist zudem häufig der Name genannt (B 1: Mädlesfels 3520,5/5369,5). Steinriegel, Mittelmoränen auf dem Eis sowie in der LKS auch neben dem Gletscher liegende Moränenwälle werden bildhaft durch eine Reihe von Punkten dargestellt und folgen damit dem gleichen Prinzip wie die Flächensignatur für Sand und Geröll (B 2). Die LKS stellt auch Erdschlipfe besonders dar; Bergstürze müssen freilich erschlossen werden (Abb. 20).

Künstliche Geländeformen sind in der Regel an ihrem geradlinigen Verlauf bzw. ihrer geradlinigen Begrenzung erkennbar. Als Beispiele seien Deiche, Straßeneinschnitte und Deponien genannt. In der TK sind Dämme und Einschnitte allerdings erst ab 4 m Höhe (im Flachland 2 m) und ab 200–250 m Länge dargestellt. In der Schweiz setzt man voraus, daß eine hochgelegte Straße beidseits Böschungen besitzt. Die Funktion – z. B. ob Deich oder Damm – ergibt sich aus der Kombination mit den anderen Objekten, z. B. am Fluß oder im Verlauf einer Bahnlinie. Schanzen, Ring- und Grenzwälle sind meist durch Beschriftung bezeichnet (Abb. 12: Hünenring). Hügelgräber haben eine besondere Signatur (B 1: 3523/5379), ehemalige Bunker eine andere, doch beide dem Prinzip folgend, daß die Spitzen abwärts zeigen (B 1: 3523/5370). Kleine Senken (Mulden) sind in den alten BL durch einen kleinen, in die Senke weisenden Pfeil markiert, in den neuen durch einen kurzen Strich an jeder schmalen Seite (Abb. 7).

Auch bei *Steinbrüchen* und *Sandgruben* wird die Steilrandsignatur benutzt, bei Steinbrüchen zusätzlich eine allgemein auf Gestein hinweisende Signatur. Die Angabe, welches Material abgebaut wird, ist nur bei größeren Abbaustellen zu finden, obwohl sie eine wichtige Aussage über den Untergrund zuläßt. In den neuen BL ist auch in den neuen Karten nicht selten die Höhe des Steilrandes durch eine braune Zahl angegeben. *Bruchfelder* (Senkungsgebiete) über Bergbaufeldern sind durch schräge Striche bezeichnet.

Schwierigkeiten und Grenzen der Kartenauswertung

Die Auswahl des Darzustellenden und die notwendige Generalisierung schränken den Informationsgehalt der Karten, der zudem in letzter Zeit zwecks Verringerung des Aufwandes noch weiter reduziert wurde, etwas ein. Nach dem Musterblatt 1989 entfällt leider auch die Beispieldarstellung für Gewässer und Geländeformen (vgl. HÜTTERMANN 1992). Doch auch ein Mangel an Kenntnissen des Benutzers kann der Auswertung Grenzen setzen, beispielsweise wenn er nicht weiß, was ein Siel ist und was der Begriff Stafel bedeutet, oder wenn er ein Kerbtal nicht von einem Kastental unterscheiden kann. Vor allem muß der Interpret sich darüber klar sein, was *nicht dargestellt* wird und was *nicht erkennbar* ist.

Merke: *Nicht dargestellt* werden in der TK 50:
- Gemeindegrenzen (außer bei Stadtkreisen).
- Aufriß und Bauweise der Gebäude (Fachwerk, Backstein, Plattenbauweise usw.).
- Die Höhe von Gebäuden. (Man lasse sich nicht durch die Größe der Grundfläche verleiten, auf die Höhe des Gebäudes zu schließen!)
- Die Nutzung der Gebäude. Eine ebenerdige Lagerhalle kann im Grundriß ebenso aussehen wie ein Großmarkt, eine Montagehalle oder ein großer Stall.
- Der Zustand der Objekte (Gebäude, Straßen, Gewässer, Wälder).
- Einjährige landwirtschaftliche Kulturen (Getreide, Kartoffeln, Rüben usw.).
- Besitzverhältnisse (sie sind allenfalls für Teile ländlicher Räume und in Wäldern zu erschließen).
- Klimatische Verhältnisse (sie sind allenfalls hinsichtlich Gunst oder Ungunst zu erschließen).

Merke: *Nicht erkennbar* ist oder sind:
- Das Parzellengefüge landwirtschaftlicher Nutzflächen. (Parzellengrenzen sind nicht verzeichnet!).
- In Neubaugebieten sind Einfamilien-Reihenhäuser und mehrstöckige Miethäuser oft nicht zu unterscheiden (Abb. 25).
- Die Branchen von Industrie und Gewerbe.
- Veränderungen in der Nutzung, sofern eine solche überhaupt ableitbar ist, z. B. die Tertiärisierung von Fabrikanlagen, Umgestaltung eines Bauernhofes zu einem reinen Wohngebäude, die Verwendung von Kasernen für zivile Zwecke.
- Der Sitz der Kreisverwaltungen von Landkreisen mit Landschaftsnamen (z. B. Landkreis Uckermark), weil, von einigen Ausnahmen abgesehen, die Kreisstadt in der politischen Übersicht nicht genannt wird (in diesem Beispiel Prenzlau), obwohl sie in der Regel den Rang eines Mittelzentrums besitzt.
- Bei Teilorten vielfach wegen fehlender Angabe, zu welchem Hauptort sie gehören. Damit sind Aussagen über die Gesamtgröße der Siedlungen erschwert oder unmöglich.

– Bei Steinbrüchen die Art des Gesteins, wenn eine entsprechende Angabe fehlt.
– Die geologische Formation. Z. B. ist bei Kalk (sofern er genannt ist) nicht ersichtlich, ob er dem Muschelkalk, dem Jura oder der Kreide angehört.

Merke: *Fehlschlüsse* sind möglich

– bei geomorphologischen Konvergenzen, d. h. wenn verschiedene Prozesse zu gleichen Formen führen, z. B. Anzapfung oder Überlauf der Feldberg-Donau (s. S. 72f.),
– wenn aus dem Sprachgebrauch übernommene Namen ungenau oder falsch sind. So bestehen die Kalkberge in Lüneburg und Bad Segeberg nicht aus jenem Gestein, das man gemeinhin Kalk nennt (kohlensaurer Kalk), sondern aus Gips (schwefelsaurer Kalk). Gleichwohl ist der Schluß auf Verkarstung richtig. Auch die Düne von Helgoland ist genetisch keine solche.

Einige der erwähnten Mängel ließen sich beheben und die Aussagekraft der TK 50 ließe sich erhöhen, wenn die LV zu entsprechenden Ergänzungen bereit wären. Der von Müller 1981 mit dem Blatt C 5914 Wiesbaden vorgestellte Versuch, überwiegend ein- bis zweigeschossige und überwiegend mehrgeschossige Bebauung durch verschiedene Rot-Töne zu unterscheiden, wurde in den Kartographischen Nachrichten zwar lebhaft diskutiert, aber nicht weiter verfolgt.

4 Geographische Analyse topographischer Karten

4.1 Einarbeitung, Hilfsmittel und Vorgehensweise

Für die geographische Analyse topographischer Karten gehen wir von drei Fragen aus:
1. Wie kann ich mich in der Analyse üben?
2. Welche Hilfsmittel benötige ich?
3. Wie gehe ich bei der Analyse vor?

Wie kann ich mich in der Analyse üben?

Zum Einarbeiten in die Kartenauswertung kann man sich der bereits vorliegenden Veröffentlichungen über TK bedienen, wobei man allerdings immer wieder kritisch fragen muß, worauf die benutzte Darstellung abzielt; denn wir müssen unterscheiden:
1. die reine Beschreibung, d. h. eine Schilderung des Karteninhalts, etwa als landeskundliche Beschreibung, ohne Deutung oder Erklärung,
2. die Erläuterungen, d. h. Darstellungen mit diversen, für ein besseres Verständnis zweckmäßigen ergänzenden Angaben, die nicht aus der Karte ersichtlich sind, wie historische Daten oder geologischer Bau,
3. die Interpretation, die aufgrund geographischer Sachkenntnis allein aus der Karte heraus räumliche Zusammenhänge und Verflechtungen, Strukturen und Prozesse zu erklären sucht,
4. Darstellungen, die auf ein bestimmtes Thema beschränkt sind, also nicht den vollen Karteninhalt ansprechen.

Unsere Aufgabe ist allein die Interpretation. Dennoch können wir für Übungszwecke auch Darstellungen zu den anderen Punkten benutzen, wenn wir ihre (andere) Zielsetzung im Auge behalten. Als Veröffentlichungen, mit denen man in dieser Hinsicht arbeiten kann, sind drei Gruppen zu nennen:
1. Einzelne Veröffentlichungen zu bestimmten Kartenblättern, auch wenn sie über eine „Seminar-Interpretation" hinausgehen, zum Beispiel zu
   – L 3718 Minden (SCHÜTTLER 1966),
   – L 5120 Ziegenhain (JUNGMANN/PLETSCH 1993),
   – L 5318 Amöneburg (JUNGMANN/PLETSCH 1992),
   – L 5508 Ahrweiler (MÜLLER-MINY 1965),
   – L 8312 Schopfheim (GEIGER 1977),
   – drei kurze Beispiele aus der Schweiz (IMHOF 1968, S. 250),
   – Interpretationsbeispiele von (physisch-geographischen) Formenkomplexen bei SCHULZ (1989, S. 287–320).
2. Die Topographischen Atlanten der einzelnen (alten) BL (vgl. das Literaturverzeichnis). Sie stellen in Kartenausschnitten, die z. T. Zusammendrucke aus mehreren Karten sind, typische Landschaften vor, und zwar derart, daß einer Kartenseite in der Regel eine Textseite gegenübersteht. Diese Anordnung ermöglicht es, Text und Karte im-

mer wieder zu vergleichen und sich auf diese Weise gut mit der kartographischen Darstellung typischer Landschaftselemente vertraut zu machen. Allerdings sollte man beachten, daß die Zielsetzung nicht eine Interpretation ist, sondern die Vorstellung typischer Landschaften anhand der TK, und daß deshalb auch Informationen gegeben werden, die nicht aus der Karte ablesbar sind. Ergänzend kann man auch die Luftbildatlanten heranziehen, die es ebenfalls für jedes der alten BL gibt.

3. Die Reihe „Deutsche Landschaften. Geographisch-landeskundliche Erläuterungen von topographischen Karten 1:50000", herausgegeben vom Zentralausschuß für deutsche Landeskunde. Sie behandeln konkrete Beispiele charakteristischer Landschaftstypen und sind zur Einarbeitung sehr zu empfehlen. Allerdings sind die Erläuterungstexte nach einem vorgegebenen Schema aufgebaut: Landesnatur, naturräumliches Gefüge, kulturlandschaftliche Ausstattung, kulturräumliches Gefüge, Kulturlandschaftsgeschichte. Eine solche schematische Gliederung kann sinnvoll sein, sollte aber nicht unbedingt als Richtschnur für eine Interpretation dienen, weil man manchen Karten mit einer anderen Gliederung besser gerecht werden kann. Außerdem gehen die „Erläuterungen" dort, wo es als Ergänzung geographischen Wissens erforderlich erscheint, auch auf Sachverhalte ein, die aus der Karte nicht ablesbar sind. Die jeweils beigefügten „Naturraumprofile" können das Verständnis zweifellos fördern, doch sind Teile ihres Inhalts (insbesondere der Bau des Untergrunds) nicht aus der Karte zu entnehmen. Mancher Studierende läßt sich dadurch erfahrungsgemäß verunsichern, jedoch zu Unrecht, wenn er beachtet, daß „Erläuterungen" und „Interpretation" zweierlei Dinge sind.

Die genannten Erläuterungen erschienen 1963–1970 in der 1. Ausgabe mit 4 Lieferungen zu je 10 Blättern. Die 2. Ausgabe (seit 1980) ist mit den folgenden Auswahl-Zusammenstellungen mit jeweils 5 Blättern erhältlich und dürfte in den Institutsbibliotheken oder Kartensammlungen vorhanden sein:

A Norddeutsches Tiefland: L 2122 Itzehoe, L 2310 Esens, L 3126 Münster, L 3314 Vechta, L 4304 Wesel,
B Mittelgebirgsschwelle: L 3926 Bad Salzdetfurth, L 4524 Göttingen, L 4940 Fritzlar, L 5906 Daun, L 5936 Münchberg,
C Süddeutscher Raum: L 7142 Deggendorf, L 7314 Baden-Baden, L 7324 Geislingen, L 7922 Saulgau, L 8342 Bad Reichenhall,
D Universitätsstädte und ihre Umgebung: L 1726 Kiel, L 2524 Hamburg-Harburg, L 2526 Hamburg-Wandsbek, Übersichtskarte West-Berlin, L 5308 Bonn, L 7934 München,
E Ballungsräume: L 3724 Hannover, L 4508 Essen, L 5918 Frankfurt-Ost, L 6708 Saarbrücken-Süd, L 7320 Stuttgart-Süd,
F Nord- und Ostseeküste im Seekartenbild: Seekarten 44 Elbmündung mit Cuxhaven, 89 Ostfriesische Inseln, 107d Nordfriesische Inseln, 88 Helgoland, 32 Falshöft bis Holtenau.

Mit den Blättern dieser Sammlungen kann man sich selbst in der Weise testen, daß man sie zunächst (schriftlich) interpretiert, ohne den Text gelesen zu haben, und anschließend die Erläuterungen – bei gleichzeitigem Betrachten der Karte – liest und mit der eigenen Ausarbeitung vergleicht.

Ein gutes Hilfsmittel zur Einarbeitung können auch die in mehreren Gruppen zu jeweils ausgewählten Themen erschienenen Kartenproben der Reihe „Landformen im Kartenbild" sein, auch wenn sie die TK 25 zum Gegenstand haben, sich nur auf die

Physische Geographie beziehen und im wissenschaftlichen Text weit über eine Interpretation hinausgehen (HOFMANN/LOUIS 1969ff.). Genannt sei ferner das Lexikon von SCHULZ (1989). Es beschränkt sich zwar auf die Geländeformen, deren Entstehung jeweils erklärt wird, bringt aber eine Fülle von Beispielen aus verschiedenen TK, die man sich einprägen kann. Die dort gegebenen Erläuterungen zur Entstehung der Formen müssen wir in diesem Buch als bekannt voraussetzen. Die sehr detaillierten Interpretationen von SEMMEL (1993) beschränken sich gleichfalls auf die Physische Geographie.

Das BfL gibt in Zusammenarbeit mit dem Verein Schweizerischer Geographielehrer Arbeitsblätter heraus, die sich mit den beigefügten Kartenausschnitten ebenfalls eignen, sich in der Arbeit mit der Karte zu üben (Vertrieb: Geographica Bernensia, Haller Str. 12, CH-3012 Bern). Allerdings enthalten auch diese Texte Angaben, die nicht der Karte zu entnehmen sind.

Mitunter ist es sinnvoll, bei der Arbeit mit einem Blatt auch das eine oder andere Nachbarblatt hinzuziehen, um die räumlichen Zusammenhänge besser zu überblicken. Schließlich können auch Luftbilder als Hilfsmittel benutzt werden, z. B. die österreichischen Luftbildkarten und die bereits erwähnten Luftbildatlanten. Als zweckmäßig hat es sich erwiesen, in kleinen Gruppen von 2–3 Personen zu üben und in solchen Gruppen auch „Probeklausuren" von ein und demselben Blatt zu schreiben, sie gegenseitig auszutauschen, durchzusehen und anschließend zu besprechen.

Merke: Die beste Übung in der Karteninterpretation ist der häufige Umgang mit der Karte. Bei Studium dieses Buches sollten deshalb die häufiger zitierten Blätter auch tatsächlich herangezogen werden.

Welche Hilfsmittel benötige ich?

Hier sind natürlich an erste Stelle die topographischen Karten zu nennen. Man mag sich – vielleicht im Zusammenhang mit einer Exkursion oder Wanderung – einzelne Blätter kaufen, wird sie aber meist im Institut ausleihen müssen, denn man sollte das Interpretieren an einer Vielzahl von Blättern üben. Als besonders interessant haben sich solche Blätter erwiesen, in denen zwei verschiedenartige Landschaften aneinandergrenzen (B 1).

Benötigt werden ferner
- ein Lineal, besser: ein rechtwinkliges Dreieck, um Entfernungen messen und vor allem die Rechts- und Hochwerte richtig ablesen zu können;
- ein Stechzirkel, um nötigenfalls gekrümmte Strecken vereinfacht messen zu können;
- eine (Taschen-) Lupe, um vielleicht schwer erkennbare Eintragungen besser lesen zu können;
- Papier und Bleistift, um sich Notizen machen zu können.

Merke: Kugelschreiber sollte man nicht benutzen, weil man damit leicht die Karte verschmutzt. Markierungen in Blättern zu machen, die nicht einem selbst gehören, ist ungehörig, denn es bedeutet, fremdes (hier: vom Steuerzahler bezahltes) Eigentum zu schädigen. Die Institute werden auf Ersatz einer beschriebenen, verschmierten oder anderweitig beschädigten Karte bestehen.

Betont sei nochmals, daß Kenntnisse vor allem der Geomorphologie und der Siedlungsgeographie unerläßlich sind (z. B. LOUIS/FISCHER 1979, SCHWARZ 1989) und daß Begriffe und Definitionen hier als bekannt vorausgesetzt werden. Grundkenntnisse der naturräumlichen Großgliederung Mitteleuropas ermöglichen es dem Interpreten zu überlegen, mit welchen Formen zu rechnen ist.

Wie gehe ich bei der Analyse vor?

Vorweg sei gesagt, daß es *den* Weg für die Kartenanalyse nicht gibt, wir können nur Wege empfehlen. Nahezu jede Karte hat ihre Besonderheit(en) und fordert dazu heraus, einen entsprechenden Schwerpunkt zu setzen. Grundsätzlich ist dennoch als notwendig festzuhalten:

1. Schritt: Das Kartenblatt ist (unter Angabe seiner Bezeichnung) hinsichtlich seiner Lage räumlich, d. h. landschaftlich bzw. natur- und kulturräumlich wie auch politisch einzuordnen. Dazu kann auch die Blattübersicht herangezogen werden. Die Einordnung im Grad- und Gitternetz mag damit verbunden sein, doch sagt die landschaftliche Einordnung meist schon genug über die Lage aus.

2. Schritt: Es sind der Maßstab und der Stand der Nachführung festzustellen. Vom Maßstab hängt ab, wie groß die Objekte dargestellt sind, inwieweit generalisiert und wie groß damit die Aussagekraft der Karte ist. Der Stand der Nachführung besagt, wie aktuell die Karte ist.

3. Schritt: Jetzt empfiehlt sich die Anfertigung einer kleinen Strukturskizze. Hierzu skizziert man den Kartenrahmen, zeichnet – am besten mit verschiedenen Farben – die Grenzen der sich möglicherweise besonders voneinander abhebenden Naturräume, der Räume dichter und lockerer Besiedlung und vielleicht größere Waldgebiete ein (Abb. 8). Dabei können Landschaftsnamen eingetragen werden. Warum dieser Schritt? Die Skizze läßt die Grobgliederung des dargestellten Raumes erkennen und hilft bei der Überlegung, ob man einen besonderen Schwerpunkt setzen soll und wie

— = Grenzen der Naturräume
- - - = Grenze stark verdichteter Siedlungsräume
Rh = Rheinniederung
NT = Niederterrasse
K = Kraichgau
KA = Karlsruhe
BR = Bruchsal

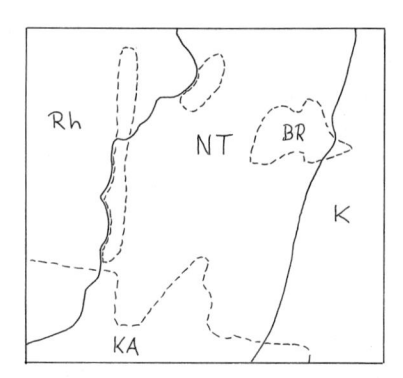

Abb. 8: Strukturskizze des Blattes L 6916 Karlsruhe-Nord.

man bei der Darstellung vorgehen könnte (s. Kapitel 5). Wer genügend Erfahrung besitzt, kann schon danach die Auswertung entsprechend gezielt vornehmen. So bietet sich das in B 2 dargestellte Gebiet geradezu dazu an, schwerpunktmäßig die Glazialmorphologie des Hochgebirges zu behandeln. Es gibt allerdings Blätter, die so einheitlich strukturiert sind, daß es wenig sinnvoll ist, eine Skizze der räumlichen Gliederung zu zeichnen (z. B. L 2142 Gnoien).

4. Schritt: Man untersucht die Signaturen und notiert als Stoffsammlung, was man an primären und sekundären Informationen ermitteln kann. Aus Art, Gestalt, Häufigkeit, Verbreitung und Größenordnung der erkennbaren *Indikatoren* lassen sich Hinweise auf Genese, Struktur und Funktion des Raumes ableiten.

Merke: Bei Klausuren oder Hausaufgaben ist das gestellte Thema genau zu beachten. Eine „landeskundliche" Interpretation soll den gesamten Karteninhalt berücksichtigen (auch wenn man Schwerpunkte betonen will und kein „vollständiges Ausschöpfen" des Karteninhalts erreichen kann), eine Interpretation mit vorgegebenem Schwerpunkt muß dem Thema entsprechen, darf aber Verflechtungen mit anderen Sachverhalten nicht vernachlässigen.

Umfaßt das Kartenblatt verschiedene Landschaftsräume, so kann man seine Stichwort-Sammlung entsprechend gliedern (GEIGER 1977) oder in der Art eines Kausalprofils anordnen (KRAUSE 1927, 1928). Wir nehmen in dieser Form als Beispiel den Ausschnitt B 1 aus Blatt L 7520 Reutlingen:

Raum:	Reutlinger Alb	Stufe	Vorland
Oberfläche:	teils eben, teils kuppig	steil, gestuft	bewegt
Höhen:	~680–861 m	~500–825 m	~360–500 m
Talnetz:	fast nur Trockentäler	viele Quellen	dichtes Netz kleiner Gewässer
Kleinformen:	abflußlose Hohlformen, Höhle, Grabhügel, Steinbrüche	Felsen	stellenweise Bacheinschnitte, einzelne hohe Kuppen
usw.	usw.	usw.	usw.

Man kann durchaus schon gleich bei der Sammlung der Stichworte nach Zusammenhängen fragen. Am besten merkt man sich die Frageworte
- was? (Objekt)
- wo? (Lage bzw. Standort, Anordnung im Raum)
- wie? (Form, Größe, Verteilung im Raum, soweit feststellbar auch Beschaffenheit)
- wieviel(e)? (Frage nach Mengen, insbesondere nach weiteren gleichen Objekten, und nach absoluten Werten, z. B. Gefälle)
- womit? (Vergesellschaftung mit anderen einschlägigen Formen oder Objekten)
- wie weit? (Entfernung, z. B. vom nächsten Zentrum)
- wann? (zeitliche Einordnung bezüglich Entstehung und Entwicklung)
- warum? (Begründung bzw. Darstellung der Ursachen, Beziehungen, Prozesse)
- Folgen/Folgerungen? (z. B. Struktur, Funktion, Dynamik)

Diese Fragen überschneiden sich teilweise, doch ist das kein Nachteil. Mitunter muß man die eine oder andere auslassen, einige vielleicht auch mehrmals stellen, etwas anders formulieren oder die Reihenfolge ändern. Wir erläutern das an einem Beispiel aus dem Blatt L 7314 Baden-Baden, Ausgabe 1987 (vgl. auch SCHULZ 1989, S. 296–300):

4 Geographische Analyse topographischer Karten 55

Frage	primäre Informationen	sekundäre Informationen
– Was?	Schurmsee ~3450/5386	
– wo?	in 790–800 m Höhe östlich und nördlich von Kämmen mit >1000 m Höhe	Lee- und Schattenlage
– wie?	dreiseitig von steiler, bis 160 m hoher Wand gesäumt, an der offenen Ostseite eine Schwelle, die den See staut	Karsee
– wieviele?	etliche weitere gleichartige Seen und vernäßte Mulden in der Umgebung	
– welche?	Blindsee (2×), Herrenwieser See, Bieberkessel und weitere namenlose	Häufung von Karseen
– wie?	n und ö der Hornisgrinde (3441/5385) gestufte Mulden und Kessel	Zwillingskar/Kartreppe
– womit?	Quellhorizonte bei Schurm- und Herrenwieser See	Gesteinsgrenze
– wann?		eiszeitlich entstanden
– warum?		ö + n der Kämme blieb Schnee liegen
– Folgerung?		In der Eiszeit war die Absenkung der Schneegrenze hier so groß, daß sich bis 800 m hinab in Quellnischen Kargletscher bilden konnten. Moränen sind in der TK aber nicht erkennbar.

Oder im Blatt L 7320 Stuttgart-Süd (oben in der Auswahl E), Ausgabe 1991:

– Was?	Stadt Waldenbuch (3510/5389)	
– wo?	Im Tal der Aich an einer wichtigen N-S-Straße (heute B 27)	Wichtiger Flußübergang
– wie weit?	22 km von Stuttgart und 18 km von Tübingen entfernt	Früher Raststation an wichtiger N-S-Straße
– wie?	Mit altem, rundlichem Kern auf einem Umlaufberg	Strategisch günstige Lage Ehemals vermutlich mit Burg
– wann?	Grundriß und Namensendung -buch	wahrscheinlich um 800–1000 gegründet
– wie groß?	Alter Kern klein Schriftgröße 2,8 cm	Frühere Zwergstadt Heute <10 000 E.
– womit?	Etwas mittelgroße Industrie randlich, beträchtliche neue Ausbaugebiete, aber kein wilhelminisches Viertel	Industrieansiedlung vermutlich erst nach 1. oder gar 2. WK Wachstum erst nach 1. WK
– warum?	Umgeben von großem Waldgebiet, wenige Nachbarorte keine Bahnverbindung	Eigenes Umland klein Stagnation bis zur Ansiedlung von Industrie
– was noch?	Nähe zu Stuttgart, Tübingen und Böblingen/Sindelfingen	Ansiedlung von Pendlern
– wo?	Neubaugebiete auf der Höhe	Wegen Enge des Tales
– Folgen?		Geringe zentralörtliche Funktionen Weiteres Wachstum der Wohnfunktion wahrscheinlich

4 Geographische Analyse topographischer Karten

Nicht aus der Karte ersichtlich und deshalb bei der Interpretation wie auch bei deren Bewertung nicht zu berücksichtigen sind die folgenden Sachverhalte, die hier als ergänzende Informationen erwähnt seien:

1. Der Ortsname setzt sich zusammen aus Walden von Walto, Waltheri und buoch = Wald. Die erste Erwähnung erfolgte 1296 (R. REICHERT [Hrg.]: Die Chronik der Stadt Waldenbuch, Waldenbuch 1962).

2. Waldenbuch hatte seit 1928 bis 1955 tatsächlich einen Bahnanschluß (Linie Stuttgart – Böblingen – Schönaich – Waldenbuch). Von der Trasse sind Reste in Form von Einschnitten lediglich ö Böblingen erkennbar (3504/5392), nicht aber in der Nähe von Waldenbuch. Größere Impulse scheint der Anschluß (der Karte nach) aber nicht gegeben zu haben. Auf dem Platz des Endbahnhofs westlich der Stadt steht heute ein Industriebetrieb.

3. Weil die entsprechende Signatur fehlt, ist nicht erkennbar, daß Waldenbuch mit seinem (Jagd-)Schloß früher teilweise auch herrschaftliche Funktionen wahrzunehmen hatte (heute Museum).

4. 1910 lag die Einwohnerzahl bei 1856, war Waldenbuch also „Zwergstadt". Die Stadt hatte keine höhere Verwaltungsfunktion.

Versierte Interpreten werden beim ersten Beispiel sicherlich nicht erst die Karform beschreiben, sondern gleich das Stichwort „Kare" notieren. Sie werden vielleicht auch bei Waldenbuch nicht das Stichwort „Waldgebiet", sondern gleich „nur kleines Umland" und „geringe Zentralität" notieren. Sie werden damit schon bei der Analyse kombinieren, also im Kopf wenigstens teilweise eine Synthese vornehmen. Es ist ja durchaus zweckmäßig, verschiedene Einzelelemente, die genetisch zusammengehören, auch gleich zusammenfassend zu betrachten, z. B. Höhlen, Dolinen und Trockentäler als Karsterscheinungen. Hat man einzelne von ihnen gefunden, z. B. Trockentäler und Dolinen, so wird man nach weiteren, z. B. Höhlen, suchen. Eine solche „Komplexanalyse" ist eine wichtige Aufgabe der Interpretation (HÜTTERMANN 1993, S. 36).

Merke: Es reicht oft nicht aus, nur *einen* Indikator heranzuziehen, vielmehr sollte man nach mehreren Indikatoren suchen, die die Aussage stützen.

Selbstverständlich bleibt es dem Interpreten überlassen, ob er statt einzelner Stichworte gleich Schlußfolgerungen notiert, doch

Merke: In der schriftlichen Darstellung sind Schlußfolgerungen aus der Karte heraus zu belegen.

Für den Anfänger empfiehlt es sich, bei der Auswertung nicht nach der Reihenfolge der Signaturen in der Legende, sondern nach dem länderkundlichen Schema vorzugehen (s. S. 128; BARTEL 1970, S. 129). Dieses bietet nämlich die beste Gewähr, daß man nichts übergeht. Wer mehr Erfahrung besitzt, wird schon bald erkennen, daß er seine Darstellung sinnvoller anders gliedern kann, z. B. nach räumlichen Einheiten (BARTEL 1970, HÜTTERMANN 1993, S. 43) oder nach dominierenden Faktoren. Er wird deshalb die Auswertung dementsprechend vornehmen, zusammengehörende Stichworte nebeneinander notieren und die Notizen von vornherein gliedern. Im folgenden müssen wir jedoch mit Rücksicht auf die Anfänger das länderkundliche Schema, mit dem Relief beginnend, zugrunde legen, jedoch ohne damit sagen zu wollen, daß auch die Darstellung diesem Schema folgen müsse. Hat man im Blatt verschiedene Landschaftsräume erkannt, so empfiehlt es sich, schon gleich bei den Notizen entsprechend zu trennen.

4.2 Einzelformen der Naturlandschaft

Relief

Das wesentliche Hilfsmittel, das *Relief* zu erkennen, sind die Höhenangaben: Höhenlinien nach Höhenlage, Verlauf und Lage zueinander, Höhenzahlen, ferner Steilrand- und Felssignaturen.

Merke: Je dichter beieinander die Höhenlinien liegen, desto steiler ist das Gelände, je weiter sie voneinander entfernt sind, desto flacher ist es. Parallel zueinander verlaufende Höhenlinien zeigen Ebenheiten oder gleichmäßiges Gefälle an.

Zunächst betrachten wir die *Höhen*verhältnisse: Höchster und niedrigster Punkt, d. h. Höhenlage und Reliefenergie? Gegebenenfalls: in den einzelnen erfaßten Teilräumen? Zum einen können wir danach auf bestimmte Großräume schließen, zum anderen sind (in begrenztem Umfang) Rückschlüsse auf das Klima möglich. Der tiefste Punkt eines Kartenblattes liegt in der Regel, wenn auch nicht immer (LKS 268 Julierpass!) dort, wo der größte Fluß den Blattbereich verläßt.

In Verbindung damit gestattet die *Oberflächengestalt* Rückschlüsse auf bestimmte Großräume: eben – leicht bewegt – hügelig – bergig – gebirgig, anders gefragt: Sind wir mit dem Ausschnitt im Flachland, Hügelland (<300 m hoch, Höhenunterschiede 50–100 m), Bergland (300–600 m hoch, relative Höhen 100–200 m), Mittelgebirge (600–1500 m hoch, relative Höhen >300 m) oder im Hochgebirge (absolute Höhen >1500 m, relative Höhen >1000 m)?

Faßt man die erste Orientierung (s. oben 1. Schritt) mit den Angaben über die Höhenverhältnisse und die Oberflächengestalt zusammen, so kann man jetzt sagen, welcher Großlandschaft der Kartenbereich zuzuordnen ist: dem Norddeutschen Tiefland, der Mittelgebirgsschwelle, dem Schichtstufenland, dem Alpenvorland, den Alpen, dem Schweizer Jura, dem Burgenland. Möglicherweise ist auch schon eine konkretere Angabe möglich, z. B. Harz oder Ötztaler Alpen. Damit scheiden jeweils bestimmte Oberflächenformen aus, nach denen man also gar nicht zu suchen braucht. Allerdings kann es auch zwischen den genannten Naturräumen Parallelerscheinungen geben, z. B. Jungmoränen in Norddeutschland und im Alpenvorland, Karsterscheinungen auf der Alb und am südlichen Harzrand, Binnendünen im Oberrheintal und in Norddeutschland.

Zunächst untersuchen wir die *Einzelformen*. Ein Problem liegt hierbei allerdings darin, daß in der Geographie deskriptive und genetische Begriffe nebeneinander üblich sind (s. LIEDTKE 1981, S. 48 bezüglich Moränen). Für die Interpretation wird man zunächst den deskriptiven Begriff wählen (SCHULZ 1989) und erst im nächsten Schritt den genetischen suchen. Allerdings lassen sich beide nicht immer scharf trennen.

Was gibt es an *Vollformen*: Kuppe, Berg, Rücken, Schwemmfächer, Schutt-, Vulkan-, Bergkegel, Klippen, Grat/Kamm, Damm/Deich, Wurt, Deponie/Halde? Im Hochgebirge wird man nach Bergstürzen und Murkegeln, in vereistem Gebiet nach Nunatakkern suchen.

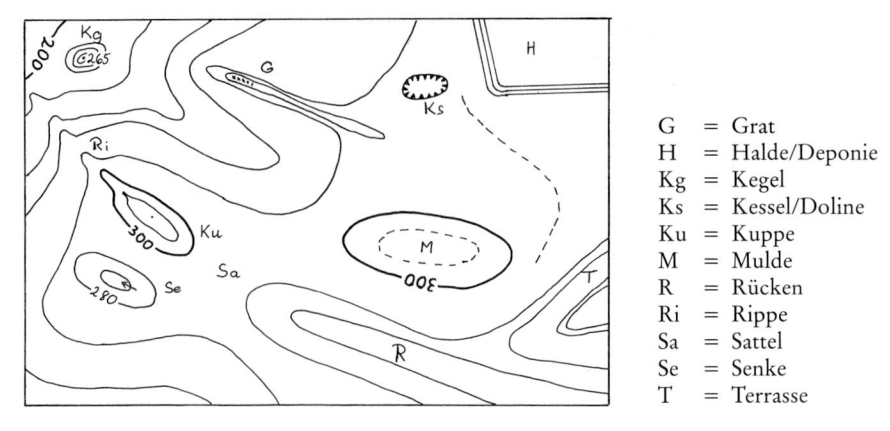

58   4 Geographische Analyse topographischer Karten

G = Grat
H = Halde/Deponie
Kg = Kegel
Ks = Kessel/Doline
Ku = Kuppe
M = Mulde
R = Rücken
Ri = Rippe
Sa = Sattel
Se = Senke
T = Terrasse

Abb. 9: Tafelskizze der kartographischen Darstellung häufiger Oberflächenformen.

Einige dieser Begriffe sollen näher angesprochen werden (Abb. 9):
Schwemmfächer, erkennbar an talwärts ausbiegenden Isohypsen, zeigen eine Gefällsverflachung an, evtl. auch große Schuttführung des mündenden Flusses oder Herkunft desselben aus weichem Gestein (s. u. unter Ebenheiten). Besonders schöne Beispiele finden sich im ganzen Vinschgau (LKS 259 bis Glorenza).
Kegel sind steilwandig, mit geschlossenen Isohypsen. Sie können durch Abtragung als Härtlinge freigelegte *Vulkanschlote* sein. Mit Sicherheit sind sie es dort, wo Basalt abgebaut wird (Abb. 19). In Frage kommen auch *Abraumhalden*. Sie sind durch Schraffen dargestellt und damit leicht erkennbar. Haben scheinbar kegelförmige Berge eine ebene Oberfläche und liegen sie vor einer Schichtstufe, so handelt es sich um Zeugenberge (s. den Unterschied Wartenberg und Fürstenberg, S. 87).
Kuppen sind mehr oder weniger große, allseits konvexe, aber gegenüber Kegeln weniger steile Erhebungen. Sie müssen im Hinblick auf die Struktur des Raumes bewertet werden. Im Moränenland sind sie eiszeitlicher Entstehung, in vulkanischen Gebieten möglicherweise vulkanischen Ursprungs, im Kalk-Schichtstufenland härtere Schwammstotzen (Korallenriffe) wie in Teilen der Schwäbischen Alb (B 1), wo man von der *Kuppenalb* und der (ebenen) *Flächenalb* spricht.
Rücken erscheinen als längliche, gerundete Erhebungen, *Kämme* mit beidseitig steilem Abfall.
Schuttkegel mit talwärts ausbiegenden Isohypsen, vielleicht auch mit Geröllsignatur zeigen im Gebirge bei steil herabkommenden Bächen große Schuttführung oder Murgänge an (Abb. 20), in Gebieten mit leicht verwitternden Gesteinen (z. B. Dolomit) rasche Abtragung, die bis zur Bildung einer *Schutthalde (Sturzhalde)* führen kann, die sich am Bergfuß entlangzieht.
Bergsturzmassen erscheinen als große, unruhige Kuppen in einem Tal (Abb. 20).
Hünengräber weisen auf frühere Besiedlung hin, allerdings nur für die Bronzezeit und, da sie nicht innerhalb der Siedlungen errichtet wurden, nur für den Raum, nicht für den Platz. Vorgeschichtliche Erdgräber sind nicht dargestellt, weshalb über Siedlungsdauer bzw. -kontinuität keine Aussage möglich ist.

Bunker u. ä. können zweierlei andeuten:
1. Ehemalige *Verteidigungslinien*, z. B. am „Westwall". Allerdings sind sie nicht überall dargestellt, z. B. nicht die Bunker um Lauffen an der in den 1930er Jahren angelegten „Neckarlinie". Zu nennen sind hier auch Reste der *Panzersperren* (Höcker) am ehemaligen Westwall, z. B. in L 5902 Neuerburg (2517/5558) und L 6504 Merzig (2537/5484,5).
2. eine Häufung von Bunkern im Wald mit nahen, aufgelockert angeordneten Gebäuden, die zudem Gleisanschluß haben, zeigen ehemalige *Munitionsanstalten* an. Heute sind die Komplexe meist Gewerbe- und Industriegebiete, doch Lage und Bahnanschluß sind geblieben (L 2126 Bad Segeberg: 577-578/5977-5979 bei Wahlstedt, L 2130 Lübeck: 616,5/5972 bei Schlutup).

Deponien sind erkennbar an ihren geradlinigen Formen, zudem sind sie beschriftet.
Welche *Hohlformen* treten auf: Mulde (mit oder ohne Abfluß?), Becken, Bucht, Sattel, Kessel (Maar, Doline, Toteiskessel), Grube, Steinbruch, Trichter, Wanne, Senkungsfeld, Einschnitt (Schlucht, Hohlweg), Tal? Dabei ist nach der räumlichen Verteilung zu fragen: gereiht, regellos, in bestimmter Vergesellschaftung?
Kleine steilwandige *Hohlformen* sind häufig schwer zu unterscheiden, sie sehen sich zu ähnlich, zumal in der Generalisierung, sofern sie wegen ihrer geringen Größe überhaupt dargestellt sind: Pingokessel, Sölle, Dolinen/Erdfälle, Mergelgruben, kleine Sandgruben, kleine Steinbrüche, Bombentrichter, Pingen, Bohnerzgruben. Hier kann man – wie auch im Gelände – nur unter Berücksichtigung der Umgebung beurteilen, welche Form in Frage kommt. Überdies darf man Hohlformen nicht mit Vollformen gleicher Größe verwechseln, etwa mit Fluchthügeln in den Marschen, Hügelgräbern o. ä. Man muß also die Signatur beachten und notfalls die Lupe zu Hilfe nehmen, um zu prüfen, wohin der Steilrand gerichtet ist: Nach innen zeigt er z. B. eine Doline an (L 7522 Bad Urach: 3534/5378) oder ein Söll, nach außen eine Wurt. Wo kleine Hohlformen nach einer Seite offen sind oder an einem Weg liegen oder wo gar ein Weg in sie hineinführt, ist eine anthropogene Form anzunehmen (L 2130 Lübeck: 610,7/5965 Mergel- oder Kiesgrube, L 2748 Prenzlau: 5426,3/5899,4 Kiesgrube, B 1: 3515,3/5363,4 Kalkgrube). Die Unterscheidung zwischen Doline und Bohnerzgrube ist allerdings nicht ohne weiteres möglich, so auf dem Monkberg bei Salmendingen (L 7520 Reutlingen: 3508/5357,5), wo ehemals Bohnerz abgebaut wurde.
In L 7326 Heidenheim wimmelt es nur so von Bohnerzgruben, und viele sind auch bezeichnet, aber nicht alle. Häufung und Anordnung lassen vermuten, daß es sich zumindest überwiegend um ehemalige Erzgruben handelt. Ihre Vielzahl bezeugt, daß dieser Raum in der frühen Neuzeit, wahrscheinlich sogar schon im Mittelalter für die Erzgewinnung eine große Bedeutung besaß (tatsächlich wurde Heidenheim 1365 das Bergrecht verliehen), aber dann – infolge der Weiterentwicklung der Verhüttungstechnik im 19. Jh. – einen erheblichen *Bedeutungswandel* erfuhr, weil heute offensichtlich kein Abbau mehr erfolgt.
Im übrigen gilt, daß es im Jungmoränengebiet (von Sonderfällen auf Salzstöcken abgesehen) keine Dolinen und Bohnerzgruben und in Karstgebieten keine Sölle gibt, so daß man die in Frage kommenden Formen schon von daher einengen kann.
Bezüglich der *Täler* ist zu prüfen, um welche Formen es sich handelt. Dazu können ein oder mehrere Querprofile nützlich sein. Die Frage ist ferner, ob tektonische Linien im Spiel sind oder eine Abdachung, oder wie das Flußnetz ausgebildet ist. Es können vorliegen (Abb. 10):

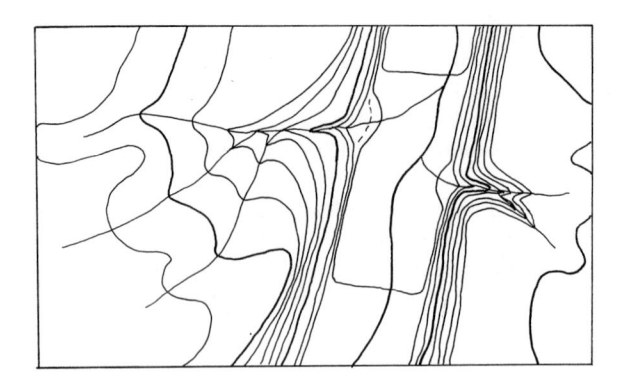

Abb. 10:
Tafelskizze häufiger Talformen: Muldentäler, welche in Kerbtäler übergehen, die über Schwemmfächer in ein Kastental münden.

Muldentäler, erkennbar an gerundeten Isohypsen und flachen Hängen (meist Wiesen).
Kerbtäler mit schrägen Hängen und ohne Talsohle (sonst Kerbsohlental/Kastental). In ihnen herrscht die Tiefenerosion vor.
Kastentäler mit ausgeprägter Talsohle und steilen Wänden, die morphologisch hartes Gestein und Vorwiegen der Seitenerosion anzeigen. Sie sind besonders schön ausgebildet im Muschelkalk (L 6722 Öhringen), im Jurakalk der Schwäbischen und Fränkischen Alb (Abb. 12) und im Buntsandstein des Schwarzwaldes (L 7318 Calw: Nagold, L 8116 Donaueschingen: Breg im NW). Man sollte hier auch das Gewässernetz der angrenzenden Höhen in die Betrachtung einbeziehen!
Trogtäler, die vom Eise ausgeschürft wurden, mit breiter Talsohle (Schmelzwasser- oder Stausee-Ablagerungen) unten und mäßiger Verflachung (Schliffbord) oder (seltener) Verebnungen oben (Trogschulter). Die Schliffgrenze liegt dort, wo gerundete Formen nach oben hin aufhören und Felssignatur auftritt. Sie ist der Karte nach allerdings nicht immer scharf festzulegen. Frage: Liegt die Schliffgrenze überall gleich hoch?
In Kasten- und Trogtälern bilden einmündende Nebenflüsse oft mehr oder weniger steile Schwemmfächer aus, die den Hauptfluss an die andere Talflanke drücken oder Deltas in Seen vorschieben. Steile Gebirgsbäche setzen an den Flanken der Haupttäler steile Schuttfächer ab (LKS 268 Julierpass: 769,2/136,5). In Auen und Niederungen steht das Grundwasser hoch, weshalb sie als Wiesen genutzt werden.
Hängetäler, deren Talsohle höher liegt als die des jeweiligen Haupttals, so daß ihre Entwässerung über eine Gefällsstufe oder gar eine Klamm erfolgt (ebenda Val Fex und Val Fedoz).
Klammen mit steilen Felswänden (Felssignatur!) und starkem Gefälle in hartem Gestein an den Mündungen von Hängetälern oder an Riedeln (Aareschlucht in LKS 255 Sustenpass: 659/174,7).
Längstäler, die der Streichrichtung der Gebirgskämme folgen, und/oder *Quertäler*, die Bergrücken durchbrechen wie die berühmten *Klusen* im Schweizer Jura.
tektonisch bedingte Täler, erkennbar an ihrer Geradlinigkeit bei großräumig gleicher Fließrichtung (z. B. in L 5914 Wiesbaden: SSO-NNW). An solchen Linien vorkommende Thermalquellen stützen den Befund (L 5914: Bad Schwalbach und Schlangenbad, L 7314 Baden-Baden). Die häufigsten Richtungen sind: WSW-ONO erzgebirgisch, WNW-OSO herzynisch, NNO-SSW rheinisch.

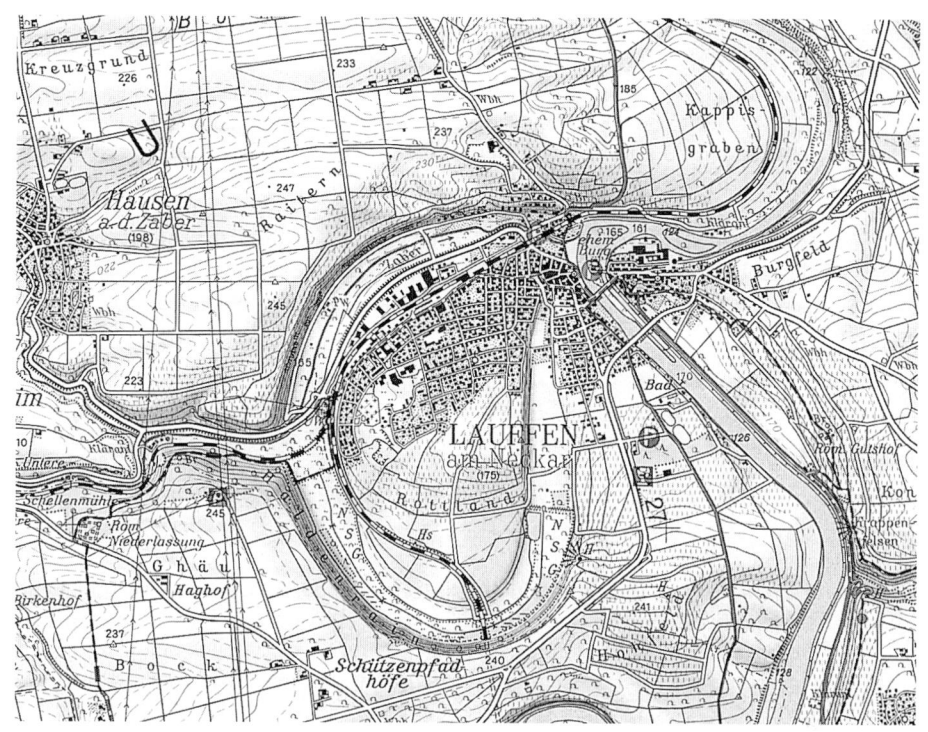

Abb. 11: Der Umlaufberg bei Lauffen am Neckar. Am Außenbogen liegt der Prallhang, am Innenbogen der Gleithang. Eine pollenanalytische Untersuchung des Feuchtgebiets im S mit Radiokarbondatierung ergab, daß der Neckar den Mäanderhals um ~ 400–100 v. Chr. durchbrochen hat (SMETTAN 1990). Ausschnitt aus TK 1:50000, Blatt L 6920 Heilbronn, Ausgabe 1986, mit Erlaubnis des Landesvermessungsamts Baden-Württemberg vom 1. 4. 1998 Az.: 5.11/819. Mehrfarbige Karten vom ganzen Land sind dort und im Buchhandel erhältlich.

Talmäander, gelegentlich Sporne bildend (L 7318 Calw: 3481,5/5387,2) bis hin zu Durchbruchs- (Umlauf- und Sehnen-) Bergen.

Ein schöner Umlaufberg, bei dem der Durchbruch noch bevorsteht, findet sich bei Gundelfingen (L 7722 Munderkingen: 3537/5354). Gleich zwei Umlaufberge mit klassisch ausgebildeten Prall- und Gleithängen erscheinen im Blatt L 6920 Heilbronn, nämlich bei Kirchheim (3510/5434) und bei Lauffen (3510/5438, Abb. 11). Hier sind die alten Talschlingen deutlich erkennbar. Auch in L 4322 Höxter ist östlich Karlshafen ein solcher Berg zu finden. Das Blatt L 7724 Ulm läßt in seinem W-Teil mehrere Durchbruchsberge erkennen: am N-Ende des Allmendinger Rieds ist der Meisenberg als Umlaufberg einzustufen, n des Rieds der Schelklinger Berg als Sehnenberg (Durchbruch eines Seitenflusses) und der Lützelberg bei Schelklingen als Umlaufberg (GRADMANN 1928, S. 280f.). Vgl. auch Abb. 12.

Geköpfte Täler wie am Rande der Schwäbischen Alb (nicht mit Hängetälern zu verwechseln!). Sie entstanden durch die Rückverlegung des Stufenrands, womit die Oberläufe der dem Schichtfallen folgenden Täler gekappt wurden. Sofern Wasserläufe

vorhanden sind, folgen sie dem Talzug abwärts (L 7522 Bad Urach: 3541,5/5379,5).
Trockentäler, d. h. Talzüge ohne Wasser. Sie sind ein typisches Merkmal von Karstgebieten (wegen unterirdischer Entwässerung), z. B. in B 1 das Heinzental und das Heutal (3523,5/5364) und – viel deutlicher – das Stubental w Heidenheim (L 7326 Heidenheim). Sie entstanden zu Zeiten, als Bodenfrost ein Versickern des Wassers verhinderte. Hier ist die *Taldichte* also größer als die *Flußdichte*, und wir haben es mit einer anderen *Reliefgeneration* zu tun. Trockentäler sind aber auch als ehemalige Schmelzwasserrinnen in Moränengebieten zu finden wie das Einhäuser und das Schmilauer Trokkental bei Ratzeburg (L 2330 Ratzeburg: 614,5/5953,5, 614/5956,3).

Ein Trockental besonderer Art bildet das breite kastenförmige Rieder Tal zwischen Dollnstein und Wellheim (Abb. 12). Hier kann nicht eine Klimaänderung zum Trockenfallen haben, weil es sich um einen durchgehenden, nur teilweise trockenen Talzug handelt, der sich im N (bei Dollnstein) im Altmühltal fortsetzt und s Wellheim mit der Schutter nach S entwässert. Es bleibt deshalb nur die Deutung, daß der Fluß, der dieses Tal schuf, einen anderen Lauf nahm, während der ehemalige Nebenfluß Altmühl dem früheren Lauf weiter folgt. Daß es sich um ein Tal der Donau handelt und wann und aus welchem Grund sie es verließ, ist dem Blatt nicht zu entnehmen. Ähnliches gilt für den Talzug Ehingen – Schelklingen – Blaubeuren – Ulm (L 7724 Ulm, SCHAEFER 1966, 1967).

Ferner ist zu suchen nach

Taldurchbrüchen bzw. *Engstellen* und *Weitungen*. Zur Deutung ist an verschiedene Möglichkeiten zu denken: Es kann Gesteinswechsel vorliegen wie beim Murgtal (L 7316 Wildbad), oder es kann ein harter Riedel sperrend wirken wie beim Erlenbach (L 5716 Bad Homburg), der aus einem Muldental in das enge Köpperner Tal fließt, in dem Quarzitbrüche den Grund der Verengung anzeigen. Gleiches gilt für das Binger Loch (Abb. 16). Bei der Aareschlucht bewirkten die oberhalb bei Innertkirchen aufeinandertreffenden großen Gletscher eine Übertiefung, so daß sich der Fluß eintiefen mußte (LKS 255 Sustenpass: 659,2/174,5). Auch Bergsturzmassen können Grund für eine Engstelle sein wie z. B. bei St. Moritz (LKS 268 Julierpass), ebenso Aufwölbungen wie bei den Klusen im Schweizer Jura (222 Clos de Doubs). Der Vollständigkeit halber seien auch ehemalige Gletschertore genannt (L 7932 Fürstenfeldbruck: 4438/5332). In welchen Fällen liegt Antezedenz vor?

Gefällsstufen oder *-verflachungen*, z. B. aufgrund wechselnder Gesteinshärte. Die Mündung in ein größeres Tal hat oft eine Gefällsabnahme zur Folge, die zur Sedimentation führt (Schwemmfächer). Hier ist ein Längsprofil hilfreich.

Abb. 12: Das Trockental zwischen Dollnstein und Wellheim. Am Nordrand sind Mäander des Altmühltals angeschnitten. Man beachte auch die Ortsform von Haunsfeld und Gammersfeld, die Ortsnamen, die Höhlen (im W, N + S), den Umlaufberg nö Wellheim (R 4433,8: Galgenberg), die Feldkreuze nö Haunsfeld (R 4430,3) und sw Wellheim (R 4432,4) und die Römerstraße. Ausschnitt aus TK 1:50000, Blatt L 7132 Eichstätt, Ausgabe 1986, mit Genehmigung des Bayrischen Landesvermessungsamtes, München, Nr. 1632/98.

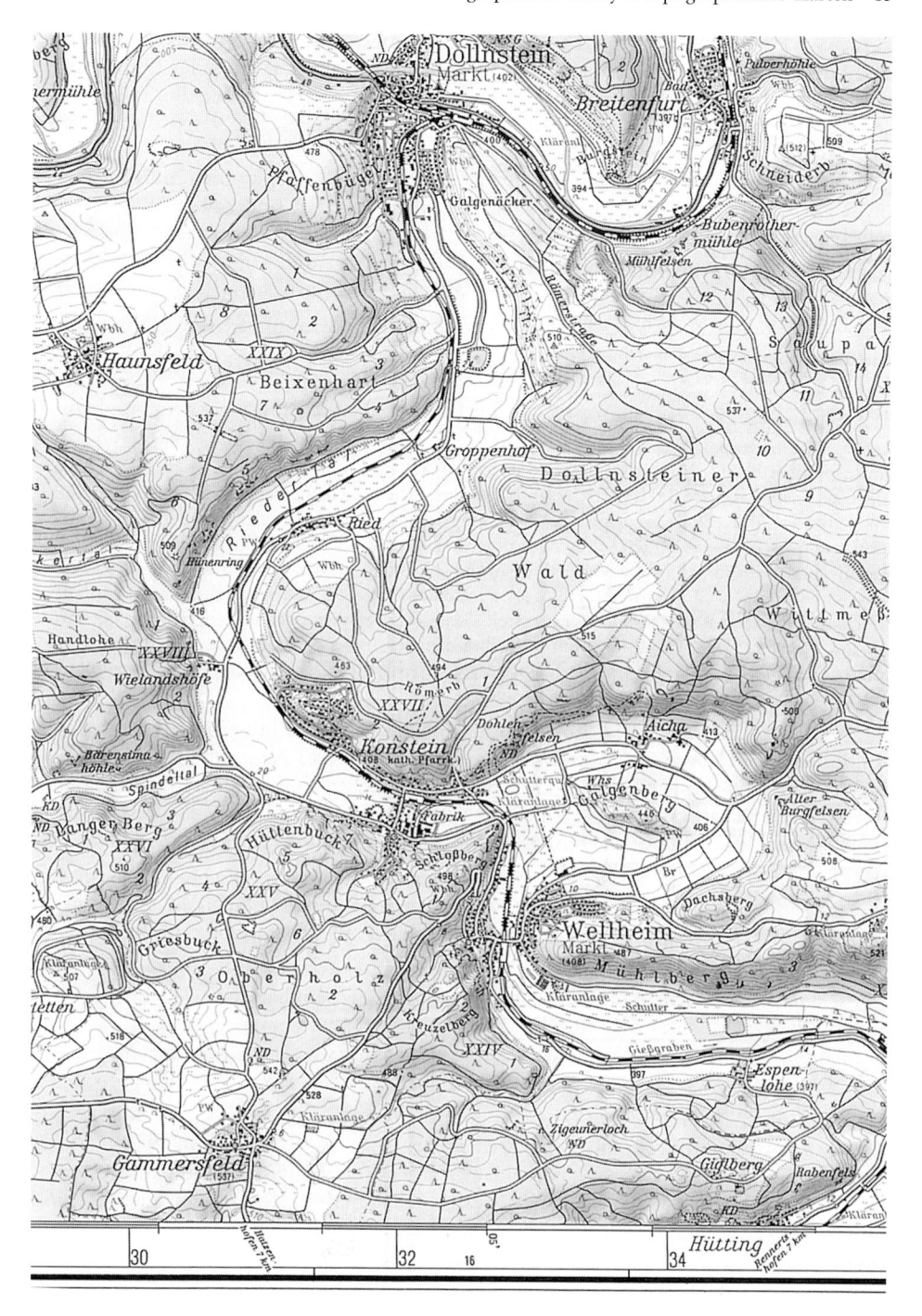

4 Geographische Analyse topographischer Karten 63

Talsasymmetrie, d. h. verschieden steile Hänge. Am deutlichsten tritt dies bei Prall- und Gleithängen hervor (Abb. 11), kann jedoch auch beim Abgleiten des Flusses auf einer Schichtfläche oder bei tektonischer Schrägstellung auftreten oder eine Folge unterschiedlicher eiszeitlicher Solifluktion infolge unterschiedlicher Exposition sein. Man suche nach dem Grund.

Gehäuftem Auftreten von *Erosionsrinnen (Tilken)* (Abb. 18). Es können, müssen aber nicht ehemalige Wege sein, die zu *Hohlwegen* ausgefahren und später aufgegeben wurden. Letztere kommen dort vor, wo die Wagenräder das Gesteinsgefüge derart lockern, daß das Feinmaterial leicht ausgespült werden kann. Dies ist bei Sandstein und Löß der Fall. Außerdem dürften die Abflußmengen groß sein.

Meteoritenkrater, die an ihrer fast kreisrunden, an kein Strukturelement gebundenen Form erkennbar sind, gibt es in unserem Raum nur wenige: das Nördlinger Ries (L 7128) und das Steinheimer Becken (L 7326 Heidenheim: 3578/5395). Sie aus der Karte heraus zu identifizieren, ist trotz ihrer an sich deutlichen Form kaum möglich.

Übungshalber vergleiche man im Blatt L 7326 Heidenheim das Steinheimer Becken (3578/5395) mit dem alten Brenztal um das Eifeld (3589/5390). Auf den ersten Blick weisen beide ähnliche Züge auf, nämlich einen Talzug, in dessen Mitte eine Erhebung liegt. Beim Eifeld kann man sich gut vorstellen, daß die Brenz früher um den Berg herumgeflossen und dann an einer Engstelle, an der sich ihr Lauf von beiden Seiten her immer näher kam, durchgebrochen ist. Beim Steinheimer Becken sucht man im Relief vergeblich nach einer Stelle, an der ein solcher Durchbruch erfolgt sein könnte. Den Nachweis, daß es sich um einen Impakt-Krater handelt, kann man allerdings nicht aus der Karte, sondern nur durch Gesteinsuntersuchungen erbringen (vgl. GEYER/ GWINNER 1986, S. 332 ff.). Man könnte freilich bei der Interpretation formulieren, daß eine Ähnlichkeit mit einem Umlauf-/Durchbruchsberg besteht, eine Durchbruchsstelle aber nicht zu erkennen ist. (Siehe auch S. 90 Ötztal/Köfels.)

Maare sind an ihrer runden Form erkennbar. Häufig sind sie mit Wasser erfüllt. Besonders bekannt durch ihre Maare ist die Eifel (L 5508 Bad Neuenahr: Laacher See, L 5906 Daun). Weniger bekannt sind die zum Uracher Vulkanbereich gehörenden (wasserlosen) Maarkessel der Schwäbischen Alb (L 7522 Bad Urach: 3539/5382 Randecker Maar, eben südlich davon ein weiteres mit der ehemaligen Torfgrube).

Weiter wird man nach *Ebenheiten* oder *Flachformen* suchen. Sie zeichnen sich durch relativ große Abstände der Höhenlinien aus (wenn man die Hilfshöhenlinien nicht berücksichtigt) und erscheinen deshalb heller als geneigte Flächen, zumal meist Ackerbau vorherrscht.

Marschland an der Küste oder entlang von Flüssen, erkennbar an vielen Entwässerungsgräben; z. T. unter NN liegend.

ehemalige *Seeböden*, z. B. von späteiszeitlichen Schmelzwasserseen, die später ausgelaufen sind, z. B. die Champagna (LKS 268 Julierpass: 787/155).

Terrassen und *Stufen* s. S. 80, 82 f.

Lößebenen wie die Börde mit großer Fruchtbarkeit.

Einebnungs- (Rumpf-) Flächen. Vorzeitformen der Abtragung, über Gesteinsgrenzen hinweggreifend. Meist sind sie nur in Resten erhalten, von denen dann mehrere in gleicher Höhe vorhanden sein müssen (s. S. 85), mitunter getreppt wie im Harz (L 4128 Goslar). Man suche also, ob sich Höhenangaben für Kuppen und Rücken um einzelne Niveaus häufen.

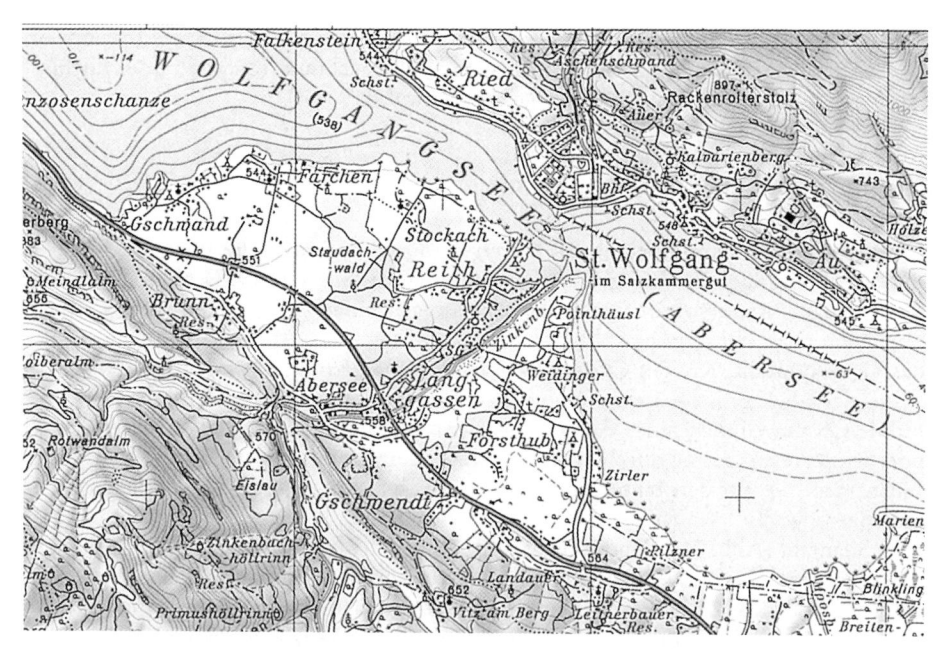

Abb. 13: Das Delta des Zinkenbachs droht zusammen mit dem Delta des gegenüber mündenden Baches den Wolfgangsee in zwei Teile abzuschnüren. Man beachte auch die Ortsnamen und die Siedlungsstruktur. Ausschnitt aus ÖK 1:50000, Blatt 95 St. Wolfgang, Ausgabe 1987, vervielfältigt mit Genehmigung des Bundesamtes für Eich- und Vermessungswesen in Wien, Zl. 70 136/98.

Als *Plateaus* werden hoch gelegene reliefarme Flächen bezeichnet, erkennbar am gleichmäßigen Abstand der Höhenlinien.
Deltafächer entstehen, wo schuttreiche Flüsse in Seen münden. Besonders schöne Beispiele finden sich bei Silvaplana und Surlej, wo zwei Deltas einander entgegenwachsen (LKS 268 Julierpass: 781/148), am Wolfgangsee (Abb. 13) sowie an der Mündung des Rheins in den Bodensee, wo stellenweise die Verlagerung der Mündungsarme gut ablesbar ist (L 8522 Kressbronn, ÖK 111 Dornbirn, am deutlichsten LKS 218 Bregenz). Bei Sils im Engadin ist die Teilung des Sees bereits erfolgt (268 Julierpass: 778/145).
Gibt es *Geländestufen:*
Bruch- oder *Schichtstufen* (s. S. 80ff.);
Terrassenkanten (s. S. 82f.);
Steilküsten (Kliffs), meist mit Steilrandsignatur (s. S. 84f.)
Acker- oder *Weinbergterrassen*, erkennbar an ihrer Lage in Ackerland oder Weinbergen, evtl. infolge aufgegebener Nutzung unter Wald oder Obstbaumbestand. Nicht ablesbar ist, daß die Ackerterrassen aus Lockermaterial, die Weinbergterrassen aus Steinmauern bestehen.
Abgrabungen, wegen ihrer Geradlinigkeit als anthropogene Einschnitte (z. B. für Straßen) oder wegen der Signatur als Steinbruch einzustufen.

Verschieden alte *Reliefgenerationen* werden z. B. angezeigt durch Kare in eisfreiem Gebiet, große zerschnittene Flächen, ineinandergeschachtelte Terrassen oder hochliegende verlassene Talschlingen (Eberbach/Odenwald).

Untergrund und Bodenart

Der nächste Fragenkreis zielt ab auf *Untergrund und Bodenart*, die anzusprechen v. a. für eine geoökologische Interpretation wesentlich ist (SEMMEL 1993). Allerdings muß gleich eingeschränkt werden, daß sie keineswegs immer zu erkennen sind. Deshalb fragen wir nach Hinweisen: Gibt es Steinbrüche oder Abbaustellen mit Angaben über das Gestein (Kalk, Kreide, Quarzit, Basalt, Schiefer, Sand, Kies, Ton)? Finden sich Ziegeleien (die Ton oder Lehm benötigen), Zementfabriken (Kalk), Hohlwege (Löß), Höhlen (Kalk, Gips)? Ist das Gebiet gewässerarm (das Gestein also wasserdurchlässig) oder wasserreich (gering durchlässig, mit stauendem Untergrund)? Gibt es Berg- oder Flurnamen, die auf den Untergrund hinweisen, wie Rotenberg (z. B. rötlicher Keuperlehm oder Buntsandstein), Kalkofen, Schrofen (Kalk oder Dolomit), Steinacker oder Steinfeld (Abb. 31), Sandacker, Schliff (Rutschhang im Mergel oder Ton)? Kann die Vegetation etwas aussagen? Felssignatur zeigt hartes Gestein an, Klippen weisen auf Wollsackverwitterung hin (meist Granit, jedoch nicht an einer Schichtstufe!). Kerbtäler können auf hohe Gesteinshärte und/oder starkes Gefälle, ein Wechsel der Talform auf Gesteinsunterschiede hinweisen. Breite Flußauen mit Kiesgruben zeigen Aufschotterung an, ein Vorherrschen von Grünland einen hohen Grundwasserstand oder trockenen Boden. Kiesgruben in bewegtem Gelände können auf sandig-kiesige Moräne hinweisen (SEMMEL 1993, S. 74). Truppenübungsplätze befinden sich in der Regel auf wenig fruchtbarem Untergrund.

In Schichtgesteinen mit unterschiedlicher geomorphologischer Härte bilden sich Stufen aus. Umgekehrt zeigen Schichtstufen in der Karte eine Wechsellagerung von hartem und weichem Gestein an. Das gilt auch für Aufwölbungen und Mulden. Beim Hildesheimer Wald z. B. erkennt man (wenn auch schwierig) zur Mitte gewandte Steilhänge, die auf eine Aufwölbung hinweisen (Abb. 14), bei Ith und Hils dagegen nach außen weisende Kanten, so daß man eine Schüsselform erschließen kann. Durch rückenförmige Aufwölbungen ist der Schweizer Faltenjura gekennzeichnet, in dem die Gewölbeform an der Signatur bei den Klusen erkennbar ist (LKS 222 Clos de Doubs: 562/ 234, 223 Delémont: 593/234 und 595,5/237,5, 241 Val de Travers: 533/196).

Schwierigkeiten kann die *Salztektonik* bereiten, die in Norddeutschland eine große, leicht unterschätzte Rolle spielt. Nicht immer ist klar zu erkennen, daß Aufwölbungen durch Salzstöcke und Seen oder Versumpfungen durch Subrosion entstanden sind.

Beim Hildesheimer Wald läßt sich, wenn auch mit einiger Schwierigkeit, dieser Sachverhalt erkennen, wenn man ein Profil zeichnet (Abb. 14): Die steileren Seiten der vier Höhenzüge weisen zur Mitte und zeigen eine Aufwölbung an, und in der Mitte liegen zwei Kalibergwerke, die man gewiß *dort* angelegt hat, wo das Salz am ehesten zu erreichen, also am weitesten aufgestiegen ist. So läßt sich die Genese des Hildesheimer Waldes erschließen: Aufwölbung durch aufdringendes Salz, dabei Aufreißen auf der Höhe infolge Dehnung der Schichten, Abtragung im höchsten Bereich und Bildung von Stufen, die allmählich nach außen zurückverlegt werden. Ähnlich ist es

4 Geographische Analyse topographischer Karten   67

beim Salzgitterer Höhenzug. Auch bei ihm sind die steilen Stufen nach innen gekehrt. Auf dem Höhenzug wurden die Eisenvorkommen im Tagebau, seitlich im Schachtbetrieb abgebaut, d. h., die erzführende Schicht taucht seitwärts ab. Der Name *Salz*gitter und die Bezeichnung *Bad* weisen auf Solevorkommen hin, womit der Schluß naheliegt, daß bei der Aufwölbung des Höhenzuges Salztektonik im Spiele ist. Auch der Harlyberg (L 4128 Goslar: nw Vienenburg) und die Asse (L 3928 Salzgitter: im NO) sind wegen der dortigen Bergwerke als salztektonisch bedingte Höhenzüge (schräggestellte Schollen) zu deuten.

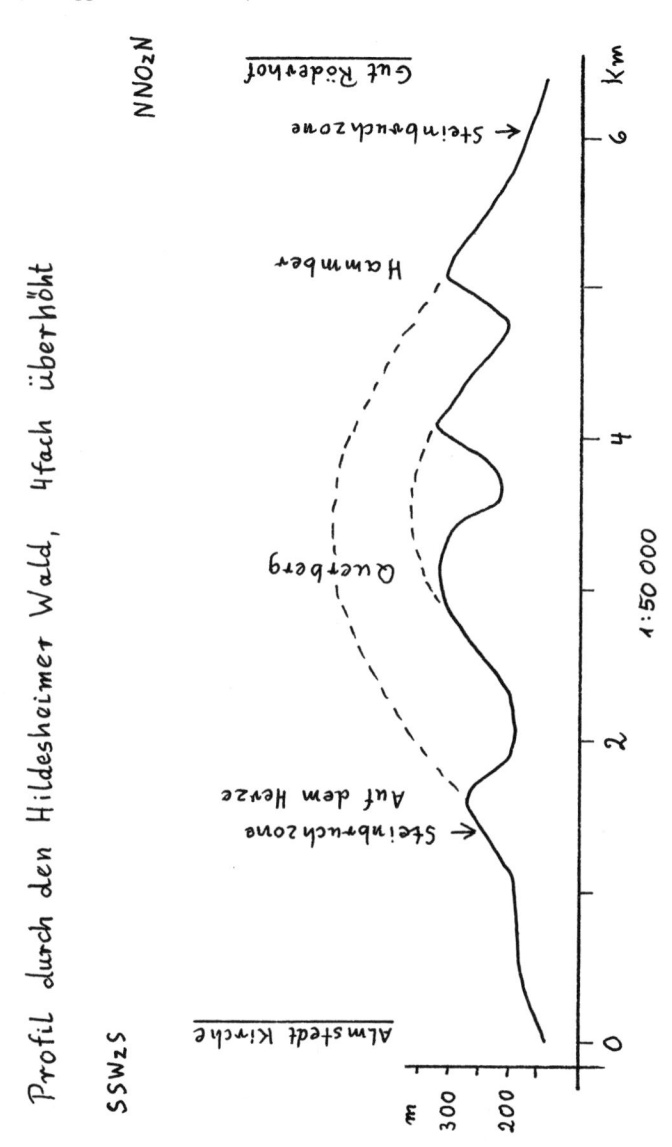

Abb. 14: Tafelskizze eines Profils durch den Hildesheimer Wald anhand L 3924 Hildesheim.

Tektonische Störungen wie in L 4124 Einbeck im Leinetal können die Deutung erschweren, doch ist gerade dieses Blatt wegen seiner bemerkenswerten Schichtenlagerung geeignet, geographisches Verständnis zu beweisen (Profil zeichnen!).

Hinweise auf Salztektonik können in Norddeutschland östlich der Weser (und nur dort) auch Erdölfelder sein, weil die dortigen Vorkommen als Flankenlagerstätten an Salzstrukturen gebunden sind.

Merke: Die geologische Formation ist nicht feststellbar. Wichtiger als das Alter eines Gesteins sind in geographischer Sicht seine Eigenschaften (z. B. Kalk, Sandstein, Schiefer, Mergel).

Zusammenfassend kann man sagen, daß sich folgende Gesteine und Böden auch ohne besondere Angaben erkennen lassen:

Gleyböden: In Gebieten mit hohem Grundwasserstand, die fast nur als Grünland genutzt werden.

Ton/Mergel: wasserstauend, d.h. gewässerreich (Quellhorizont), quellfähig und damit zu Rutschungen neigend („Isohypsenknitterung"). Rutschhänge zeigen einen girlandenartigen, nicht parallelen Verlauf der Höhenlinien; die Ausbiegungen hangabwärts sind auf Rutschzungen zurückzuführen. Nutzung evtl. durch Ziegeleien und früher durch Mergelgruben. Auf Tonböden feuchte Wiesen.

Löß: senkrecht strukturiert, deshalb standfest (Hohlwege, Schluchten, Terrassen), wasserdurchlässig (viele Trockentälchen; Abb. 11 und L 4360 Osterode: um 3588/ 5724 mit Hinweis auf „ND Lößwand"), keine scharfen, sondern ausgeglichene Geländeformen, fruchtbar (Getreide-, Zuckerrübenanbau), genutzt durch Ziegeleien.

Sand, Sandstein, Kies: wasserdurchlässig, d. h. gewässerarm, wenig fruchtbar, deshalb häufig (Nadel-) Wald, Sand- oder Kiesgruben, Dünen, Glashütten, in Sandstein Hohlwege möglich, Trockengräben.

Kalk: Als Stufe Felsen und Steilränder bildend, wasserdurchlässig (gewässerarm), Zementwerke, Steinbrüche und Schotterwerke häufig, in Weinbergen stellenweise Lesesteinriedel (vom Boden aufgesammelte und an die Grenze geworfene Steine, z. B. L 6722 Öhringen: 3424,8-3426/5463 u. a. m.), Karstphänomene, in den Alpen Schuttkegel, Bergstürze, hochgelegene Flächen kahl und gewässerarm (ÖK 97 Mitterndorf: „Totes Gebirge" – man beachte den Namen!).

Auf *Bodenschätze* weisen *Bergwerke* hin (Signatur: Hammer und Schlägel), seien sie in Betrieb oder stillgelegt, und zwar zum einen Kali- und Salzbergwerke, zum anderen Erz- und Kohlebergwerke. Namen wie Eisenerz, Bleiberg oder Zinnwald zeigen an, worauf der Bergbau abzielte. Hüttenwerke können nahe Erzvorkommen anzeigen (ÖK 132 Trofaiach: Hochofenwerk bei Donawitz), stehen oft aber auch bei der Kohle (Ruhrgebiet) oder verkehrsorientiert (Linz, Seehäfen). In Gruben werden Lockergesteine und Braunkohle abgebaut, in Steinbrüchen Kalk, Sandstein, Quarz usw. (s. o.). Torfstiche, auch vollgelaufene, zeigen Moorboden an. Erdöl kann in verschiedenen Lagerstättenformen auftreten; in Norddeutschland östlich der Weser ist es an Salzstöcke gebunden.

Zu allen genannten Erscheinungen ist zu fragen: Treten die Phänomene vereinzelt oder gehäuft, vielleicht linienhaft auf und was sagt das aus? Aber davon sprachen wir bereits im Abschnitt über das Vorgehen bei der Interpretation.

Je nach den festgestellten Formen kann man nun sagen, was für eine Landschaft das Blatt zeigt.

Vegetation

Siehe den entsprechenden Abschnitt in Kapitel 3 sowie Abschnitt 4.3.

Gewässer

Wir ergänzen die bisherigen Feststellungen durch die Betrachtung der *Gewässer* hinsichtlich Dichte, Verteilung, Größe (die nötigenfalls abzuschätzen oder relativ anzugeben ist) und Form von Oberfläche (Umriß) und Seebecken (soweit Höhen- oder Tiefenangaben eingetragen sind). Bei den *stehenden Gewässern* können wir identifizieren:
Strandseen, ehemalige Meeresbuchten, die durch einen Strandwall abgeriegelt worden und ausgesüßt sind. Ist die Richtung der Küstenströmung abzuleiten?
Zungenförmige, von Höhen umrahmte *Zungenbeckenseen*, schmale und lange, von steilen Ufern gesäumte *Rinnenseen* sowie kleine, runde *Toteiskessel/Sölle* als Zeugnisse der letzten Eiszeit.
Natürliche *Stauseen*: durch Gletscher, Moränen oder Bergstürze aufgestaute Wasserläufe, z. B. in B 2 die Moränenstauseen bei 785,5/142 und 792/142,5 und der durch einen Bergsturz aufgestaute See von St. Moritz (LKS 268 Julierpass: 785/152), der vom Moränenwall aufgestaute See vor dem Steingletscher (LKS 255 Sustenpass; 676/175,5) und der durch eine Moräne gestaute Sempacher See (LKS 234 Willisau).
Runde, steilwandig begrenzte *Karseen*, Zeugen ehemaliger Gletscher im Gebirge (z. B. der Amertaler See in ÖK 152 Matrei: 390,5/222,5). Da sie durch die Karschwelle aufgestaut werden, könnte man sie auch zur vorigen Gruppe rechnen.
Runde, mehrseitig oft steilwandige, von einem Ringwall umgebene *Kraterseen* als Zeugen des Vulkanismus (Maare) in vulkanisch bestimmten Gebieten.
Mehr oder weniger geradlinig begrenzte, teilweise an Böschungen anlehnende *Baggerseen*. Sie können in zwei Typen auftreten: Als Seen in den Tälern größerer Flüsse infolge Kiesbaggerung und als Seen in ehemaligen Braunkohlengebieten nach der Auskohlung des Tagebaus wie in der südlichen Ville und in SO-Brandenburg/NO-Sachsen. Ihre Häufung zeigt in jedem Fall starken „Landschaftsverbrauch" an.
Fischteiche, die in der Regel gehäuft auftreten (L 6336 Eschenbach, L 3722 Barsinghausen). Mitunter sind sie als solche bezeichnet (L 6916 Karlsruhe-Nord: 3454/5449). In der Nähe von Klöstern weisen sie auf einstmals klösterliche Fischwirtschaft hin. Forellen brauchen Frischwasser und werden deshalb in Anlagen bei Wasserläufen gezüchtet (L 7720 Albstadt: 3516,5/5343,5), während den Karpfen Stauteiche genügen. Vorsicht: Die vielen Teiche bei Clausthal-Zellerfeld im Harz (L 4128 Goslar und Nachbarblätter) dienen heute zwar vorwiegend der Fischzucht, wurden aber seit dem späten Mittelalter zur Gewinnung von Energie für Bergbau und Verarbeitung geschaffen; die Zuführung des Wassers erfolgt durch ein ausgedehntes Grabennetz über große Entfernungen mit beachtlichen Kunstbauten (Dammgraben, L 4328 Bad Lauterberg: 3601/5741), die trotz nahezu hangparallelen Verlaufs nicht der Hangbewässerung dienten.

Klärteiche bzw. Absetzbecken, in denen sich Schlamm absetzen soll, z. B. bei Bergwerken (L 3928 Salzgitter-Bad: 3595/5776).

Künstliche *Stauseen*, die der Gewinnung von Energie oder/und dem Ausgleich der Wasserführung und der Trinkwassergewinnung dienen, sowie *Stauteiche und Regenrückhaltebecken*. Der Zweck ist nicht immer eindeutig bestimmbar, weil unterirdische Ableitungen nicht dargestellt sind. So wurde die Okertalsperre im Harz zur Minderung der Hochwasser- und Aufhöhung der im Vorland zu Trockenheit führenden Niedrigwasserstände angelegt. Die Sösetalsperre (L 4326 Osterode) dient der Trinkwasserversorgung Bremens, die Eckertalsperre (L 4128 Goslar) derjenigen Wolfsburgs. An der Signatur kann man erkennen, ob sie durch einen Damm (wie Granetalsperre, 600 m lang, 61 m hoch) oder durch eine Bogenmauer (Okertalsperre, 260 m lang, 70 m hoch) aufgestaut werden (L 4128 Goslar). Gute Beispiele bieten auch die Staumauern am Lac de Dix (man beachte die Höhe!) und Lac de Moiry (LKS 183 Arolla). Im Gebirge sind die Stauseen in tiefen, gefällsreichen Tälern (hohe Energieausnutzung) mit festem Gestein zu finden, in flachen Gebieten sind sie kleiner und flacher, aber mitunter doch recht ansehnlich wie der Breitenauer See n Löwenstein (L 6922 Sulzbach).

Pumpspeicherwerke bestehen aus zwei Becken in unterschiedlicher Höhe mit einem Elektrizitätswerk beim unteren Becken. Sie dienen der Energiegewinnung wie die Anlage bei Glems (B 1: 3522/5373 und 3521,5/5374, auch L 7520 Reutlingen: 3510/5378). Das obere Becken wird nachts gefüllt und tagsüber geleert.

Künstlich für die Schiffahrt oder die Regulierung des Wasserhaushalts angelegte *Kanäle*. Man erkennt sie an ihrer Geradlinigkeit, meist auch an der Beschriftung.

Hochmoore sind Indikatoren für hohen Niederschlag, Niedermoore für hohen Grundwasserstand. Feuchte Gebiete entstehen auch, wenn ein Fluß bei dem Übertritt in ein flacheres Gebiet seine Geschwindigkeit verlangsamt (L 6919 Karlsruhe-Nord: entlang der Bruchzone, vielfach auch Wiese/Weide).

Nicht immer aus der Karte heraus zu erklären sind Seen oder feuchte Gebiete, die durch *Subrosion* entstanden sind wie der Seeburger See nö Duderstadt (L 4526 Duderstadt) und das Ried sö Donaueschingen (L 8116 Donaueschingen: 3465/5311), sofern nicht Hinweise auf mögliche Subrosion zu finden sind. Gleiches gilt für *Einbruchsbecken* wie den Vienenburger See (L 4128 Goslar: 4401/5759), wo die Nennung von Bergwerksschächten einen Einbruch über dem Bergwerk vermuten läßt. Bei einigen Seen wird der Interpret kaum entscheiden können, wie sie entstanden sind (Dümmer: nach LIEDTKE 1981, S. 157, Aufstauung durch kurzzeitige Einschüttung eines Schwemmfächers aus den Dammer Bergen, Steinhuder Meer: Deflationswanne oder Aufstauung durch Weserterrasse?).

Schilfgürtel zeigen flache Uferzonen an. In großer Ausdehnung lassen sie auf Verlandung schließen. Vielleicht sind fossile Steilufer oder Terrassen erkennbar, die andeuten, daß der Seespiegel einmal höher stand. In L 7922 Saulgau z. B. zeigen das Feuchtgebiet und ein fossiles Kliff im O des Federsees sowie der geradlinige Verlauf der Kanzach eine künstliche Absenkung des Seespiegels an.

Bei den *fließenden Gewässern* fragen wir: Sind die Wasserläufe gleichmäßig verteilt? Wenn nicht: Warum? Wie ordnen sie sich an? Wie groß ist (relativ) die Taldichte, wie groß die Flußdichte? Lassen sich Schlüsse auf den Untergrund ziehen? Z. B. ist die

Flußdichte in Kalk und Schotter gering, in Moränen und Sandstein etwas größer, in Granit und anderen Kristallinen noch größer und in Mergel und Tonschiefer am größten (Fezer 1976, Abb. 5). Ferner ist zu fragen, ob die Wasserläufe bestimmten Richtungen (Abdachung, Falten, tektonischen Linien) folgen.
Sprechen wir zunächst die *Quellen* an:
Quellhorizonte, d. h. eine Vielzahl von Quellen in etwa gleicher Höhenlage, zeigen einen wasserstauenden Horizont unter einer durchlässigeren Gesteinsschicht an (Schichtquellen, B 1). Liegen die Quellen auf beiden Talseiten gleich hoch? Oder ist eine Verwerfung oder Schrägstellung anzunehmen? In schräggestellten Schichten fließt das Wasser der einen Talseite auf der Schicht zum nächsten Tal ab (s. S. 86: Nagold). *Quelltöpfe* und zutage tretende Höhlenflüsse wie Aachtopf oder Ruhmequelle weisen auf Karst hin (Karstquellen). Aus ihnen fließen bereits kleine Flüsse ab, an denen möglicherweise schon nach kurzem Lauf Fabriken die Wasserkraft nutzen.
Thermal-, *Mineral-* und *Solquellen* treten an tektonischen Störungen, in vulkanischen Gebieten bzw. bei Salzvorkommen auf. Thermen (>20°) und Mineralquellen sind meist am Ortsnamen (Baden, Wildbad, Zusatz „Bad") sowie an ihrer Lage erkennbar (L 5914 Wiesbaden: 3436/5551 Schlangenbad und 3433/5557 Bad Schwalbach, beide offensichtlich an einer Verwerfung gelegen). Quellen in vulkanischen Gebieten sind kohlensäurehaltig (Mofetten). Bei Solquellen weisen oft Ortsnamen auf das Salz hin (Salzgitter, Hall), evtl. auch Gradierwerke. Zeigt ein Name schlechten Geruch an wie bei Bad Faulenbach, so handelt es sich um schwefelhaltige Quellen.
Sodann ist nach dem *Charakter der Gewässer* zu fragen:
Sind es Bäche oder Ströme, Haupt- oder Nebenflüsse? Welche Fließrichtungen herrschen vor? Gelegentlich kommen *Bifurkationen* vor (zu welchen Flußsystemen?). Gebiete der *Verwilderung* weisen Kiesablagerungen sowie Verzweigungen und Wiedervereinigungen des Wasserlaufs auf. Hier ist die Sedimentation stark (B 2: im Val Roseg, LKS 273 Montana: 610,5/128). Bei Hochwasser wird das Gebiet überflutet und können neue Fließrinnen gesucht werden.
Bei *Begradigungen* geht es darum, warum, in welcher Weise und in welchem Ausmaß der Mensch in den Naturhaushalt eingegriffen hat (LKS 225 Zürich: Begradigung und Eindeichung der Limmat). Sie führen zu einer Verkürzung des Flußlaufs und damit zu einer Einschneidung, die dann den Grundwasserstand sinken läßt. Zum Ausgleich werden Staustufen oder Sohlschwellen gebaut wie am Oberrhein.
Wasserfälle und *Stromschnellen* sind Hinweise auf Hängetäler, Gesteinswechsel oder Durchbrüche (Ortsnamen Lauf(f)en, Abb. 11, LKS 205 Schaffhausen: 688,2/552,5).
Es folgen Fragen nach *Wasserführung* und *Flußverlauf*:
Ständig oder periodisch/episodisch wasserführende Flüsse sind an der Signatur zu unterscheiden. Letztere sind in unserem Raum Hinweise auf Karsterscheinungen. Die Fließrichtung ist häufig durch einen blauen Pfeil angezeigt und an den Höhenangaben ablesbar.
Deiche zeigen jahreszeitlich auftretende Hochwassergefahr an. Haben auch die Zuflüsse Deichschutz? Dann können auch sie Hochwasserwellen bringen (L 7314 Baden-Baden). Ausgedehnte Auwälder zeigen gleichfalls Hochwassergefahr an. In ÖK 59 Wien ist sogar ein „Überschwemmungsgebiet" ausgewiesen. Dendritisch (baumför-

4 Geographische Analyse topographischer Karten

mig) ausgebildete Flußsysteme bedingen eine größere Hochwassergefahr, weil die HW-Wellen gleichlanger Zuflüsse aufeinandertreffen (FEZER 1976, S. 16).

Flußmäander (freie Mäander, d. h. ständige Umkehrungen des Flusses) in breiter Talsohle als Hinweise auf geringes Gefälle, vielleicht mit Durchbrüchen und Altarmen. Die ständige Verlagerung der Mäanderbögen ist beim Oberrhein gut erkennbar, weil die Niederterrasse in vielen Bögen mit einer Kante zur Aue abfällt (L 6916 Karlsruhe-Nord, L 6716 Speyer, L 6516 Mannheim). Nicht nur in den Altarmen des Rheins, sondern auch in der Aue fällt immer wieder die Bogenform ins Auge, z. T. mit festerem Grund (durch Sandablagerung am Gleithang), z. T. mit kleinen Wasserläufen (L 6116 Darmstadt-West). Hier ist zu prüfen, ob Verkürzungen des Laufs natürlich oder künstlich sind. Fließt der Fluß in einem *Talmäander*, so gehört dieser einer anderen Reliefgeneration an.

Der Name -wörth, -wert, -werder bedeutet *Insel*. Trägt ein fester Uferstreifen diese Bezeichnung, so ist die Insel auf natürliche oder künstliche Weise landfest geworden (L 6116 Darmstadt-West: 3456/5520-24).

Versickerungen treten auf, wo der Fluß in ein Kalkgebiet eintritt wie die Donau bei Immendingen (L 8118: Tuttlingen: 3480/5310, 3482/5310) oder in Lockergestein (Schotter vor einem Gletschertor). Ebenso weisen *Flußschwinden* auf Karst hin.

Mündungen von Nebenflüssen haben oft eine *verschleppte Mündung* oder eine *Gefällsstufe*. So ist die Mündung des Neckars infolge der starken kaltzeitlichen Aufschotterung des Rheins weit nach N abgedrängt worden (L 6516 Mannheim).

Gräben für die *Hang-* oder *Wiesenbewässerung* sind Hinweise um die Bemühungen des Menschen zur Steigerung der landwirtschaftlichen Erträge (s. S. 93), Gräben für die Wasserableitung in Feuchtgebieten *(Entwässerung)* sind Indikatoren für die Bemühungen um die Kultivierung (Trockenlegung). Andere Gräben dienen der Nutzung des Wassers zur Energiegewinnung, z. B. Mühlkanäle und die Gräben im Harz (insbesondere der Dammgraben in L 4328 Bad Lauterberg: 3601/5741) zur Energiegewinnung im Clausthaler Bereich, oder der Nutzung von Brauchwasser durch Fabriken.

Anzapfungen sind Folgen der rückschreitenden Erosion, besonders dort, wo zwei Flußsysteme in verschiedener Höhenlage um die Wasserscheide kämpfen (Abb. 15).

Eine berühmte *Anzapfung* zeigt LKS 268 Julierpass. Man verfolge das Tal des Inn flußaufwärts über den Silser See hinaus. Am Malojapaß fällt auf, daß sich das Tal nicht verengt, sondern geköpft ist und mit einer steilen Stufe übergeht ins Mairatal. Die Orlegna folgt zunächst, den anderen südlichen Zuflüssen des Inn gleich, der Richtung des Val Forno, biegt dann aber um und stürzt in einer Schlucht hinab zum Mairatal. Anscheinend hat der Gletscher geholfen, den Weg dorthin freizumachen. Andererseits fließt der Oberlauf der Maira im Val Maroz zunächst in Richtung auf den Inn zu, biegt dann aber nach einer Schlucht nach S ab. Betrachten wir die Höhenlage des Val Maroz, so paßt sie zu der des Inntals bei Maloja. Die Schlußfolgerung: Die Maira hat sich wegen ihres starken Gefälles zurück- und das Tal des obersten Inn-Abschnitts angeschnitten und damit auch die Orlegna angezapft

Einen ebensolchen scharfen Richtungsknick nach starker Einschneidung zeigt die Wutach in L 8116 Donaueschingen, während das Tal der Aitrach bei Blumberg nach W breit in die Luft ausläuft. Das läßt auf Anzapfung des breiten Tals (Erosionsbasis Donau) durch die Wutach (Erosionsbasis Rhein) schließen, zumal w Blumberg und w Ewattingen (3458/5300) noch Reste des alten Talbodens erkennbar sind (Höhenangaben auf Ebenheiten beachten!). Allerdings liegen die Verhältnisse hier anders: Die vom Feldberg im Schwarzwald kommende Donau erhöhte ihr Bett während der letzten Kaltzeit durch Schotterablagerung so stark, daß sie in einer Hanglücke nach

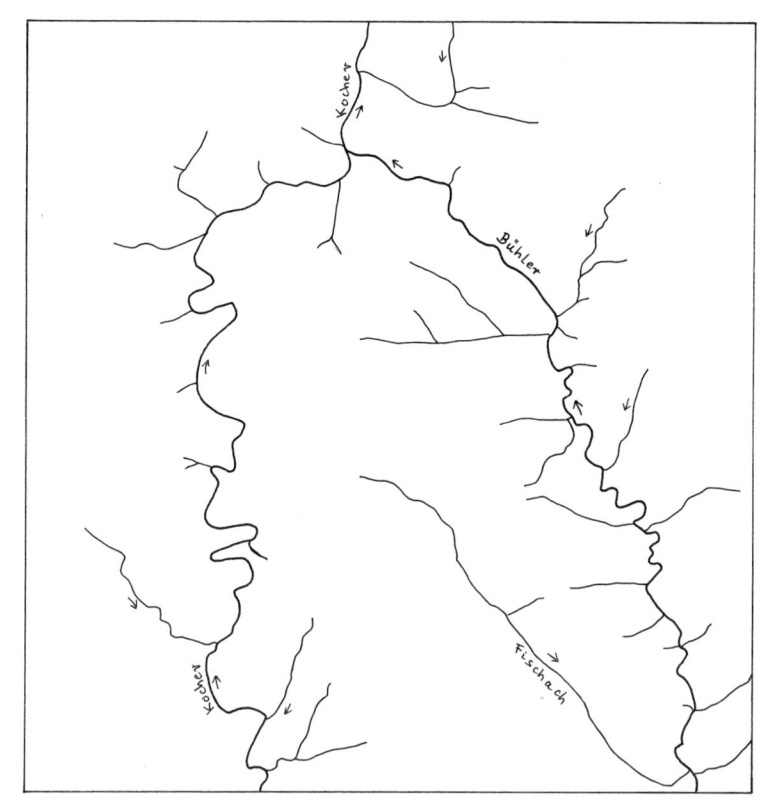

Abb. 15: Vereinfachtes Schema eines angezapften Flußsystems mit auffallenden Mündungswinkeln der Nebenflüsse. Der zum Neckar, also zum rhenanischen System fließende Kocher und die Bühler haben die ursprünglich südwärts zum danubischen System ausgerichteten Flüsse angezapft (nach L 6924 Schwäbisch Hall).

Süden zur Wutach überlaufen konnte, von der aus wegen des stärkeren Gefälles nun die Rückschneidung erfolgte. Der Aubach hat die Rückschneidung im Aubächle aber erst bis Mundelfingen (3460/5303) geschafft, so daß er s Mundelfingen einen Gefällsknick hat, der vom Muldental zum Kerbtal überleitet. Der beschriebene Vorgang ist aus der TK allerdings nicht ersichtlich, weshalb der Prüfer es nicht als Fehler werten wird, wenn der Interpret das Stichwort „Anzapfung" nennt.

Als weiteres Beispiel sei die Fils genannt (L 7324 Geislingen), die bei Geislingen mit einem auffallend scharfen Knick abbiegt und damit anzeigt, daß sie in ein großes Einzugsgebiet eingedrungen ist. Der Leser studiere die Fließrichtungen in L 7124 Schwäbisch Gmünd und versuche, sie zu erklären.

Zu suchen sind außerdem die *Wasserscheiden*, von denen aus das Wasser nach zwei Seiten abfließt. Die unterirdischen Wasserscheiden in Karstgebieten sind allerdings nicht genau zu lokalisieren. Der Kampf um die Wasserscheide wird überall dort besonders augenfällig, wo die Einzugsgebiete des Rheins (starkes Gefälle, starke Rück-

74 4 Geographische Analyse topographischer Karten

schneidung) und der Donau (mildere Talformen) aneinanderstoßen (B 1 und L 7720 Albstadt: 3506,5/5350,5). Man versuche, die Lage der Wasserscheide in L 7326 Heidenheim (3581/5405,5) zu erklären. Im Blatt 268 Julierpass läßt sich im Piz Lunghin (771,5/142,5) sogar der hydrographische Knoten Europas ausfindig machen, jener Punkt nämlich, von dem Wasser über die Gelgia/Julia nach N zum Rhein, über den En/Inn nach O zur Donau und über die Maira nach SW zum Po abfließt. Die Einschneidung der drei Haupttäler ist dementsprechend sehr verschieden: Gelgia-Tal von 1800 auf 1400 m (=400 m) auf 10 km = 40‰, das Engadin von 1800 auf 1700 m (=100 m) auf 22 km = 4,55‰, das Bergell von 1450 auf 800 m (=650 m) auf 12 km = 54,17‰.

Notwendig sind ferner Angaben über das *Gefälle*. Wo sie nicht – wie in einigen neuen BL – in der Karte mitgeteilt werden, sind sie aus den Höhenangaben für den Fluß oder das Ufer zu ermitteln und in Prozent oder Promille anzugeben. Starke Änderungen des Gefälles sollten angesprochen werden.

Als gutes Beispiel eignet sich insbesondere das Blatt 6013 Bingen der TK 25, in dem – im Gegensatz zur TK 50 – an sechs Stellen MW-Höhen angegeben sind (Abb. 16). Wir notieren diese, messen die Abstände und errechnen daraus das Gefälle, indem wir den Höhenunterschied durch den Abstand teilen:

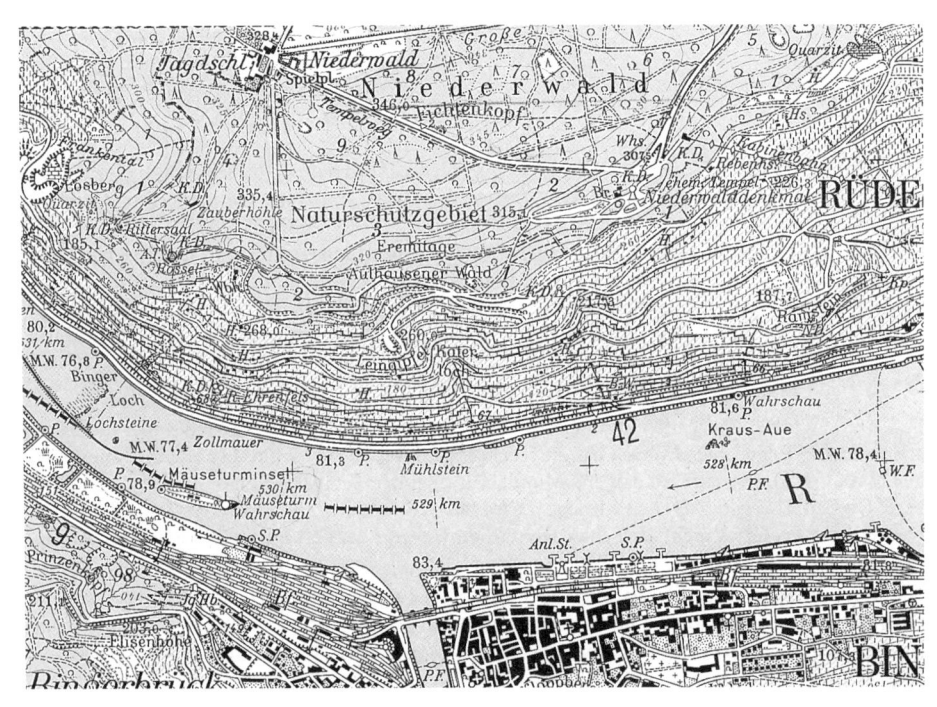

Abb. 16: Ausschnitt aus TK 1:25 000, Blatt 6013 Bingen, Ausgabe 1970, mit den Angaben der Mittelwasser-Höhen (M.W.) Mit *Wahrschau* und *S.P.* sind Signaltürme und -posten bezeichnet. Vervielfältigt mit Genehmigung des Landesvermessungsamtes Rheinland-Pfalz, Kontrollnr. 143/98.

MW-Höhe	Δh	Abstand	Gefälle ‰	Breite
79,2				450 m
78,7	0,5 m	~3,00 km	0,17	775 m
78,4	0,3 m	~3,00 km	0,10	500 m
77,4	1,0 m	~2,40 km	0,42	300 m
76,8	0,6 m	~0,45 km	0,33	300 m
75,4	1,4 m	~2,65 km	0,53	400 m

Daraus wird deutlich, daß sich das Gefälle ab der dritten Angabe, also zwischen Rüdesheim und Bingen, verstärkt und das Flußbett zugleich enger wird. Das bedeutet, daß die Strömung erheblich zunimmt. Warum ist das so? Man suche nach Hinweisen.

Die *Nutzung der Gewässer* ist anhand von Häfen, Anlegestellen, Staustufen, Schleusen, Uferbauwerken (Buhnen), Begradigungen und Anlagen für die Erholung (Bäder, Zeltplätze) anzusprechen. Wo Kiese oder Schotter eine Akkumulationsaue bilden, wird oft durch Pumpwerke Trinkwasser gewonnen. Kläranlagen finden sich bevorzugt in den Flußniederungen. Der Entwässerung feuchter Gebiete dienen Pumpwerke und Siele.

Gletscher werden im Abschnitt Naturlandschaften unter Hochgebirge (S. 90) bzw. in Kapitel 5 bei der Interpretation der B 2 näher besprochen.

Klima

Indikatoren für das *Klima* sind in der TK nicht sehr reichlich enthalten. Höhenlage und Relief (z. B. Stufen) können bedeutsam sein. Signaturen für Wein-, Hopfen- und Obstbau gestatten die Aussage, es herrsche ein günstiges Klima, vielleicht mitbedingt durch die Exposition. Weinbau in der Ebene läßt auf eine Julitemperatur von mindestens 19° und sonnigen Herbst schließen (FEZER 1976, S. 116). Am Boden- und Genfer See kommen begünstigend die Reflexion der Einstrahlung und die Frostminderung durch die Wasserfläche hinzu (Insel Reichenau!). Dabei ist festzustellen, wieweit bestimmte Kulturen im Sinne des hypsometrischen Formenwandels – vielleicht auf einzelnen Talseiten infolge unterschiedlicher Exposition verschieden – von unten nach oben aufeinander folgen und jeweils reichen (z. B. in der Vorbergzone des Schwarzwaldes oder im Wallis). In L 6914 Landau betrachte man, wie weit der Weinbau vom Gebirgsrand, an dem sich die Wolken mit dem Absteigen der Luft bei W-Wind oft auflösen, nach O reicht. Die Exposition spielt besonders bei den Gletschern eine Rolle, was an deren unterschiedlicher Größe auf Nord- und Südseite in B 2 oder in ÖK 173 Sölden deutlich wird.

Hochmoore weisen auf hohe Niederschläge hin, gehäuft vorhandene Erosionsschluchten auf häufige Starkregen. An Gletschern läßt sich sogar die Schneegrenze ablesen: Sie liegt etwa dort, wo die Höhenlinien weder stark talauf- noch talabwärts ausbiegen, sondern etwa quer über den Gletscher laufen (B 2). Im Hochgebirge sind auch Wald- und Baumgrenze ablesbar. An höheren Gebirgsrändern muß man mit Steigungsregen rechnen, in Leelage mit geringeren Niederschlägen. Einfache Skilifte lohnen sich nur, wenn sie mindestens ~60 Tage betrieben werden können, so daß man bei ihrem Vorhandensein auf eine ausreichende Schneesicherheit schließen kann (Schwarzwald, Schwäbische Alb).

Windverhältnisse sind über das allgemein Bekannte (Luv, Lee, Kaltluftströme) nur in wenigen Fällen zu erschließen. Segelflugplätze am Trauf der Schwäbischen Alb (B 1) zeigen gute Aufwinde an, die hier angesichts des Höhenunterschiedes bei westlichen Winden zu erwarten sind und überdies zur Wolkenbildung führen. Windkraftanlagen setzen häufigen Wind voraus. Man hüte sich aber, Hecken als Windschutzanlagen zu deuten. Zwar gibt es solche (unteres Rhonetal und Wallis, Baumkulissen im Westerwald, Baumschulen um Pinneberg, Hecken bei Häusern im Hohen Venn), doch haben Heckenlandschaften meist primär nichts mit Windschutz zu tun. In Schleswig-Holstein z. B. geht ihre Anlegung auf landesherrliche Anordnung zur Beseitigung des Holzmangels und zur Fernhaltung des auf den Weidekoppeln grasenden Viehs von den Getreideflächen zurück (MARQUARDT 1950, HARTKE 1951, TROLL 1951). Vorsicht ist auch geboten mit der Aussage, Industrie sei wegen der Westwinde im Osten angesiedelt worden; zur Zeit der beginnenden Industrialisierung (19. Jh.) gab es nämlich noch keine steuernde Stadtplanung.

4.3 Landschaftstypen von Naturlandschaften

Am Schluß der Betrachtung von Einzelformen muß der Versuch folgen, den Raum in naturlandschaftliche Einheiten zu gliedern und diese zu erläutern; denn für bestimmte *Landschaftstypen* sind bestimmte Formen und Vergesellschaftungen (Formenkomplexe) charakteristisch. Für den Interpreten ist es deshalb wichtig herauszufinden, welche Formen im Hinblick auf Relief und Gewässer gehäuft und miteinander vergesellschaftet auftreten. Wer mehr Erfahrung hat, kann die Analyse schon gleich unter diesem Aspekt vornehmen. Wir stellen im folgenden mehrere solche Formengruppen vor.

Eiszeitlich geprägte Gebiete außerhalb der Gebirge

Als *glazigene Formen* des in den letzten Kaltzeiten vom Eise überformten Gebietes seien zunächst Jung- und Altmoränen genannt: Jungmoränen entstanden während der letzten Vereisung, Altmoränen während früherer Eisbedeckungen. In beiden Gruppen lassen sich Grund- und Endmoränen, Sander und verschiedene Kleinformen nachweisen. Zur richtigen Verwendung der Begriffe in der Darstellung

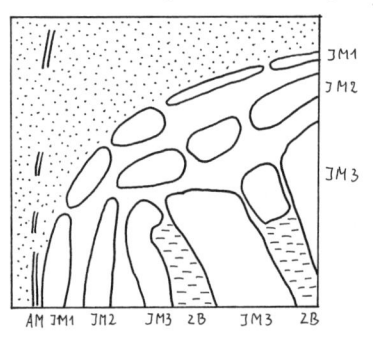

Merke: Von einer Eiszeit kann man nur dort sprechen, wo eine Vereisung stattgefunden hat. In allen zur selben Zeit eisfrei gebliebenen Gebieten ist der Begriff Kaltzeit sinnvoller.

Abb. 17: Interpretationsskizze (Tafelskizze) für den SO-Teil des Blattes L 7936 Grafing.

Merke: Ein Gletscher kann vorstoßen, sich aber nicht rückwärts bewegen. Deshalb ist es unsinnig, von einem „Rückzug" der Gletscher zu reden, weil dieser Begriff eine Bewegung impliziert. Besser gebrauche man Begriffe wie Niedertauen, Abschmelzen oder Rückschmelzen.

Jungmoränen sind weitgehend durch unruhiges Relief mit beträchtlichen Höhenunterschieden gekennzeichnet. So zeigt L 2748 Prenzlau Unterschiede von 14,5 m (Wasserspiegel der Ucker im N[1]) bis 129,7 m. Bezieht man die Tiefe des Sees von 18 m mit ein, so ergibt sich für das Blatt eine Reliefenergie von >130 m. Als typische Elemente erscheinen das ebene Tal der Ucker mit den Seen und mit Höhen zwischen 14,5 bis 17,9 m, das von unruhigen Höhen gesäumt wird, im O um 50–90 m hoch, im W 40 bis 77,9 m hoch. Der Seespiegel liegt bei 17,5 m, und die Tiefe des Sees erreicht 18 m, so daß der tiefste Punkt des Seebodens in <0 m Höhe liegt. Die Höhen sind durchsetzt von zahlreichen trockenen und wassererfüllten kleinen oder größeren Hohlformen, die als *Toteiskessel*, die kleinen runden speziell als *Sölle* gedeutet werden können. Das Blatt zeigt demnach ein *Zungenbecken* (einer späteren Eisrandlage), das mit dem Oberuckersee nach S noch aus dem Blatt hinausreicht. Seine Randmoränen scheinen im W in zwei Wällen ausgebildet zu sein, zwischen denen eine um ~20 m tiefer gelegene, mit Seen durchsetzte Muldenzone (Umfließungsrinne?) liegt. Hinweise darauf sind auch die mehrfach zu findenden *Kies-* und *Sandgruben*.

Noch stärker ausgeprägte Höhenzüge von *Endmoränen* sind in mehrere Staffeln in den Hüttener Bergen (L 1522/24 Schleswig und Eckernförde) und westlich des Wittenseebeckens (L 1724 Rendsburg Ost: 550/6027) zu finden. Nach innen (zum Eis hin) sind sie meist steiler als nach außen. Steile Partien sind von Laubwald bestanden (Name „Holsteinische Schweiz"!). Ob es sich um Satz- oder Stauch-Endmoränen handelt, ist der TK nicht zu entnehmen. Zwischen Moränenwällen einer älteren und denen einer jüngeren Eisrandlage können sich größere *Stauseen* ausgebildet haben, die später leerliefen, aber ihre Beckentone zurückließen (Ziegeleien?). Beispiele hierfür finden sich in L 1928 Plön (596/5988 Travetal) sowie in der Ueckermünder und der Lubminer Heide (DUPHORN 1995, S. 50). Abflußrinnen späterer Eisrandlagen durchstoßen die äußeren Lagen, z.B. im Tensfelder Tal (L 1926 Bordesholm: 586/5988, mit Kiesgruben!) und im Schmilauer Trockental (L 2330 Ratzeburg: 614/5956,3 vom Ratzeburger See her). Zwischen zwei Endmoränenwällen finden sich oft auch *Umfließungsrinnen* der Schmelzwasserabflüsse, nicht selten versumpft (L 7932 Fürstenfeldbruck: H 4426-4428 Tal der Windach, das sich nach N und dann nach NW fortsetzt), aber auch trocken wie das Einhäuser Trockental (L 2330 Ratzeburg: 614,5/5953,5 parallel zum Ratzeburger See).

Ein schönes Beispiel für die *glaziale Serie*, wie sie keineswegs überall so klar ausgebildet ist, bietet das Blatt L 7936 Grafing in seinem SO-Teil (Abb. 17).

---

[1] Im Volksmund heißt der Hauptfluß der Uckermark heute wie früher Ucker, in Vorpommern dagegen Ücker. Die falsche Benennung in L 2748 geht auf einen Fehler eines Geometers von 1888 zurück (A. Hinrichs: Ucker oder Ükker? – Heimatkal. f. d. Kr. Prenzlau 1966; S.92–94), der sich bis heute gehalten hat, jetzt jedoch lt. Mitt. des LV Brandenburg an den Verf. vom 20.8.1997 (Az. 22-5013) berichtet wird und in der TK 10 bereits korrigiert ist. Wir müßten uns nach der Benennung in der Karte richten, doch da die Berichtigung bereits erfolgt, sei es gestattet, hier abweichend von der Karte den richtigen Namen wiederzugeben.

Ab 4487/5318 erkennt man einen aus Kuppen und Rücken bestehenden Höhenzug, der sich, 500–1000 m breit, mit Höhen bis >600 m bogenförmig nach 4500/5329 zieht. Er ist nach SO (Innenseite) steiler als außen, wo er rasch in eine Ebenheit übergeht. Form, Verlauf und Formenfrische (Reliefenergie) weisen ihn als *Endmoränenzug* der letzten Vereisung aus. In ihm liegen zahlreiche Pässe, ehemalige *Gletschertore*, die später trocken blieben. Sie werden häufig von Verkehrslinien als Durchgänge genutzt. Der Eggelburger See dürfte ein *Toteiskessel* sein. Im W sind diesem Moränenbogen einige Rücken vorgelagert, die als Moränen einer frühen, aber nicht so prägenden Eisrandlage gedeutet werden könnten. Wegen ihrer im Vergleich zur bogenförmigen Endmoräne geringeren Reliefenergie kann man sie allerdings auch als *Altmoränen* ansehen, zumal der Rücken vom s Kartenrand bei R 4485 nach N über die gleichfalls >600 m hohen Buckel von Oberpfrommern, Wolfersberg und Pöring eine Fortsetzung bis zu dem Höhenzug bei Poing findet, der von 588 m bei Purfing nach N bis auf 534 m abfällt. Ab 4489/5318 zieht sich ein zweiter Moränenwall mit einer Ausbuchtung bei Moosach ebenfalls bogenförmig nach O. Auch er steigt auf >600 m an, und auch in ihm sind viele Einmuldungen = ehemalige Gletschertore zu erkennen. Der Steinsee ist als Toteiskessel anzusprechen. Ein dritter, ebenfalls durch ehemalige Gletschertore unterteilter Moränenzug zieht sich ab 4492/5318 zungenförmig um das Brucker Moos und weiter ö ähnlich um das Asslinger Moos; er steigt auf >580 m an. In den 505 bzw. 488 m hoch gelegenen Moosen könnten nach dem Abschmelzen des Eises zeitweise Seen gestanden haben (versumpfter Seeboden). An den äußeren Wall schließt sich nach NNW eine geneigte, rasch ebener werdende, im W von Kiesgruben durchsetzte Fläche an, die etwa ab 550 m gleichmäßig über 7 km bis auf 510 m abfällt (Gefälle 0,57 %) und sich wegen ihrer Ebenheit und Trockenheit gut für einen Flugplatz eignet (München-Riem). Eingeschnitten in diese großenteils waldbestandene Fläche sind einige Abflußrinnen (Höhenlinien springen zum Moränenbogen zurück), ansetzend bei Esterndorf, Kirchseeon, schwach ausgebildet n Forstseeon, sowie bei Ebersberg und Halbing. Es dürften Abflußrinnen späterer Eisrandlagen sein. Zwischen den einzelnen Moränenbögen sind teilweise *Umfließungsrinnen* erkennbar, die stellenweise 60–80 m tiefer liegen. Insgesamt sind also drei Gletschervorstöße festzustellen. Die Höhenrücken im NO sind wegen ihres weniger stark ausgeprägten Reliefs (Ausgleich durch Bodenfließen während der letzten Kaltzeit) als *Altmoränen* mit Zungenbecken zu deuten.

Ein ähnlich schönes Beispiel bietet L 7932 Fürstenfeldbruck, wo überdies nw der Amper eine Terrasse erkennbar ist, in deren oberen Teil sich der Fluß mit Mäanderbögen eingeschnitten hat. Auch L 7934 München sei als Beispiel genannt (vgl. SCHULZ 1989, S. 287–295, LOUIS/FISCHER 1979, Abb. 99).

In den Jungmoränengebieten Norddeutschlands und des Alpenvorlandes sind *Seen* sehr zahlreich. Ihre Formen, Tiefen, Umrandungen und Entstehungsweisen können sehr unterschiedlich sein. Einzelheiten hierzu möge man bei LIEDTKE 1981, S. 101 ff. (insbes. Tabelle 7) nachlesen. Hier seien genannt:

die auf Schmelzwasserabflüsse zurückzuführenden *Rinnenseen* (z. B. L 2748 Prenzlau: Rittgartener See 5415/5918) und die Seen in N-33-99-B Lychen, insbesondere der Schmale Luzin (3396/5912) mit bis zu 28 m hohen Steilrändern,

die *Zungenbecken-* und *Eiszungenseen*, die durch ihre zungenförmige Gestalt auffallen und von Höhenzügen gesäumt sind (L 1727 Rendsburg-Ost: Wittensee, L 2748 Prenzlau: Uckerseen, L 7932 Fürstenfeldbruck: Ammer- und Pilsensee, L 8114 Traunstein: Chiemsee). Sie sind durch Ausschürfung durch den Gletscher entstanden. Aus der Schweiz wäre der Züricher See zu nennen.

Grundmoränenseen, kenntlich an unregelmäßigem Grundriß und meist nur geringer Tiefe (nach Liedtke z. B. der Sternhagener See in L 2748 Prenzlau: 5419/5802).

Beckenseen mit unregelmäßiger Form, mit Inseln und dem Anschein, es seien mehrere Seen zusammengewachsen, z. B. Kellersee und Eutiner See (L 1928 Plön).

Die Entstehung dieser Seen ist Toteis zu verdanken, das beim Rückschmelzen („Niedertauen") liegen blieb und überschüttet wurde, somit im Frostboden erhalten blieb und erst in der Tieftauphase schmolz, oder stagnierendem Eis, das von neuem, aktivem Eis überfahren wurde. Einzelheiten hierzu sind der TK allerdings nicht zu entnehmen (LIEDTKE 1981, S. 89ff.).

Die *Grundmoräne* kann flach oder kuppig (mit schnellem Wechsel von Senken und Hügeln) auftreten, ist aber auch von Mooren, Seen, Abflußrinnen, Seeablagerungen und anderen Formen durchsetzt. Als fruchtbares Gebiet eignet sie sich gut für Landwirtschaft, z. B. für Weizen- und Zuckerrübenanbau.

Zur eiszeitlich geformten Landschaft gehören in Norddeutschland auch die ebenen und trockenen *Sandfelder* (Sander, Schmelzwassersande), sei es in Form von Bändern (Abflußrinnen des Schmelzwassers, s. o.) oder flächenhaft vor dem Eisrand (L 2130 Lübeck: 615/5973 waldbestanden, L 2530 Gudow: 611/5933 Möllner Sander mit Kiesgruben). Oft sind sie mit Dünen besetzt (L 2126 Bad Segeberg: 577/5976,5) und werden in Sandgruben genutzt. In Süddeutschland sind ausgedehnte *Schotterterrassen* zu finden wie das Lechfeld (L 7730 Augsburg). An Abflußrinnen fallen vor allem die breiten *Urstromtäler* auf (L 7740 Mühldorf: Tal des Inn). Als besondere Formen sind ehemalige *Gletschertore* zu lokalisieren (wo Abflüsse einen Moränenwall durchbrechen, L 1522 Schleswig: 534,7/6037,7, L 7924 Biberach: 3555/5319 bei Winterstettenstadt, L 7936 Grafing: 4492/5322). Nicht jedes ehemalige Gletschertor muß noch heute Wasser führen, denn die höher gelegenen fielen schon mit dem Rückschmelzen des Gletschers, zu dem sie gehörten, trocken. In Süddeutschland schließen sich an sie nicht selten *Trompetentälchen* mit ihren Terrassen an (L 7932 Fürstenfeldbruck: von der Blattmitte nach NO). Auch weiter unterhalb kann man Terrassen finden, so in L 7938 Wasserburg zwischen Kloster- und Mittelgars die bogenförmig begrenzten Ebenheiten bei ~450, ~435 und ~410 m. Daß auch in Norddeutschland *glazifluviogene Terrassen* vorhanden sind, bezeugt Abb. 31.

Hinzu treten „begleitende Oberflächenformen ..., deren Vorhandensein möglich, aber nicht zwingend notwendig ist" (LIEDTKE 1981, S. 76). Von ihnen sind nördlich des Bodensees die stromlinienförmigen *Drumlins* zahlreich zu finden. Sie sind erkennbar an ihren elliptisch verlaufenden Höhenlinien und daran, daß sie gegenseitig versetzt zueinander angeordnet sind (L 8320 Konstanz, L 8322 Friedrichshafen, LKS 207 Konstanz, ÖK 218 Bregenz). Ihre Form zeigt die Strömungsrichtung an, die im Blatt Konstanz nach NW, im Blatt Friedrichshafen nach N gerichtet war. Schwierigkeiten dürften allerdings die *Wallrücken* bereiten. So sind die Oser und Kames sw Kröpelin (DUPHORN u. a. 1995, S. 158) in N 32-72-D Bad Doberan und die Kames bei Techelsdorf (L 1726 Kiel: 567,7/6608,7; SCHULZ 1989) in der TK 50 kaum als solche zu identifizieren. Das Os n Mellenthin/Usedom (DUPHORN u. a. 1995, S. 209) dagegen ist in der TK 25 Blatt 2050 zu erkennen (5435/5978-5979).

Rezente glaziale Formen der Alpen werden wir mit dem Hochgebirge besprechen.

Das *Altmoränengebiet* weist ähnliche Züge auf. Infolge der Solifluktion während der letzten Kaltzeit sind die Formen jedoch stärker gerundet und die vielen kleinen Gewässer verschwunden. Aber auch hier sind stellenweise noch ansehnliche Höhenunterschiede und ehemalige Zungenbecken erkennbar wie beim Federsee und Wurzacher Ried (Blätter L 7922 Saulgau, L 8124 Bad Waldsee). Die Altmoränen sind stark entkalkt und sandig, weshalb sie stellenweise für den Kiesabbau genutzt werden (L 7922 Saulgau: 3547/5336,5 u. a.). In Schleswig-Holstein und Niedersachsen bezeichnet man ihr Gebiet deshalb mit dem Landschaftsnamen *Geest*, der sich von güst = unfruchtbar ableitet und verständlich macht, warum der Ort Güster (am Elbe-Trave-Kanal) gar nicht auf der Geest, sondern im Kiesabbaugebiet einer Sanderfläche liegt. Wälder sind häufig, Heide ist verbreitet (wenn auch teilweise anthropogen!).

Bruch- und Schichtstufen

Durch die dichte Scharung der Höhenlinien fallen größere Geländestufen sofort auf. Die *Bruchstufen* sind an Störungslinien gebunden und haben dementsprechend einen langen geraden Rand, der freilich im höheren Teil durch Täler zerschnitten ist. Der Übergang von der Fläche zur Stufe ist gerundet. Die Höhenunterschiede können sehr beträchtlich sein, z. B. am nördlichen Harzrand bei Goslar auf kurze Distanz 300–400 m, am Schwarzwaldrand im Bereich von L 7314 Baden-Baden bis 700 m. Ebendort erscheint die Bruchzone allerdings stufenförmig und stärker aufgelöst, weil hier ein *Staffelbruch* mit mehreren, jedoch nicht gleichgroßen Stufen vorliegt. In L 7320 Stuttgart-Süd zieht sich w der Siedlungsreihe Echterdingen – Bonlanden – Aich ziemlich geradlinig eine Bruchstufe mit einem Höhenunterschied von ~70 m hin, die Waldgebiet von offenem Land trennt.
Beidseitig durch geradlinige Bruchstufen begrenzt sind die tektonischen *Gräben* (Oberrheingraben, Leinetalgraben). Wegen ihrer Größe sind sie meist erst dann erkennbar, wenn man mehrere Blätter aneinanderfügt.
Bei Bruchstufen sollte die *Streichrichtung* der Bruchlinien angegeben werden, zumindest der Himmelsrichtung nach. Besser benutzt man die üblichen geologischen Begriffe, weil mit ihnen auf Phasen der Gebirgsbildung Bezug genommen wird.
Der Unterschied zwischen Bruch- und *Schichtstufe* wird deutlich, wenn man L 4128 Goslar und L 7520 Reutlingen (B 1) miteinander vergleicht. Der Rand einer Schichtstufe ist bei nur geringer Neigung der Schichten (2–5°) sehr stark aufgelöst, zerlappt, mit Vorsprüngen, die nahezu abgeschnitten erscheinen wie der Urselberg bei Pfullingen und der Lippentaler Hochberg bei Unterhausen (B 1, Abb. 33). Man kann hier gut erkennen, wie die noch mit der Stufe verbundenen *Auslieger* und die isoliert vor der Stufe aufragenden *Zeugenberge* entstehen, die ja Elemente der Schichtstufenlandschaft sind. Hinzu kommt als Argument die durchgehend festzustellende Form des Hanges: oben steil und der Trauf mit Felsen besetzt, dann bei einem Quellhorizont flacher werdend und mit unruhigem Verlauf der Höhenlinien – deutliche Anzeichen für einen Wechsel des Gesteins. Die Neigung der obersten Schicht läßt sich ermitteln, indem man die Höhen der Felsen vom Trauf in die Täler hinein feststellt und den Höhenunterschied durch die Entfernung teilt. Die Stufe selbst kann Verebnungen aufweisen, die durch weitere morphologisch harte Schichten bedingt sind. Sie müßten in diesem Fall entlang des Stufenrandes ein gleichbleibendes, möglicherweise leicht schräges Niveau einhalten.

4 Geographische Analyse topographischer Karten   81

Die gleichen Phänomene treten bei *Schichtkämmen* (>8°–15°) und *Schichtrippen* auf, die steiler als die Schichtstufe stehen und deshalb nicht so stark aufgelöst sind, sondern mehr geradlinig verlaufen. An die steile Stufe schließt sich eine stark geneigte Fläche an. Als Beispiele können die Schichtrippen der Bückeberge (L 3720 Stadthagen), des Deisters (L 4722 Barsinghausen) wie auch des Teutoburger Waldes dienen (Abb. 18; s. auch Louis/Hofmann H. III/4). Ihre sehr ebene Fläche fällt relativ steil ein. Aus der Schweiz seien die Kämme der Höhenzüge von Säntis und Hohem Kasten (227 Appenzell) genannt sowie die Kämme östlich der Urner Sees, bei denen sogar mehrere felsige Gesimse erkennbar sind (246 Klausenpass).

Aufgeschnittene *Aufwölbungen* aus Sedimentgesteinen zeigen zum Top gerichtete, einander gegenüberliegende Stufen (Hildesheimer Wald Abb. 14, Combes im Faltenjura), die zu den Enden der Aufwölbung zusammenlaufen. Einmuldungen haben dagegen Schüsselform mit nach außen gekehrten Stufen (Ith-Hils-Mulde). Profile können helfen, sie zu erkennen.

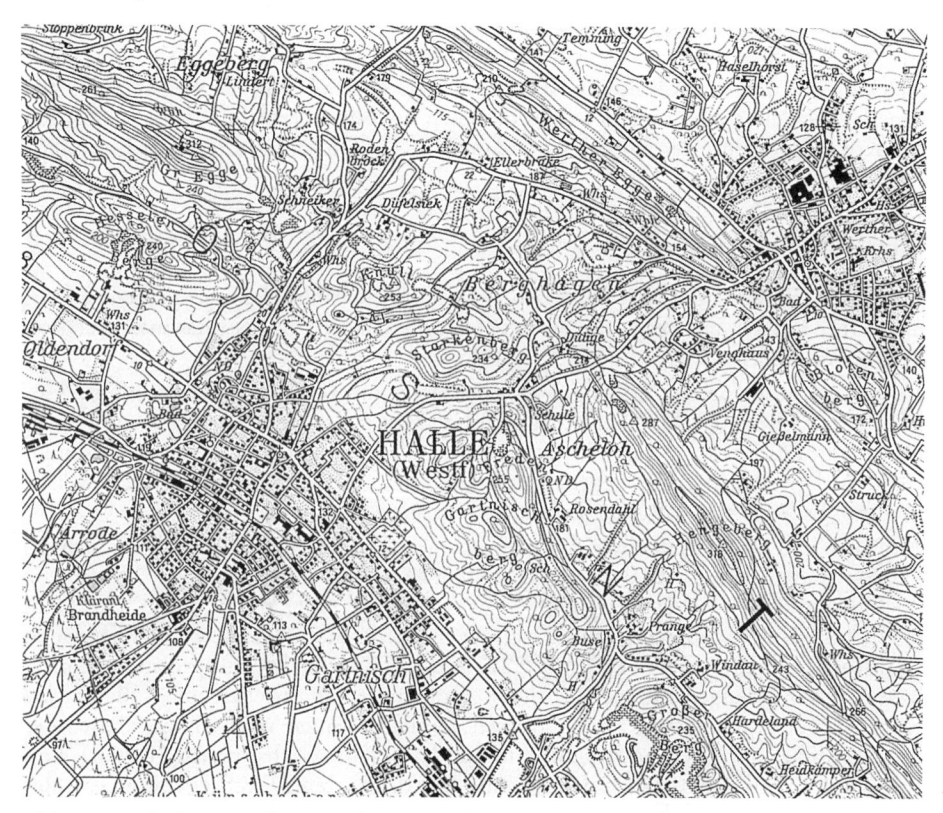

Abb. 18: Schichtrippen des Teutoburger Waldes. Ausschnitt aus TK 1:50000, Blatt L 3916 Bielefeld, Ausgabe 1974. Man beachte auch die nach NO gerichteten Erosionsrinnen, die Anordnung der Steinbrüche und die Verteilung der Gehöfte (Streusiedlung). Vervielfältigt mit Genehmigung des Landesvermessungsamtes Nordrhein-Westfalen vom 1. 4. 1998 Nr. 98 133.

Die *Stufenfläche* (irreführend oft als Landterrasse bezeichnet) ist meist leicht von der Stufenstirn weg geneigt. Sie kann unterschiedlich bedingt sein. Meist ist es eine *Schnittfläche*, die geologische Schichten schräg kappt. Es kann aber auch eine *Schichtfläche*, also durch das Gestein selbst bedingt sein wie in L 7720 Albstadt das Heufeld (3506/5356), das nach SO durch eine kleine Schichtstufe begrenzt ist. Daß es sich um eine Schichtfläche handelt, kann man allenfalls aufgrund der Ebenheit vermuten. Anzusprechen wären auch Achterstufen, d. h. Stufen am unteren Ende der leicht geneigten Stufenfläche, deren Neigung aus den Höhenangaben zu ermitteln ist.

In der Schichtstufenlandschaft bilden sich *Entwässerungsrichtungen* aus, die mit dem Schichtenbau und -einfallen zusammenhängen, nämlich

konsequente Täler: dem Einfallen der Schichten folgend von der Stufenstirn weg, obsequente Täler: entgegengesetzt zu konsequent, also entgegen dem Einfallen der Schichten,

subsequente Täler: vor einer Stufenstirn entlang etwa parallel zu dieser,

resequente Täler: konsequent abfließend, aber in einen subsequenten Fluß mündend.

Als Stufenbildner treten geomorphologisch harte Schichten hervor, zum einen Kalk (Schwäbische und Fränkische Alb, B 1), zum anderen Sandstein, der wegen seines Bodens mit Nadelwald bestanden ist. So bestehen die Bückeberge in L 3720 Stadthagen aus Kreidesandstein, der Rotenberg (Name!) in L 4326 sö Osterode aus Buntsandstein.

Terrassenlandschaften

In einigen Landschaften sind Terrassen ein wichtiges, wenn nicht gar prägendes Element. Ihre Entstehung kann verschiedene Ursachen haben, die bei einer Interpretation abzuklären sind.

Flußterrassen sind an den Talhängen als Ebenheiten mit geringem, gleichmäßigem Gefälle festzustellen, das der Fließrichtung folgt. Man sollte sie in der Karte zum einen über einige Distanz im Verlauf des Tales, zum anderen möglichst auf beiden Talseiten, wenn auch vielleicht etwas gegeneinander versetzt, in gleichem Niveau nachweisen können. Es kann sinnvoll sein, Profile zu zeichnen.

An Rhein und Mosel finden wir Terrassen als mehr oder weniger breite Ebenheiten am Hang, manchmal auch nur als schmale Leisten. Man betrachte z. B. in L 5710 Koblenz die Verebnungen nw Bad Salzig in 200–220 m (um R 3401) und w davon um 260 m (3399,7/5565,5), ö Boppard um 220 m (H 5567,5) und auf dem w anschließenden Gleithang sowie w Spay um 200 und >230 m (H 5570). Bei der Interpretation ist nach weiteren Verebnungen zu suchen, deren Höhenlage festzustellen und sodann eine Korrelation zu versuchen. Diese Terrassen weisen auf einen Wechsel von Phasen der Seitenerosion, etwa (wie am Rhein) unter anderen Klimaverhältnissen (Tertiär), und solchen der Einschneidung (Tiefenerosion) hin, der auch als Wechsel von Phasen der Ruhe und der Hebung des Gebirges gedeutet werden kann (Antezedenz). Der Interpret wird den Vorgang aus der Karte heraus kaum entscheiden können, weil es dazu großflächiger Untersuchungen bedarf. Auch kann er keine konkrete Datierung vornehmen, wenngleich klar ist, daß tiefer gelegene Terrassen jünger sind als höher gelegene.

Anderen Ursprungs sind die eiszeitlichen *Kies- und Schotterterrassen*, z. B. nördlich des Harzes (Abb. 31) sowie an Flüssen des Voralpenlandes (L 7730 Augsburg) und der Alpen (ÖK Blatt 205 Sankt Paul: Terrassen von Drau und Lavant). Sie bilden größere Flächen, häufig gestuft in verschieden hohen Niveaus. Der verstärkten Akkumulation infolge höheren Schuttanfalls in der Kaltzeit (Frostverwitterung!) folgte jeweils eine Phase stärkerer Einschneidung in der Warmzeit, doch können die einzelnen Terrassen auch noch weiter unterteilt sein.

Merke: Als Niederterrassen werden nur solche der letzten Kaltzeit bezeichnet.

Meeresterrassen zeigen eine Hebung der Küste oder einen einst höheren Stand des Meeres an. Ähnliches gilt für Seeterrassen. Als eine Meeresterrasse gilt die ebene Flächenalb (Südostteil der Schwäbischen Alb), die an ein fossiles Kliff stößt, das zur kuppigen Alb überleitet (L 7524 Blaubeuren). Das ~60 m hohe Kliff, das sö der Linie vom Suppinger Berg (3553,5/5368) zur Höhe w Temmenhausen (~3563/5374) verläuft, ist in der Karte allerdings schwer zu erkennen).

An *künstlichen Terrassen* sind zwei Hauptformen zu unterscheiden: zum einen die im Laufe der Zeit mit dem Pflügen entstandenen *Ackerterrassen* in bergigem Gelände, zum anderen die mit Hilfe von Steinmauern geschaffenen *Weinbergterrassen* an steilen Hängen. Wo der Weinbau an solchen Hängen inzwischen aufgegeben wurde, sind die Terrassen meist noch erkennbar, wenn auch unter anderer Vegetation, und sind die Steilkanten oft auch unter Waldbedeckung eingezeichnet. Eine Besonderheit stellen die großen Weinbergterrassen dar, die mit der Flurbereinigung im Kaiserstuhl angelegt wurden.

Marsch

Die ausgedehnten Marschen an der Küste und an den Flüssen sind durch zahlreiche Entwässerungsgräben gekennzeichnet, die – je nach Höhenlage der Marsch – zu Sielen oder Schöpfwerken führen. Ein unregelmäßiges Netz läßt auf höheres Alter schließen als ein durchgängig geradlinig angelegtes Grabensystem. Unterstützt wird diese Deutung durch die Deichanlagen (Schlaf-, Winter-, Sommerdeiche), durch Höhen unter NN (Hinweis auf Sackung!) und hohen Grünlandanteil. In den älteren Gebieten finden sich auch häufig noch Fluchthügel für das Vieh oder ehemals mit Häusern besetzte Wurten (Signatur, Höhenangaben!), zahlreich z. B. im Blatt L 2514 Wilhelmshaven. Isohypsen fehlen, weil es nur geringe Höhenunterschiede gibt. Die Grenze der Marsch zur Geest ist nicht nur an den Höhenlinien der Geest zu erkennen, sondern auch daran, daß ab dem Übergang Wallhecken auftreten, vielleicht auch Waldbestand oder Namen, die darauf hinweisen (L 2310 Esens: 3405/5944,5 Holtgast = Holzgeest). Am Rande zu höherem Gebiet können Randmoore („Sietland") liegen. Stellenweise grenzt die Marsch an eine alte Küstenlinie an. So findet man bei St. Michaelisdonn ein fossiles Kliff (L 2120 Marne) und nördlich Heide die als Verkehrsweg gesuchte Lundener Nehrung (L 1720 Friedrichstadt); vor beiden liegt heute Marschland. Deiche abseits der Küste zeigen eine frühere Deichlinie an.

Zum Namensgut muß man wissen, daß abgedeichte Flächen in Schleswig-Holstein Koog, in Niedersachsen Polder oder Groden, in den Niederlanden Polder heißen. Vor dem Deich gelegenes, landwirtschaftlich nutzbares Land wird Außengroden oder Heller genannt.

Küste

Die Küste ist durch eine Vielzahl vergesellschaftet auftretender Formen gekennzeichnet. Welche diese sind, hängt vom Bau des anschließenden Festlandes sowie von den vorherrschenden Winden und der Küstenströmung ab.

An der *Gezeitenküste* (Nordsee) bildet das von Prielen und Baljen durchzogene *Watt* ein hervortretendes Element. Hier stellt sich die Frage, wo die Watt-Wasserscheide liegt, weil man daraus Rückschlüsse auf die Gezeitenströmungen ziehen kann.

Suchen wir in L 2308-2312 (Norderney, Esens, Wangerland) danach, so stellen wir fest, daß die Wattwasserscheide zum Teil weit über die Inselmitte hinaus nach O verschoben ist, besonders deutlich bei Spiekeroog und Langeoog. Daraus kann man schließen, daß der Ebbstrom nach W stärker ist als der nach O oder – was hier gilt – daß er im W früher einsetzt und sich deshalb weiter zurückschneidet.

Molen, Dämme und feste Baken sind verzeichnet, die im Watt gebräuchlichen Stangen und Pricken aber nicht, weil sie mit der ständigen Verlagerung der Flutrinnen immer wieder versetzt werden müssen. Buhnen- und Lahnungsfelder dienen der Erweiterung des Deichvorlandes, um den Schutz der Küste zu stärken (Landgewinnung durch spätere Eindeichung spielt heute keine Rolle mehr). Durch Steindämme wird aus den Sielen ablaufendes Wasser gebündelt, um eine Fahrrinne für den Verkehr zu den Inseln tief zu erhalten. Große Flüsse münden mit Trichtermündungen. Wo Watt bis an den Deich oder an die Lahnungsfelder reicht, kann Schlickwatt angenommen werden. Wenn trotzdem bei den Sielorten kleine Sandstrände eingezeichnet sind, so liegt der Verdacht auf eine künstliche Aufschüttung nahe (L 2310, L 2312). Die Sperrwerke an der Eider und den Elbezuflüssen dienen dem Schutz der Flußgebiete vor Sturmfluten, Speicherbecken als Stauraum für Süßwasser, wenn ein Abfluß wegen Sturmflut nicht möglich ist.

An der *Ostseeküste* mit nur geringen Gezeiten gibt es zwar kein Watt, gleichwohl aber Deiche, die anzeigen, daß auch dort Sturmfluten Gefahr bringen können. *Förden*, die sich nach innen verengen (Zungenbecken wie Flensburger Außenförde und Außenschlei, auch ertrunkene Schmelzwasserrinnen wie Flensburger Innenförde und mittlere Schlei, DUPHORN u. a. 1995 S. 93, 95, 101, 104, 113), sowie *Bodden* (ertrunkene Mulden des Jungmoränenlandes) und größere *Buchten* (ehemalige Zungenbecken) sind hier die typischen Formen, die überprägt sind durch die ausgleichende Wirkung der Küstenströmung und der Sturmfluten (*Ausgleichsküste*). An größeren Höhen entstehen so die *Steilufer*, deren Material durch die Strömung verfrachtet und in *Haken* und *Nehrungen* abgesetzt wird (L 1748 Sellin: Nehrung von Thiessow, L 2130 Lübeck: von 626/5981 sw-wärts). Normalerweise haben die Steilufer an der deutschen Ostseeküste einen schmalen und steinigen Strand (weil das feinere Material von der Strömung mitgenommen wird); wo er vor einem Steilufer jedoch breit ist, könnte es sich um ein fossiles Kliff handeln. Am Beispiel des Ufers bei Brodten an der Lübecker Bucht (L 2130 Lübeck: 622/5984) ist der Vorgang der Abtragung am Steilufer und der räumlich anschließenden Ablagerung am Strand von Travemünde und Niendorf gut abzulesen. Durch solche Ablagerung können Buchten zu *Haffs* oder *Strandseen* abgeriegelt werden wie in L 2130 Lübeck das an den umrandenden Höhen als solches gut erkennbare Zungenbecken des Hemmelsdorfer Sees. Gute Beispiele für alle diese Vor-

gänge zeigen die Blätter L 1532 Fehmarn und L 1526 Laboe; verschieden alte *Strandwälle* sind in L 1540 Prerow gut zu erkennen. Das Fischland kann man als *Tombolo* ansprechen, weil es als Strandwall eine Insel (Darß) mit dem Festland verbindet.
Felsenküste gibt es in Deutschland nur auf Helgoland und Rügen.
Die *Inseln* sind je nach Küstenabschnitt unterschiedlich aufgebaut. Die Ostfriesischen Inseln lassen sich dreiteilen: Strand – Dünen – Marsch. Flüsse fehlen, abgesehen von den Entwässerungsgräben in der Marsch. Buhnenwerke an den westlichen Enden zeigen an, daß man sie gegen Abtragung schützt; der Strandsaum wird nach Osten zu eher breiter, was besagt, daß dort Ablagerung erfolgt. In Nordfriesland bestehen die großen Inseln aus Geestkernen, an welche Marsch angelagert ist. Halligen sind der Marsch gleichzusetzen. Die Ostsee-Inseln bestehen aus mehr oder weniger großen Kernen, meist aus Moränenmaterial, mit Nehrungen, Haken, Strandwällen und Strandseen. Lücken in der Dünenkette können auf frühere Sturmflut-Durchbrüche hinweisen, zumal wenn sie mit einem Deich abgeriegelt sind und/oder einen See aufweisen (L 2406 Borkum: 2562/5950 Hammersee auf Juist mit inzwischen durch Dünen verdecktem geradlinigem Deich).
Meeresströmungen sind ablesbar an der Richtung der Haken und Nehrungen und an der Richtung, in der Ebbströme abgelenkt werden. Auf großen Tidenhub weisen Dockhäfen hin (L 2516 Bremerhaven, L 2514 Wilhelmshaven, L 2708 Emden), auf Gefährdung durch Sturmfluten die *Deiche*. Wo ältere Deiche nach auswärts um ein Wehl (Teich) ausbiegen, liegt eine ehemalige Bruchstelle mit einem (wassererfüllten) Kolk vor, ebenso dort, wo sie nach innen kurz ausbuchten, doch ist das Wehl dort inzwischen zusedimentiert worden (beachte den unregelmäßigen Deichverlauf am s Elbufer in L 2118 Marne!).

Mittelgebirge

Bei den Mittelgebirgen fragen wir zunächst nach den Höhenverhältnissen, zumal sie Rückschlüsse auf Niederschläge und Wind ermöglichen, auch nach den Talformen sowie nach Hinweisen auf Untergrund und Bodenschätze. Zu suchen ist auch nach etwaigen Verebnungen bzw. alten *Rumpfflächen*, die verschiedene Niveaus bilden können. Sie sind wegen der inzwischen erfolgten Abtragung und Talbildung nicht auf Anhieb zu erkennen, weil sie nur noch teilweise erhalten sind, wie im Tal der Murg auf den Riedeln zwischen den Nebenflüssen (L 7316 Wildbad: 3456/5499), wo zudem ein Quellhorizont einen Gesteinswechsel anzeigt. Um sie zu finden, muss man die Höhenangaben weitflächig überprüfen. Gegebenenfalls ist das mehr gerundete Grundgebirge von dem flächig ausgebildeten Deckgebirge zu unterscheiden.
Tektonische Linien treten in der Regel schon bei einem groben Blick auf die Karte hervor, weil ihnen die Talzüge folgen. Sie können auch Becken umgrenzen, die dann klimatisch und vielleicht auch durch Lößablagerung begünstigt sind (L 5716 Bad Homburg: Uhinger Becken – man beachte den Vegetationsunterschied!). Vielleicht gibt es unterschiedliche Entwässerungsrichtungen und künstlich gestaute Seen (warum?). Wie verlaufen die Wasserscheiden?

Im NW des Blattes L 7318 Calw fällt das ungleiche *Einzugsgebiet* der Nagold auf: Die von W zur Nagold führenden Täler sind erheblich länger und zahlreicher als die von O. Da die Kastenform des Nagoldtals auf morphologisch hartes Gestein schließen läßt (hier Buntsandstein), liegt der Schluß nahe, daß die Schichten nach O einfallen, so daß die ö der Nagold fallenden Niederschläge versickern und weiter ö liegenden Quellen zufließen.

Härtlingszüge sind daran zu erkennen, daß sie ihre Umgebung linienhaft oder als lange Rücken überragen wie der Acker-Bruchberg-Zug im Harz (L 4328 Bad Lauterberg: im NW) oder der Taunuskamm mit seinen Hinweisen auf Quarzit (L 5716 Bad Homburg). Dieser Quarzit bedingt auch die Verengung des Rheintals bei Bingen/Rüdesheim (Gefällsstufe! Abb. 16). Signaturen und Nennungen von *Klippen* oder *Felsen* deuten auf hartes Gestein hin, beispielsweise auf Granit, der infolge der Wollsackverwitterung zur Klippenbildung neigt. Als Beispiele seien das Okertal im Harz (L 4128 Goslar: 3602/5748-50) und die Felsen w der Bühlerhöhe im Schwarzwald (L 7314 Baden-Baden: Falkenfelsen u. a. 3442/5392) genannt. Wo Basalt auftritt, sind vulkanische Vorgänge im Spiel.

Erloschener Bergbau ist in Mittelgebirgen nicht selten. Spuren einer eiszeitlichen Vergletscherung sind nur stellenweise erkennbar.

Karstlandschaften

Weiter oben wurden *Karstlandschaften* bereits angesprochen. Hinweise auf sie geben Dolinen und trockene abflußlose Wannen, Höhlen und „Hohle Steine", Trockentäler, Quelltöpfe (Ruhmequelle, Blautopf, in Österreich die Bröller oder Brüller), „Hungerbrunnen", Flußschwinden und Versinkungen (Donau bei Immendingen bis Friedingen), gehäuftes Auftreten von Steinbrüchen (zur Gewinnung von Kalkstein oder Schotter), Gips- und Zementwerke (nur wenn vergesellschaftet mit einigen anderen genannten Objekten!). In Flußtälern können durch Ablagerung von Sinterkalk Talstufen entstehen wie an der Erms (L 7522 Bad Urach: 3533/5368, allerdings schwer erkennbar).

Als Beispiel für eine Karstlandschaft sei das Blatt L 4326 Osterode genannt: In den Kalkbergen liegen Gipsbrüche (3584/5735, 3584/5731), südlich davon gibt es Erdfälle (3585,5/5730, 3587/5729), es sind Höhlen verzeichnet (um 3588/5729) und es gibt südlich Osterode kaum Wasserläufe. Ein anderes Beispiel bieten L 7522 Bad Urach, L 7524 Blaubeuren und ihre südlichen Nachbarblätter mit den vielen erkennbaren Trockentälern, Dolinen, Höhlen, Hohlen Steinen. In L 7524 finden sich zudem zwei Quelltöpfe: Aachtopf (3558/5364,5) und Lauterursprung (3564/5368), im Blatt L 7724 als dritter die Ursprung (5360,8/3553).

Die Wasserarmut der Karstgebiete erschwert die Wasserversorgung. Auf der Schwäbischen Alb haben deshalb die Einwohner die *Hülen* oder Hülben, Teiche für das Vieh, angelegt (L 7524: 3558/5366 „Sauhüle" bei der Hülenbuche, L 7722: 3545/5359 Ortsname Tiefenhülen, 3539/5351 Hülbe beim Hülbenhof). Auf die Ungunst des Raumes weisen auch die vielen genannten Wüstungen hin.

Vulkanische Landschaften

Bei den durch Vulkanismus entstandenen Formen sind Voll- und Hohlformen zu unterscheiden. Die Vollformen können wie im Hegau (L 8318 Singen: w und nw Singen) und in Hessen (Abb. 19) als *Schlote* erscheinen oder als Kegel (L 8116 Donaueschingen: Wartenberg 3471/5310), als Kegel auch besonders häufig im Uracher Vulkangebiet (vor der Alb oft als „Bölle" bezeichnet; B 1: Georgenberg 3516/5370). Flächenhafte Ergüsse wie im Vogelsberg sind an der gleichmäßigen, wenn auch zerschnittenen Abdachung erkennbar (L 5520 Schotten). Die Gesteine sind allerdings nicht immer genannt. Die Hohlformen, die mit Wasser erfüllt sind, kennt man als *Maare*. Sie sind in der Eifel zahlreich, wo die TK stellenweise auch wie in L 5710 Koblenz im NW umfangreichen Abbau von Bims und Lava belegt. Auf der Schwäbischen Alb weist der Name des Randecker Maars auf den Uracher Vulkanismus hin. Dort gibt es stellenweise auch kesselartige Hohlformen, z. T. vernäßt („Torfgrube" – für eine aus Kalk bestehende Landschaft ungewöhnlich und damit Verdacht erweckend), mit randlichen Dolinen (L 7522 Bad Urach: 3538/5381), weil das Wasser sich auf dem Schlot staut und damit randlich zur Entstehung von Dolinen führen kann. Auch Bäder können auf Vulkanismus hinweisen, z. B. die in der TK erwähnten Thermalbäder bei Beuren und Bad Urach (L 7522 Bad Urach: 3529,5/5381, 3528/5374) (aber nur zusammen mit anderen Indikatoren!). Eine reihenförmige Anordnung von Vulkanen zeigt eine tektonische Störung an.

Diese Beispiele verdeutlichen ein großes Problem: Es ist sehr schwer zu erkennen, ob ein vor einem Schichtstufenrand gelegener Berg ein Zeugenberg oder ein Vulkankegel ist.

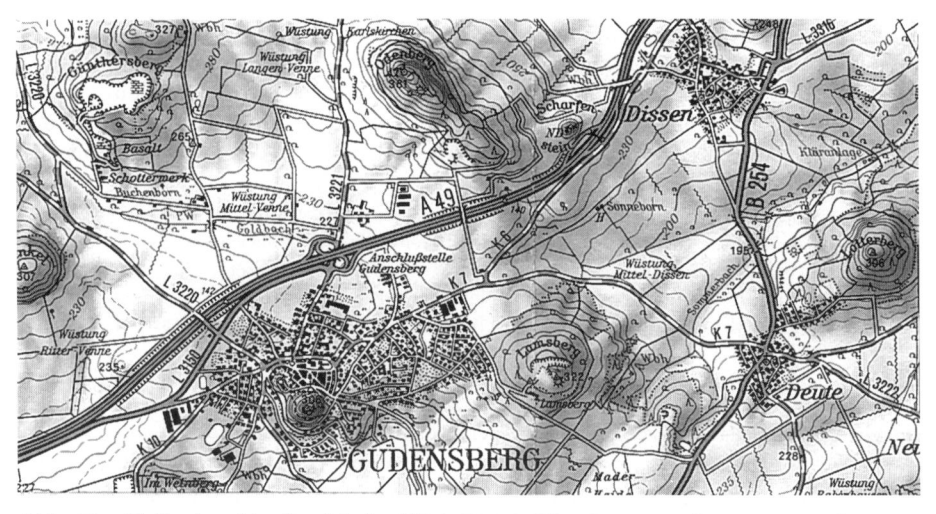

Abb. 19: Vulkankegel im Bereich der TK 1:50 000, Blatt L 4922 Melsungen, Ausgabe 1989. Man beachte auch die zahlreichen Hinweise auf Wüstungen. Vervielfältigt mit Genehmigung des Hessischen Landesvermessungsamts, Wiesbaden.

Solange beim Wartenberg (L 8116, s.o.) noch ein Hinweis auf Basalt eingetragen war, fiel die Entscheidung nicht schwer, insbesondere beim Vergleich mit dem Fürstenberg (L 8116: 3467/5306), der als Zeugenberg – im Gegensatz zum kegelförmigen Wartenberg mit seiner von der Alb abweichenden Höhe – den typischen Schichtstufenhang, oben eine ebene Fläche und etwa gleiche Höhe wie die Alb aufweist; leider wurde der Gesteinshinweis am Wartenberg gestrichen. – Im Blatt Reutlingen (B 1) sind noch weitere Vulkanschlote enthalten, die man aber nicht als solche erkennen kann, wie der Geißberg (3520/5372).

Studierende sollten sich hier nicht beunruhigen, sondern nur das erklären, was sie erkennen.

Hochgebirge

Im Bereich der Hochgebirge stellen wir die gleichen Fragen wie bei den Mittelgebirgen. Die Höhenlage der Gipfelflur ist festzustellen und Nachweise für alte Landoberflächen sind zu suchen. Im Hochgebirge nimmt die Interpretation einstiger und heutiger Vergletscherung einen besonderen Raum ein. Der Interpret wird nach alten Talböden (Trogschulter, Terrassen) suchen und versuchen, die Schliffgrenze als Hinweis auf die frühere Eismächtigkeit zu erkennen und sie das Tal entlang zu verfolgen. Zur Klärung kann ein Querprofil hilfreich sein.

In den Tälern kann Gesteinswechsel zu einer Gefällsänderung der Flüsse führen. Wo Talstufen auftreten, sind sie möglichst zu erklären. Auch können in den Tälern Moränenwälle oder Bergsturzmassen liegen. Sie lassen sich an ihrer Form unterscheiden: *Moränenwälle* sind talabwärts ausgebuchtet, z.B. im Tal der Limmat unterhalb von Zürich (225 Zürich: 674,5/250,8). *Bergsturzmassen* dagegen liegen kompakt beisammen, mit Schwerpunkt auf einer Seite des Tales, während die Abrißnische in der Regel, aber nicht immer am gegenüberliegenden Hang zu suchen ist (ABELE 1974). Sie engen den Abfluß stark ein, drängen ihn seitlich ab und lassen das Tal oberhalb versumpfen (B 2: 786,8/146,3). Manchmal sind Bergstürze an den Namen zu erkennen wie im Gailtal die westliche Schütt mit dem Steinernen Meer, deren Abrißnische am Zwölfer Nock in der Roten Wand zu finden ist, und die östliche Schütt unterhalb der „Geklobenen Wand" (Abb. 20). Bei der Interpretation ist vor allem nach den Auswirkungen der Bergstürze zu fragen.

Aus der Karte ist nicht zu abzulesen, wie sich die Bergsturzmassen bei Arnoldstein (Abb. 20) zusammensetzen. Erste Abstürze ereigneten sich bereits, als noch Gletschereis das Tal erfüllte, so daß die Tomalandschaft des Bergsturzes von Toteiskesseln durchsetzt ist („Alte Schütt"; Abele 1974, S. 110ff.). Ein weiterer Sturz erfolgte, als am 25. Januar 1348 ein gewaltiges Erdbeben in Friaul ganz Mitteleuropa erschütterte („Junge Schütt"; HAMMERL/LENHARDT 1997, NEUMANN 1948). Er staute die Gail zu einem 3 km langen See auf, der erst im 18. Jh. infolge Erosion und Verlandung verschwand. Die Angabe, daß durch diesen Bergsturz zwei Marktflecken und 17 Dörfer zerstört wurden, gehört allerdings ins Reich der Fabel; denn so viele Ortschaften hätten hier gar nicht Platz gehabt.

Abb. 20: Ausschnitt aus ÖK 1:50000 Blatt 200 Arnoldstein, Ausgabe 1975, mit dem Bergsturzgebiet der westlichen Schütt/Steinernes Meer und der östlichen Schütt. Man beachte auch die Steingröffel genannte Schuttrinne im W. Vervielfältigung mit Genehmigung des Bundesamtes für Eich- und Vermessungswesen in Wien, Zl. 70 136/98.

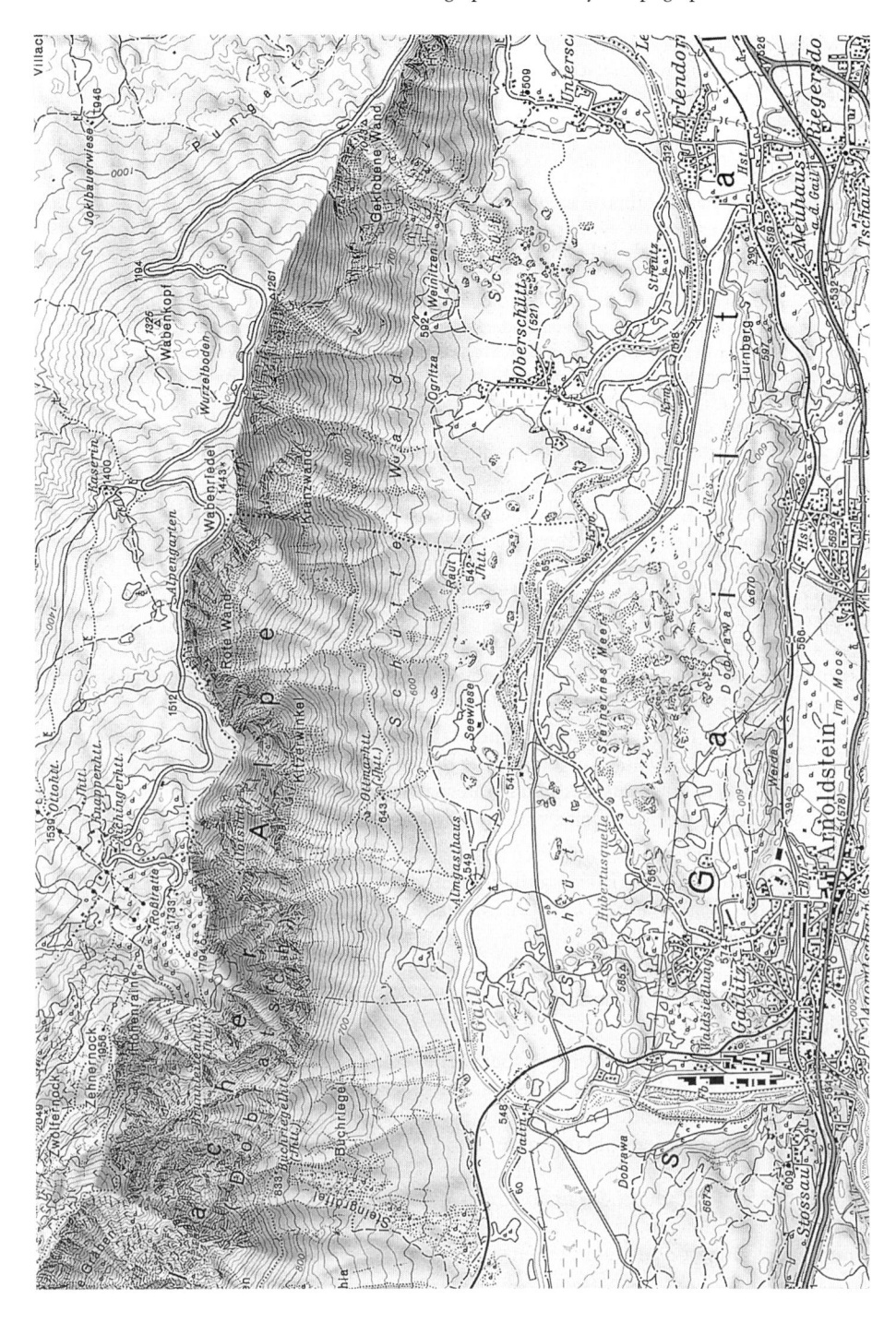

4 Geographische Analyse topographischer Karten 89

Als weiteres Beispiel sei der Bergsturz von Davos angesprochen. Die von der Totalp abgestürzten Massen der heutigen Drusatscha-Alm bewirkten eine Verlegung der Wasserscheide, denn sie stauten bei Davos einen großen See auf – der heutige Davoser See ist davon nur ein Rest – und zwangen das Wasser zum Abfluß in die andere Richtung (LKS 248 Prättigau: ~785/189,5). Der Eibsee verdankt seine Existenz ebenfalls einem Bergsturz (L 8532 Garmisch-Partenkirchen: ~4422/5260).

Große Bergsturzmassen können auch beschwerliche Verkehrshindernisse sein. Ein Beispiel ist der Fernpaß, dem schon die Römer in einem Hangweg auswichen (ÖK 115/116 Reutte/Telfs). Das große Bergsturzgelände bei Flims (LKS 247 Sardona) bildete ein starkes Hindernis für den Bau der Bahn und wird von der Straße in großem Bogen umgangen, wobei sie vom Vorderrheintal von 768 m bis auf 1159 m hinauf- und dann wieder bis Tamins auf 600 m hinabsteigt. Die Ebenheit bei Castrisch (737/182) zeigt an, daß hier zeitweise ein See aufgestaut war. Das gilt auch für die Ebenheit bei Rhäzüns – Bonaduz oberhalb der Bergsturzmasse onö von Bonaduz (749,5/186,5). Der Pfynwald im Rhonetal mit dem nö anschließenden Schwemmfächer des wilden Illgrabens gegenüber Leuk (LKS 273 Montana: 608-612/127-128 Bergsturz, 614/128 Schwemmfächer) erwies sich für den Durchgang als so hinderlich, daß sich hier die deutsch-französische Sprachgrenze ausbildete, was am Namensgut abzulesen ist.

Daß Bergsturzgebiete beschriftet werden wie in LKS 235 Rotkreuz bei Goldau (685,5/ 211-214), ist selten. Im übrigen ist nicht jeder Bergsturz in der TK leicht zu erkennen (L 8542 Königssee: 4574/5265 Bergsturz vom Halsköpfli, der den Obersee abriegelte), und schon gar nicht ist eine Datierung möglich und ist das Gestein zu bestimmen.

In ÖK146 Oetz sperrt um 196/220 eine gewaltige Masse das Tal. Die Ötztaler Ache durchbricht sie in der Maurach-Schlucht. Die Abrißnische scheint bei Köfels zu liegen. Der ÖK nach wird man auf einen Bergsturz schließen. Daß hier ein Meteorit eingeschlagen ist und das Material losgeschlagen hat, läßt sich der Karte nicht entnehmen, sondern ist nur durch Mineral-Untersuchungen vor Ort nachzuweisen.

Wo Nebenflüsse in ein Haupttal münden, sind häufig *Schwemmfächer* ausgebildet oder werden in Seen Deltas aufgebaut, die bis zu Aufteilung eines Sees führen können (Abb. 13). Wir nennen aus LKS 268 Julierpass die Seen von Sils und Silvaplana und aus L 8542 Königssee das Delta von St. Bartholomä als lehrbuchhafte Beispiele.

Wo Schmelzwässer durch Engstellen am raschen Abfluß gehindert wurden, konnten sich *Seen* halten und eine Ebene aufbauen, bis sich der Abfluß so weit eingeschnitten hatte, daß das Wasser ablief. Die Champagna bei Samedan im Blatt 268 Julierpass ist hierfür ein Beispiel.

Gletscher
Bei der heutigen Vergletscherung ist nach folgenden Formen zu suchen (vgl. die Darstellung zu B 2):
Firnfeld mit relativ gleichmäßiger Oberfläche, ständig von Schnee bedeckt.
Kargletscher, d.h. auf Kare und Kartreppen begrenzte Eismassen, *Talgletscher*, also bis ins Tal hinabreichende Eisströme mit aktuellen und älteren Seitenmoränen, sowie *Hanggletscher* an steilen Hängen, an denen sich keine Moränen halten.
Diffluenz, d.h. das Auseinanderfließen eines Gletschers, wobei ein Teil des Eises zu einem anderen Gletscher oder in ein anderes Tal strömt, *Transfluenz*, das Überfließen eines Gletscher über einen Paß, und *Konfluenz*, das Zusammenfließen von Gletschern (mit Ausbildung von Mittelmoränen).
Gletscherbruch, Gletscherspalten, Gletschermühlen.

Nunatakker, allseitig vom Eis eingeschlossene Gipfel.
Lokale *Schneegrenze*, oberhalb welcher kein Abschmelzen mehr erfolgt. Unterhalb von ihr liegt das Zehrgebiet sommers schneefrei. Frage: Liegt die Schneegrenze bei benachbarten Gletschern etwa gleich hoch?
Exposition und ihre Bedeutung für die Gletschergröße (wie weit reichen die Gletscher hinab?).
Moränen. Bewaldete Moränen sind älter als unbewaldete.
Eis- und *Moränenstauseen*. Im Blatt LKS 292 Courmayeur hat sich bei 555,8/69,8 zwischen der Moräne und dem Gletscher der Lago del Miage gebildet. Die Moräne staut den Abfluß auch im Tal, so daß dort eine Vernässungszone entstanden ist.
Wasserarme Plateaus zeigen durchlässiges Gestein (Karst) an. Sie sind typisch für die nördlichen Kalkalpen (Steinernes Meer s des Königssees: L 8542 Königssee, ÖK 124 Saalfelden). Hinzu treten hier schroffe Felsformen und Bergstürze. Wald fehlt, weil der Boden abgespült ist. Große Schuttkegel sind vor allem im Dolomit verbreitet.
Bezüglich der Vegetation ist der hypsometrische Formenwandel anzusprechen: kolline, montane, subalpine, alpine und Felsstufe. Je nach Exposition können die Grenzen verschieden hoch liegen. Wichtig sind ferner die Höhenlagen der Wald- und der Baumgrenze in Abhängigkeit von der Exposition. Allerdings ist zu beachten, daß die Waldgrenze meist durch Beweidung herabgedrückt ist. Streng hangabwärts gerichtete Schneisen im Wald weisen auf Lawinengassen hin oder, wenn sie mit Bächen verbunden sind, auf Murgassen.
Als eine Besonderheit seien die *Bannwälder* genannt (z. B. oberhalb von Andermatt, LKS 255 Sustenpass: 688,5/165). Sie sollen die Siedlungen vor Lawinen schützen. Dem gleichen Zweck dienen die *Lawinenverbauungen* an Hängen dort, wo die Lawinen sich lösen, in LKS 268 Julierpass z. B. oberhalb von Pontresina (790,5/152,5-153).
Eine *Ergänzungsfunktion* der Alpen wird nicht nur in den Einrichtungen für den Fremdenverkehr, sondern auch in jenen Stauseen erkennbar, die der Gewinnung von Strom für entferntere Wirtschaftsräume dienen. Man könnte auch von einer *Fernwirkung* im Sinne von O. Jessen (1949) sprechen.

4.4 Einzelformen der Kulturlandschaft

Land- und forstwirtschaftliche Nutzung

Die stärkste Bindung an die Naturfaktoren zeigt im Bereich der Kulturgeographie der primäre Sektor, ist er doch von Relief, Bodenverhältnissen und Klima abhängig. Dementsprechend schließt er im länderkundlichen Schema an die Betrachtung der Naturfaktoren an. Dabei ist hier einzubeziehen, was oben bereits über die Vegetation gesagt wurde. Man sollte jedoch nicht vergessen, daß die natürliche Vegetation als Indikator der natürlichen Gegebenheiten vom Menschen weitgehend beseitigt worden ist. Dennoch lassen sich einige Schlüsse ziehen.

Zunächst verschaffen wir uns einen groben Überblick über das Verhältnis von Acker : Grünland : Wald : Sonderkulturen : Heide/Brachland, denn die Nutzungen können Hinweise auf Bodenverhältnisse und Klima geben. Vor entsprechenden Schlüssen sollte man jedoch stets weitere Indikatoren suchen.

Bezüglich der *Flurgliederung* ist festzustellen, ob es Hinweise auf Großblock- oder Gewannflur gibt. Doch ist Vorsicht geboten; denn

Merke: Parzellengrenzen sind in der TK nicht zu erkennen!

Als Hinweise auf die Flurgliederung können deshalb allenfalls das *Wegenetz* und das *Knicknetz* (soweit es ein solches gibt) herangezogen werden. Beide sind bei einer Großblockflur weitständig, bei anderer Flurauftteilung enger. Frei auf großen Feldstücken endende Wege weisen auf Großblockflur hin. Wo Güter oder Domänen oder (besonders in Westfalen) namhafte Wasserburgen verzeichnet sind, ist im nördlichen Deutschland in der Regel mit Großblockflur zu rechnen. Weiter südlich und westlich ist das allerdings nicht so ausgeprägt. In den neuen BL ist Großblockflur infolge der Reformen während der DDR-Zeit weit verbreitet (Abb. 22).

Man sollte bei dieser Frage auch die *Siedlungen* betrachten: Kleine Dörfer lassen auf größere Flurstücke und Betriebe, große und enge Dörfer auf kleinere Betriebe und starke Flurauftteilung oder gar Flurzersplitterung schließen, sofern nicht Indikatoren wie Aussiedlerhöfe und geradliniges Wegenetz für eine Flurbereinigung sprechen. Bezüglich der Betriebsgrößen sind Gehöftgrößen, -formen und -zahl wichtige Hinweise.

Bei *Wäldern* fragen wir, ob Staatswald (Forst mit Förstereien), Gemeindewald oder Bauernwald vorliegt. Staatswald ist erkennbar an der Einteilung in Jagden mit Schneisen, die in ebenem Gelände geradlinig verlaufen. Sternförmig angeordnete Schneisen wurden für die fürstliche Hirsch- oder Fasanenjagd angelegt (L 7120 Stuttgart-Nord: Fasanenhof). Ein Jagddistrikt – er ist ganz von fremden Besitz umgeben – hat römische Nummern und einen Namen, Jagdabteilungen sind mit arabischen Nummern und ihrem Namen bezeichnet. Allerdings wird heute teilweise auch Privatwald von Forstämtern mit betreut.

Heutiger Staatswald war früher herrschaftlicher Wald und wurde als solcher besonders erhalten, da die Jagd ein wichtiger Bestandteil des höfischen Lebens war. Als Besonderheit hierzu möge die Angabe „König Heinrichs Vogelherd" erwähnt sein (L 4326 Osterode: 3591/5720). Stellenweise zeigen besondere Pavillons, Wegesterne und -namen dies an. Auch die Namen „Fasanerie" oder „Fasanenhof" sind solche Hinweise (L 7320 Stuttgart-Süd: 3512/5397, heute Großwohnsiedlung). Als Indikator für herrschaftliche Hege ist die Angabe Salzlecke zu erwähnen (für das Wild ausgelegte Salzsteine). „Stadtwald" zeigt den zwecks Bau- und Brennholzbeschaffung früher notwendigen Waldbesitz der Städte an. Bezeichnungen wie Fohlen- oder Ochsenweide künden von der früheren Waldweidewirtschaft (L 7520 Reutlingen: 3503/5381). Übrigens bezeichnen auch die Begriffe „Heide" (in NO-Deutschland) und Hardt einen Weide-, also Laubwald. Wo im Gebirge der Name „Schafberg" erscheint, ist er unschwer zu deuten. Angaben wie Kohlwald, Kohlhau, Kohlplatte oder Kohlenstraße weisen auf die früher verbreitete Köhlerei hin (L 7520 Reutlingen: 3502/5381, 3502/5382), Namen mit Glas- oder Asche- auf Glashütten und Pottaschesiederei. Wo am Waldrand Namen von Toren genannt sind, bestand früher eine Einzäunung (L 7520 Reutlingen: Hölzlestor und Heuberger Tor 3502/5379). Der Name „Schwallung" zeigt einen früheren Stau für die Flößerei an (L 7314 Baden-Baden: 3448/5391). Eckige Vor- und Rücksprünge des Waldrandes sind bei Rodungssiedlungen häufig (L 7318 Calw: im NW). Als „Eichhalde" oder „Buchenberg" bezeichnete Waldstücke können heute durch anderen Bestand genutzt werden (Signatur beachten!).

Unregelmäßige schmale Schneisen an steilen Hängen sind in Verbindung mit Gondelbahnen oder Liften als Ski-Pisten zu deuten, geradlinige schmale Schneisen vielleicht als Trasse einer Wasserleitung (Blatt L 7320 Stuttgart-Süd: 3503/5388) oder einer (eingezeichneten) Hochspannungsleitung, doch läßt sich bei manchen auch aus der Karte heraus keine Deutung finden. Bereits angesprochen wurden die Wald- und Baumgrenzen im Hochgebirge.

Hinweise auf den Baumbestand sind in der TK der alten BL trotz der Unterteilung in Laub- und Nadelwald knapp. So findet man auf Sandböden häufig Kiefern, kann dies im Kartenbild aber nicht erkennen. Die umgekehrte Folgerung, Nadelwald weise auf Sandböden hin, kann nicht mit Sicherheit gezogen werden, es sei denn, es gibt andere zusätzliche Hinweise (Dünen, Glashütten).

Merke: Der Baumbestand ist stark vom Menschen verändert worden.

Nutzungsänderungen sind nur indirekt und begrenzt ablesbar, z. B. an Flurnamen, die nicht zur heutigen Nutzung passen. Aufforstungen von *Grenzertragsböden* sind zwar wie normaler Wald bezeichnet, doch können eine starke Streuung kleiner Waldgebiete in ungünstigen Hang- und ortsfernen Lagen oder ein stark „ausgefranster" Waldrand darauf hinweisen (B 1). Ähnliche Waldgrenzen stellen sich ein, wenn sich *Sozialbrache* auf natürliche Weise bewaldet. Terrassen unter Wald oder Obstbäumen sind eindeutige Indikatoren für einen Nutzungswandel.

Bewässerung von Wiesen war früher in zwei Formen üblich: als Hangbewässerung, z. B. im Schwarzwald und im Wallis, und als Wiesenbewässerung in Tälern, vor allem im Siegerland. Sie dürfte aber kaum zu finden sein, denn diese Wirtschaftsweise ist praktisch verschwunden. Im Gebirge ist sie an den hangparallelen Wassergräben zu erkennen, die im Wallis Les Bisses genannt werden, z. B. in LKS 273 Montana (im Val de Nendaz ~590,5/112) und 274 Visp (626,5/129,6), in Tälern an der fingerförmigen Verzahnung von Be- und Entwässerungsgräben. *Entwässerung* ist an den Gräben erkennbar, die zum Vorfluter führen.

Fischzucht erkennt man an dem Vorhandensein von mehreren kleinen Fischteichen an Wasserläufen in Gebirgstälern oder an zahlreichen Stauteichen. Letztere weisen meist auf ehemals klösterliche oder – wie in Württemberg im Zabergäu – auf frühere herrschaftliche Fischwirtschaft hin.

Ländliche Siedlungen

Zunächst fragen wir nach der *Größe:* Sind Einzelhöfe zahlreich oder vorherrschend, sind es Güter oder Weiler, haben wir es also mit Streusiedlung zu tun, oder herrschen geschlossene Siedlungen mit kleinen und/oder großen Dörfern vor? Wie groß sind die Städte? Man mag die Schriftgröße als Maßstab für die Größe der Siedlungen heranziehen, bedeutender als die absolute Zahl ist jedoch das relative Größenverhältnis der Siedlungen zueinander. Wichtig für die Beurteilung ist auch die Relation Ortsgröße : Flurgröße.

Weiter ist zu fragen nach der topographischen *Lage.* Viele Dörfer liegen wegen der Wasserversorgung in Quellmulden, andere an Wasserläufen, an Mündungen kleinerer in größere Flüsse oder an Sielen. Wichtig war und ist eine hochwasserfreie Lage, z. B.

auf dem Gleithang oder auf einem Schwemmfächer. Günstig war auch die Lage an Verkehrswegen: die Furt-, Brücken- oder Paß-Lage. In Gebirgen bilden Terrassen oft günstige Siedlungslagen (ÖK 117 Zirl: Terrassen s des Inn). Am Oberrhein lagen die flußnahen Siedlungen hochwasserfrei auf der Niederterrasse und konnten damit die Terrasse für den Ackerbau, die Aue für die Heugewinnung und evtl. den Fluß für den Fischfang nutzen. Der Nachteil bestand allerdings in der Gefährdung durch Hochwasser (Uferabbrüche, evtl. Siedlungsverlust) und Malaria. Auch die Lage an der Grenze der Geest zur Marsch ist günstig.

Merke: In der Landnahmezeit wurden nicht generell die besonders fruchtbaren Böden besetzt, sondern jene, die man damals am besten bearbeiten konnte und die klimatisch begünstigt waren. So wurde das fruchtbare Jungmoränenland im sö Oberschwaben erst in der hochmittelalterlichen Ausbauzeit besiedelt (SICK 1992, S. 367).

Jüngere *Ortserweiterungen* führten in Tälern oft zur Überbauung von Auen, die als Reserveräume für Überschwemmungen dienten. Hier stellt sich die Frage, ob der Hochwasserschutz gewährleistet wurde, etwa durch den Bau von Deichen.

Zu untersuchen ist auch die *Verteilung der Siedlungen* im Raum: Handelt es sich um lockere oder dichte Besiedlung, um Siedlungsreihen oder -gassen (an Flüssen, in Tälern), gibt es Siedlungsschwerpunkte? Gibt es Teilräume mit unterschiedlichen Dichten? Warum? Und wenn es Städte gibt: Wie groß ist der Verstädterungsgrad?

Die Zahl der *Ortsformen* ist groß, doch treten innerhalb eines Blattes meist nur wenige Formen auf (vgl. die Karte in SCHRÖDER/SCHWARZ 1978). Insbesondere sind ungeregelte, geregelte und geplante Siedlungen zu unterscheiden (vgl. Abb. 12, 13, 18, 20, 22, 31 und B 1).

1. *Streusiedlungen*
Einzel- und *Doppelhöfe*, seien es alte oder junge. Streusiedlung bei normalen Weilern oder Dörfern ist durch Aussiedlung entstanden – man denke an die Vereinödung (SICK 1952). Neuere Aussiedlung (Flurbereinigung) ist anzunehmen, wenn ein etwa rechtwinkliges Wegenetz vorhanden ist. Die frühere Aussiedlung bevorzugte Einzelhöfe, die neue dagegen Gruppen von 2 bis 4 Höfen.
Schwarmsiedlungen: etwas dichter angeordnet, stellenweise mit Weilern (evtl. kleine Zentren mit Rathaus und Schule),
Gutsweiler (oder -dörfer) und *Domänen*, die neben dem Gutshof oder sogar etwas abseits einige Arbeiterhäuser aufweisen, mitunter getrennt voneinander und sogar mit Kirche.

2. *Gruppensiedlungen* mit mindestens drei Gehöften und evtl. anderen Gebäuden.
a) Hierher gehören beispielsweise Reihensiedlungen, in denen die Gehöfte entlang einer Straße oder eines Wasserlaufs als *Zeilendorf* in einer Zeile oder als *Reihendorf* beidseitig aufgereiht sind, wie
Wald-, Moor-, Marsch-, Deich- und *Hagenhufendörfer*. Sie sind an der streifenförmigen Aufteilung der Flur mehr oder weniger senkrecht zu einem Weg, Deich oder Graben erkennbar, der nicht unbedingt geradlinig sein muß. Die vom Ort weg führenden Wege verlaufen mehr oder weniger parallel, aber nicht unbedingt geradlinig. Häufig steht jedes Gehöft auf der zugehörigen Hufe („mit Hofanschluß", L 7318 Calw: 3479/5403 Beinberg u. a.), was bedingt, daß die Gehöftabstände relativ groß sind (heute

aber z. T. zugebaut). Dies ist jedoch nicht immer der Fall („ohne Hofanschluss", also mit dichter bebauten Dörfern, L 7318 Calw: 3476/5406 Schwarzenberg u. a.). Beispiele findet man für Waldhufendörfer auch in L 7316 Wildbad (Hornberg: 3468/5387), für Moorhufendörfer in L 2524 Hamburg-Harburg, L 2712 Westerstede und L 3308 Meppen, für Marschhufendörfer in L 2322 Stade). Allerdings muß man bei der Typisierung der Siedlungen die ursprüngliche Form suchen und neueres Wachstum, insbesondere Verdichtung zunächst außer Betracht lassen.
Straßendörfer, in denen die Häuser eng entlang der Straße in mehr oder weniger gleichmäßigen Abständen aufgereiht sind (L 7516 Freudenstadt: Herzogsweiler 3466/5374). Netzförmig angelegte *Mehrstraßendörfer* und *Großdörfer* zeigen die ÖK 78 Rust, 79 Neusiedl, 108 Deutschkreutz und 109 Pamhagen, ungerade Straßendörfer beidseits von Bächen ÖK 23 Hadres.
Verwechslungen sind möglich, wenn abgebrannte oder zerstörte Dörfer in einem gleichmäßigen Grundriß wieder aufgebaut wurden wie Frohnhausen und Manderbach (L 5314 Dillenburg: 3448/5628, 3451/5627; s. ERNST/KLINGSPORN 1969, Nr. 35, BORN 1977, Abb. 9).
Sackgassendörfer, in denen die Straße (meist an einem Platz) endet.
b) Unregelmäßige Dörfer:
Haufen- und *Wegedörfer*. Erkennbar an der regellosen Lage der Gehöfte und der regellosen Wege- (Straßen-) Führung.
Platzdörfer wie *Angerdörfer* (die Straße teilt sich und spart einen Platz aus), *Rundlinge* (Gehöfte rund um den Platz angeordnet und auf ihn ausgerichtet), *Runddörfer* auf Wurten, *Fortadörfer* mit freiem Platz (auf Fehmarn, in Dänemark). Ihr Merkmal ist der längliche, runde oder etwa viereckige Platz in der Ortsmitte, der allerdings mit Teich (Viehtränke, Löschwasser), Gemeinschaftsbauten wie Kirche, neuerdings auch Schule, Feuerwehr u. ä. besetzt sein kann. Beispiele finden sich für Angerdörfer in Brandenburg, für Rundlinge in Wendland und Priegnitz, für Runddörfer bei Emden und für Fortadörfer auf Fehmarn.
Bei den *Ortsformen* können allerdings schon früher wesentliche Veränderungen erfolgt sein, beispielsweise durch Zusammenlegung, Gutsbildung, Verdichtung, Aussiedlung („Vereinödung"), Anlegung von Seldnergassen, Neuaufbau nach Zerstörung (BORN 1977, S. 104ff., insbes. Abb. 9–23). Ist dies erkennbar, sollte man es ansprechen.

Merke: Der mittelalterliche Ortsgrundriß ist in der TK nicht mehr erkennbar. Deshalb lassen sich Veränderungen des Grundrisses allenfalls für die Neuzeit ablesen. Die *Flurformen* sind nur in besonderen Fällen zu erkennen.

Die Untersuchung der Ortsform ist durch die Ermittlung der *Gehöftformen* zu ergänzen, soweit diese erkennbar ist. Zu denken ist an:
Einhäuser (Wohnung und Wirtschaftsteil unter einem Dach).
Hakenhöfe, d. h. auf einem schmalen Grundstück gewinkelt angeordnete Gebäude.
Drei- und *Vierseithöfe* mit Gebäuden an drei oder vier Seiten des Hofes. Ein schönes Beispiel bietet die ÖK 34 Perg mit der Streusiedlung großer Vierseithöfe.
Güter und *Domänen*, bei denen die Gebäude häufig um einen Platz angeordnet sind. Das Herren- oder Verwalterhaus steht in den klassischen Gutsanlagen (soweit sie erhalten sind) an einer Schmalseite, das Torhaus meist gegenüber, während die großen

96   4 Geographische Analyse topographischer Karten

Wirtschaftsgebäude die Langseiten beiderseits des Hofes einnehmen. Die „Häuser" in Westfalen (Wasserburgen, z. B. L 4110 Münster: 2596,5/5760,5 Haus Havixbeck) und die Güter in Ostholstein sind oft noch von Wassergräben umgeben (L 1930 Neustadt: Hasselburg), manche weisen eine Burgruine auf, manche auch Weiler für die früheren Gutsarbeiter (Altenkrempe bei Hasselburg).

In den neuen BL sind in allen dörflichen Siedlungen, mitunter auch bei kleinen Städten randlich oder etwas abgesetzt größere Gebäude zu erkennen, die in den alten Karten als *Ställe* bezeichnet sind. Sie wurden in der DDR-Zeit für die Genossenschaften errichtet, werden aber auch jetzt noch genutzt. Im Grundriß erscheinen sie häufig als parallel angeordnete Gebäude oder Anbauten oder als nur ein Gebäude, wenn mehrere Stalleinheiten unmittelbar aneinandergebaut sind (Abb. 22).

Zwei Beispiele seien genannt, als erstes aus L 2548 Pasewalk das Stallgebäude der ehemaligen LPG „Gute Zukunft" in Göritz (5428/5919,5, Abb. 21 + 22). Es handelt sich um eine Ende der 1970er Jahre gebaute Anlage mit fünf aneinandergebauten Ställen, in denen 1980 Stück Milchkühe standen, und mit mehreren Silos für die Silage. Zu dem Betrieb gehörten noch Ställe in Tornow (für Färsen) und in Alexanderhof sowie Weidebetriebe „Am Tanger" (für weibliche Jungrinder) und in den Uckerwiesen. Männliche Kälber wurden an Mastbetriebe, z. B. Ferdinandshof, abgegeben. Der in der TK verzeichnete Schornstein gehört zu einer Warmwasserbereitungsanlage. Der Betrieb wird jetzt (1997) genossenschaftlich mit gepachteten Ländereien als „Milchviehanlage Göritz" geführt und die Milch (wie bisher) an die Molkerei Prenzlau geliefert.

Abb. 21:   Die Stallgebäude der Milchviehanlage Göritz von W. Aufn. vom Verf. 7. 5. 1997. Vgl. hierzu Abb. 22.

Das zweite Beispiel ist in L 4350 Cottbus West das große, gegliederte Gebäude mit mehreren Innenhöfen (5438/5736). Man fragt sich, warum die Anlage so weit abseits von Siedlungen im Walde liegt. Sollte Geruch eine Rolle spielen? Diese Überlegung und die neben dem Komplex eingezeichneten Becken mit der Angabe „Jauche" lassen auf eine Schweinezucht- und/oder -mastanlage schließen. Tatsächlich handelt es sich, wie das Amt Vetschau dem Verfasser mitteilte, um einen Schweinezuchtbetrieb.

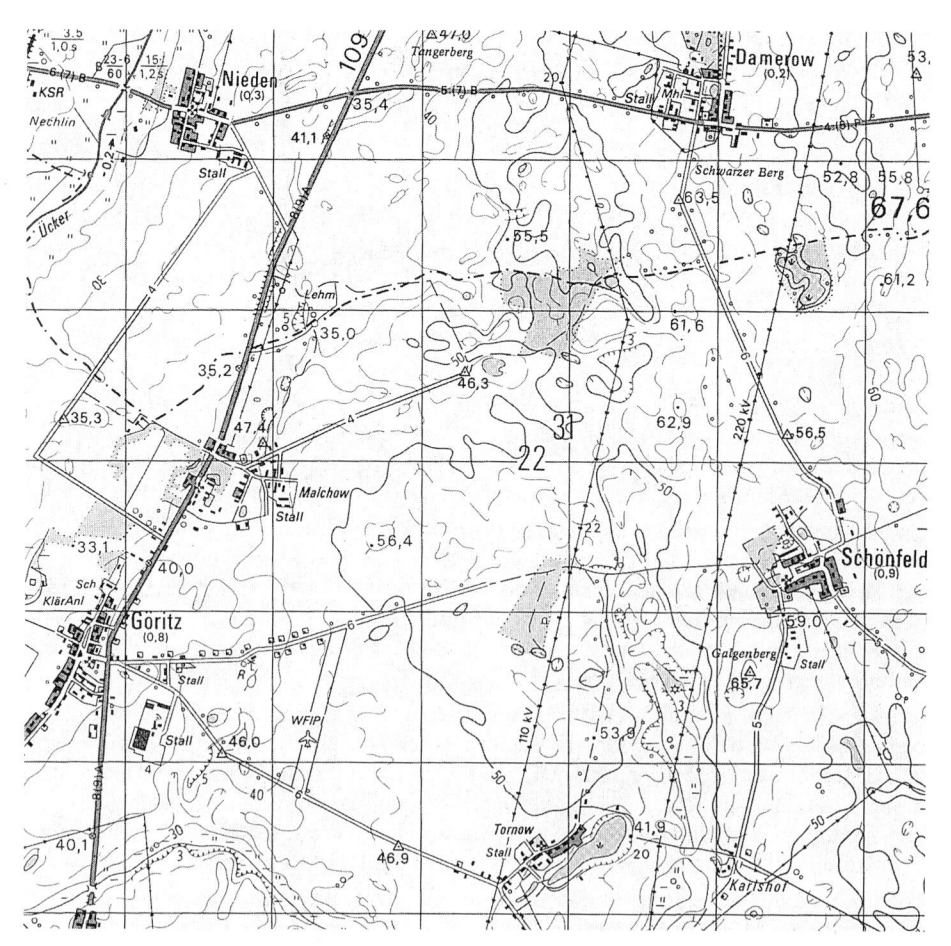

Abb. 22: Agrargebiet s Pasewalk. Unter den Ortsnamen die Einwohnerzahlen in Tausend. Die geringe Zahl von Feldwegen weist auf Großbetriebe hin. Ö Göritz liegt die in Abb. 21 gezeigte Stallanlage, weiter ö ein Wirtschaftsflugplatz. Bei Nieden im NW sind hydrographische Angaben zur Ucker und Daten der Brücke eingetragen, an der B 109 Angaben zu Straßenbreite und -belag, an der Stromleitung zur Spannung. Im SW ein Steilrand mit der Höhenangabe 3 m. Das Gitternetz hat eine Maschenweite von 1 km. Ausschnitt aus der TK 1:50000, Blatt AS N-33-88-D Pasewalk S, Ausgabe 1989. Nutzung mit Genehmigung des LVermA Brandenburg Nr. GB 49/98.

In den neuen TK fehlt meist der Hinweis auf Ställe. Deshalb ist eine Verwechslung mit Gewerbegebieten, wie sie nach der Wende bei größeren Siedlungen errichtet wurden, möglich. Man schaue sich deshalb die Grundrisse genau an und überlege, wie Ställe und wie Gewerbebetriebe angeordnet sein könnten.

Ähnliches Aussehen haben die Ställe für *Tiermassenhaltung* in den alten BL, so die Hühnerfarm in L 3314 Vechta (3450,5/5848), die in der Ausgabe 1980 als solche bezeichnet ist, in der Ausgabe 1989 aber nicht mehr, oder die Hühnerfarmen in L 6316 Worms (3459,5/5511, 3555/5514, 3555/5515). Ob die Angabe im Blatt Vechta infolge Rationalisierung weggefallen ist oder ob die Anlage eine andere Funktion bekommen hat, läßt sich nach der TK nicht entscheiden.

Im Hochgebirge fällt in der TK die *Almwirtschaft* auf. Wo sie im Stockwerksbetrieb erfolgt, weisen Namen wie *Stafel* und *Maiensäß* oder rätisch Alm Prüma und Alm Secquonda (erste bzw. zweite Alm) darauf hin. Manche Almen verfügen über Materialseilbahnen. Wo Höhensiedlungen nur sommers bewohnt sind, ist dies nicht erkennbar.

Nächst der Ortsform ist zu prüfen, ob die Siedlungen insofern strukturiert sind, als neben den Höfen Bereiche mit bäuerlicher Unterschicht vorhanden (bzw. erkennbar) sind. Auch ist zu fragen, ob die Größen von Dorf und Flur zusammenpassen oder ob neben der Landwirtschaft ein weiterer Erwerbszweig anzunehmen ist und welcher das sein könnte. Häufig ist das Dorf von einem Gürtel von Hofgärten umgeben.

Im nächsten Schritt untersuchen wir die *Ortsnamen*, weil sie als zeit- und raumgebunden einen Hinweis auf den Besiedlungsgang und die frühere Struktur des Raumes geben können. Dabei beziehen wir hier der Einfachheit halber die Städtenamen mit ein. Welche Namensgruppen treten gehäuft auf und wie verteilen sie sich im Raum? Welche Schlüsse lassen sich daraus ziehen? Wir müssen uns allerdings auf das heute deutschsprachige Gebiet beschränken.

Merke: Ortsnamens- und Ortsformensgruppen kommen nicht überall in Mitteleuropa in gleicher Weise und auch nicht immer zur selben Zeit vor, d. h. beide sind räumlich begrenzt und greifen regional teilweise auch in andere Epochen über. Sie sollten deshalb nur dann als aussagekräftig bewertet werden, wenn sie gehäuft erscheinen und ihre Deutung durch andere Indikatoren gestützt wird. Frühere, durch Umwandlung, z. B. durch Vereinödung veränderte Ortsformen sind nicht erkennbar.

Die nachfolgend beigefügte Übersicht zeigt, wie die wichtigsten Ortsnamensgruppen einzuordnen sind. Es ist dies ein Thema der Siedlungsgeographie, das hier nicht bis in Details hinein verfolgt werden kann, zumal es viele „Namenlandschaften" gibt und das Thema deshalb problematisch ist (LAUR 1997). Man vergleiche hierzu vor allem die Übersicht bei LIENAU (1995, S. 162ff.), die zeigt, welche Namen wo zu welcher Zeit üblich waren. Ähnliches gilt übrigens auch für die Aussprache der Namen (IMHOF 1968, S. 243ff.). Im übrigen muß auf die einschlägige Literatur verwiesen werden (BORN 1974, BORN 1977, S. 24f., FEZER 1976, S. 83ff., SCHICK 1985, S. 28ff., SCHRÖDER/SCHWARZ 1978 Karte!, SCHWARZ 1989, S. 187ff.). In der Übersicht werden zugleich die wichtigsten Ortsformensgruppen der einzelnen Epochen aufgeführt, doch soll damit keine Gleichsetzung erfolgen, es geht allein um die ungefähre zeitliche Einordnung! Vollständigkeit kann nicht angestrebt werden. Auch Erweiterungen der ursprünglichen Ortsformen durch Zusammenlegungen (z. B. in S-Deutschland ab 8. Jh.), Verdichtung (Bebauung des Dorfplatzes) und Ausbau (z. B. durch Seldner/Kätner/Kötter, Pendler usw.) müssen unberücksichtigt bleiben. Vgl. hierzu die Ortsnamen in Abb. 12, 13, 20, 22, und in B 1.

Die wichtigsten Ortsnamens- und Ortsformensgruppen im deutschsprachigen Raum und ihre zeitliche Einordnung

Epoche	Ortsnamensgruppen	Ortsformensgruppen
Kelto-romanisch (400 v.–400 n.)	-acum, -ich, -ig, -ach, -nich, -ie, -y, -ey, -ay, -er, -es, -ez, -magen (magus = Feld), Breg- (briga = Fels, Berg)	
Römisch (0–300)	-wol, -weil; wo Bewohner oder Bauwerke überdauerten Welz-, -Wal-, -Walch-	
Alt-germanisch (vor 300)	-ede, -idi, -ithi, -(h)em, (kurz gesprochenes) -e, -me, -pe, -tar, -lar (= Weide), -mar (= Teich, Sumpf)	Kleinsiedlungen
Landnahmezeit (~300–600)	Personennamen und -ingen (= Gruppe), -ungen, -ing, schweiz. auch -igen u. -ens, -heim (= Wohnplatz), -ingheim, -leben (= Hinterlassenschaft), -statt, -stedt, -stetten, -bur (=Haus), -büren, -beuren, -dorf, -torp, -(t)rup, -(w)ang (= Feld, Garten)	ungeregelte Gruppensiedlungen, Einzelhöfe und Hofgruppen, heute vielfach Haufendörfer
merowingische Ausbauzeit (500–800)	Sachlich oder lokalräumlich bezogenes Wort mit Wohnplatzbezeichnung -heim, -hausen, -husen oder (verkürzt) -sen, -hofen, -i(n)ghofen, -ikon, -dorf, -torp, -(t)rup, -stedt, -wei(l)er, -wil, schweiz. -ville, -werder (=Insel), -furt, -tun. Auch West-, Ost- usw., Ober-, Unter-. -wurt, -warf, slawisch: -itz, -in, -ow, -a(h)n	Kleinsiedlungen, linear gerichtete Siedlungen, Haufendörfer, Fortadörfer, Wurtendörfer
Karolingische Ausbauzeit (700–1000) (im Norden Wikingerzeit)	Wohnplatzbezeichnungen: -hausen, -hofen, -wei(l)er, -wangen, -buren, -beuren, -dorf, -stetten, -statt, -feld Gewässerbezeichnungen wie -au, -bach, -bek(e), -born, -bronn, -ried, -wedel (= Furt), -by, -büll, -büttel, -bo(r)stel, -um, -toft, -wik	Einzelhöfe oder Hofgruppen, straßen-/angerdorfähnliche Formen, Haufendörfer Wurtendörfer und -höfe

(Fortsetzung auf der nächsten Seite)

Epoche	Ortsnamensgruppen	Ortsformensgruppen
Rodungszeit (900–1300)	Auf Rodung hinweisend: -rode, -roda, -rod, -rot, -rott, -(ge)reuth, -rüti, -rath, -rade, -brand, -sang, -scheid, -schwend, -hau, Hinweise auf Wald: -holt, -holz, -buch, -har(d)t, -grün, -hain, -walde, -wolt, -lohe, -lo, -busch, -horst, -weier, -wil, -scheid, -ohl Hinweise auf Landgewinnung und Kolonisation: -deich, -damm, -ried, -moos, -brück, -seif(en), -siep(e) (=Sumpf), -hagen. Gründernamen im Genitiv Kirchliche und Heiligennamen (ab 8. Jh.): -kirch(en), -münster, -zell(a),- kappel, Münch-, Mönch-, Bisch-, P(f)affen-, Pfäff-, Weih-, Sankt. Exponierte Bauten (mit zugehörigen Siedlungen): -berg, -burg, -fels, -stein, -eck. Auch -weiler, -dorf	Waldhufendörfer, Straßendörfer, Angerdörfer, Fortadörfer, Haufendörfer Marsch- und Moorhufendörfer, Hagenhufendörfer, Rundlinge, Sackgassendörfer
Frühe Neuzeit (1300–1600)	Wohnplatzbezeichnungen: -hof, -haus, -mark Geländebezeichnungen: -kessel, -hag, -grund, -leite Waldnutzung: -hütte, Kohl-	Einzelhöfe und Weiler, Straßen- und Angerdöfer
Absolutismus (1600–1800)	Vornamen von Fürsten und Fürstinnen mit -feld, -tal, -koog, -siel, -berg, -bad Auf Moorkolonisation hinweisende Namen: -fehn, -moor	Reihendörfer, Straßen-, Straßen- kreuz-, Platz-, Angerdörfer Marsch- und Fehnsiedlungen Einzelhöfe, z. T. durch Vereinödung
19./20. Jh.	-hof, -holz und nach Flurnamen	Einzelhöfe Aussiedlerhöfe und -hofgruppen
1970er Jahre	Kunstnamen infolge Verwaltungsreform	

Hierzu sind einige Ergänzungen notwendig. Gibt es benachbarte Orte mit gleichen Namen, so ist derjenige mit dem Zusatz der jüngere:

    Achern – Oberachern (L 7314 Baden-Baden: 3432/5388),
    Sasbach – Sasbachried (ebd. 3422/5391).

Ein Altersunterschied wird mit den Zusätzen Alt- und Neu- (niederdeutsch Nien-) ausgesprochen:

    Altenrode – Nienrode (L 3928 Salzgitter-Bad: 3601-02/5770),
    Althengstett – Neuhengstett (L 7318 Calw: 3483/5399),
    Altlußheim – Neulußheim (L 6716 Speyer: 3464/5462).

Neu- vor Namen neben Talsperren oder Tagebauen weist auf Umsiedlung hin, steht aber nicht immer.

Ein Altdorf, Altenstadt, Ohlstadt o. ä. nahe einer Stadt zeigt die ursprüngliche Siedlung an, von der aus oder auf deren Gemarkung die Stadt (wahrscheinlich) gegründet wurde:

    Oldenstadt nö Uelzen (L 3128 Uelzen),
    Altendorfer Berg ö Einbeck (L 4124 Einbeck: 3563/5743,5).
    Altbulach bei Neubulach (L 7318 Calw: 3478,5/5392)
    Retz-Altstadt nw Retz (ÖK 9 Retz)

Der Name Neustadt ist dagegen (außer bei Vorstädten) kein Hinweis auf eine Gründung nahe einer alten Stadt.

Ortsnamen mit Frei- (Freiberg, Freital, Freiheit) weisen auf frühen Bergbau hin, für den die Bergleute besondere Freiheiten erhielten (L 4326 Osterode: 3587,5/5734), ähnlich Namen auf -seifen; Namen auf -hütte und -hammer zeigen die frühere Verarbeitung von Erzen an, der Name Glashütte die Herstellung von Glas (Hinweis auf Sandgestein).

Östlich einer Linie, die von Kiel nach Lauenburg und weiter, über die Elbe nach W hinübergreifend, zur Mündung der Saale und der Saale folgend bis nach Oberfranken hinein verläuft, sind seit dem 6./7. Jh. slawische Ortsnamen (der Wagrer, Polaben, Sorben) stark vertreten (TRAUTMANN 1948, JANKUHN 1957, S. 102ff.). Auch in Österreich kommen ursprünglich slawische Ortsnamen vor, insbesondere im NO und an der Grenze gegen Slowenien (wo noch heute eine slowenische Minderheit lebt). Besonders häufig sind mit Personennamen verbundene Endungen auf -in (sprich -ihn, z.B. Berlin, Schwerin), -ow (sprich -oh, z.B. Güstrow, Damerow in Abb. 22), -itz (Göritz Abb. 22), -(t)z (Preetz), -gast (Wolgast). Daneben treten aber auch andere Endungen (z.B. in Parchim, Seelübbe/Krs. Uckermark) und einsilbige Namen auf (Plön, Zerbst). Vielfach sind die Endungen eingedeutscht (z.B. Lankau/Krs. Herzogtum Lauenburg, Lübbenau, Dessau), oder slawische Namen haben deutsche Endungen erhalten (Ratzeburg, Schlamersdorf/Krs. Segeberg) oder wurden gar übersetzt (Oldenburg/Holstein aus Starigard) (vgl. STURMFELS/BISCHOF 1961). Aus Österreich nennen wir den häufiger vorkommen Namen Feistritz sowie Endungen auf -itsch und -nik (Abb. 20: Gailitz). Die Darstellung TRAUTMANNS zeigt, daß es sich um ein sehr komplexes Thema handelt, das hier nur andeutungsweise angesprochen werden kann, zumal auch planmäßige Ansiedlungen von Slawen vorgekommen sind wie im 12. Jh. im Wendland (MEIBEYER 1964).

Zusätze wie Deutsch-, -Sachsen-, Welsch-, Wendisch-, Windisch- u. ä. deuten meist auf Umsiedlungen, insbesondere während der fränkischen Kolonisation, zumindest aber auf ein früheres Nebeneinander verschiedener Volksgruppen hin. Wo neben deutschen Namen auch andere genannt sind, zeigen sie an, daß dort eine Minderheit mit eigener anerkannter Sprache existiert wie in Brandenburg die Sorben und in der Schweiz die Rätoromanen.

Französische Dorfnamen in Deutschland gehen auf die Ansiedlung von Kolonisten bzw. Glaubensflüchtlingen aus Frankreich oder der Schweiz im 18. Jh. zurück:

    Beauregard im Oderbruch (TK 50 VW 0710-3 Bad Freienwalde: 5447/5845),
    Croustillier (ebenda: 5440,5/5851),
    Die Waldenserdörfer Perouse, Serres und Pinache (L 7118 Pforzheim: 3493/5408, 3491/5417, 3489/5419).

Die ursprünglich französisch sprechende Bevölkerung ist inzwischen allerdings eingedeutscht. Namen wie Sanssouci, Monrepos, Eremitage, Favorite bezeichnen fürstliche Ruhesitze des Absolutismus.

Auf holländische Ansiedler (in Flußmarschen) weist Holler(n)- hin. Namen wie Pattonville (L 7120 Stuttgart-Nord: 3516,5/5415), Patrick-Henry-Village (L 6716 Speyer: 3473/5471) oder Kleinkanada (L 7314 Baden-Baden: 3434,5/5406) bezeichnen Wohnsiedlungen, die Anfang der 1950er Jahre, z. T. in der Form einer Wagenburg, für Angehörige von Besatzungstruppen errichtet wurden (Abb. 25 + 28). Einige (wie Pattonville, das in 52 dreigeschossigen Wohnblöcken und einigen Offiziershäusern ~3000 E. hatte, und die Amerikanische Siedlung in SO-München) sind inzwischen infolge der Reduzierung der Truppen in deutsche Hände übergangen.

Der Name oder Zusatz „Kolonie" zeigt eine Arbeitersiedlung des 19. Jahrhunderts an. Er ist besonders in Bergbaugebieten verbreitet, kommt aber auch andernorts vor:

        Kolonie Westhausen (L 4510 Dortmund: 2595/5713),
        Kolonie Godenau (L 3924 Hildesheim: 3554/5764),
        Kolonie Kaliwerk (ebd. 3550/5770).

Jung sind ebenfalls Siedlungen wie

        Bahnhofsiedlung (TK 25 3928 Salzgitter-Bad: 3595/5765, jedoch nicht in L 3928),
        Heimstättensiedlung (L 6116 Darmstadt-West: 3464/5534),
        Eigenheim (L 5914 Wiesbaden: 3446/5552),
        Gartenstadt (L 4510 Dortmund: 3396/5708),
        Waldstadt (L 6916 Karlsruhe-Nord: 3459/5433),
        Siedlung Büchenauer Wald (ebd. 3469/5442).

Treten neben älteren Ortsnamen auch jüngere auf, so ist ein nachträglicher Ausbau anzunehmen. So finden wir z. B. in L 3924 Hildesheim neben Namen auf -e und -stedt auch solche auf -holzen und -rode, in L 3928 Salzgitter neben -e und -um auch -rode und -burg.

Man muß allerdings immer damit rechnen, daß Namen im Laufe der Zeit sprachlich verfälscht, falsch aufgenommen oder geändert wurden (s. MÄDER 1996, S. 61). So ist Öhringen (von Oringove = Ohrngau) kein ingen-Name und ist Pegnitz nicht slawischen, sondern keltischen Ursprungs (von pegnts) (HUTTENLOCHER 1972, S. 96, SCHICK 1985, S. 28 mit weiteren Beispielen). Schröck am Oberrhein erhielt 1833 den Namen Leopoldshafen (L 6916 Karlsruhe-Nord), und Le Bourset (Waldensersiedlung von 1700) wurde 1715 zu Neuhengstett (L 7318 Calw, MILLER/TADDEY 1965, S. 569). Mit der Verwaltungsreform eingeführte *Kunstnamen* können Falsches vortäuschen. So wurden Namen wie Taunusstein, Albstadt, Filderstadt, Blaustein, Heroldstatt und Kraichtal gebildet, deren Endungen also nicht zu einer Datierung dienen können. Man muß deshalb die Namen der Ortsteile prüfen, um ersehen zu können, ob die Siedlungen unter einem neuen oder einem alten Namen zusammengefaßt wurden. Bei Doppelnamen (z. B. Bietigheim-Bissingen) besteht dieses Problem nicht.

Um die frühere Siedlungsentwicklung zu verfolgen, ist es aber auch notwendig, *vor- und frühgeschichtliche Wohnplätze* und die *Wüstungen* in die Betrachtung einzubeziehen. Die TK enthalten hierzu in einigen Blättern viele, in anderen dagegen nur wenige Hinweise (Abb. 19), und nur in wenigen Fällen ist eine „Keltensiedlung" bezeichnet (ÖK 159 Muran: bei Muran) oder sogar der römische Name angegeben (LKS 214

Liestal: 621,4/264,8: Augusta raurica, 242 Avenches: 570,3/192,2 Aventicum). Wir nennen in der folgenden Übersicht einige Beispiele, ohne für die genannten Blätter Vollständigkeit anzustreben. Mit aufgenommen sind zugleich Zeugnisse früheren Rechtsbrauchs, die historisch zweifellos interessant, für die heutige Struktur des Raumes aber ohne Bedeutung sind (z. B. Galgenberg und Galgenäcker in Abb. 12).

Objekt	L 7326 Heidenheim	L 5914 Wiesbaden	L 7316 Wildbad
Hünengräber (bronzezeitlich	3574/5405 3592/5402,5	3429,4/5548,5 3435,3/5558,5	– –
Vorgeschichtliche Wälle	3595/5398 3592/5397	3430/5446,3 3432,8/5449	– –
Römische Anlagen*	3593/5404 (Straße)	3443,5/5562 Limes, Türme, Kastelle	– –
mittelalt. Burgruinen	viele	wenige	mehrere
Als „ehem." genannte Orte	3587/5404 Hubatsweiher	–	3465,5/5385,5 ehem. Mühle u.a.m.
Flurnamen, die auf Wüstungen hinweisen	3579/5397 Hitzingsweiler, Hitzinger Steige		
Alte Straßen	3593/5404 Römerstraße	Eisenstraße n Taunusstein	3455/5387 Alte Weinstraße
Richtstätten	3573/5389 Galgenberg	3431,3/5559 Galgenkopf	–
Kreuzsteine	3579,8/5387,1 Vötterstein	3450,7/5542,8	3467/5404

* Heutige Gehöfte mit dem Namen „Römerhof" sind gewiß nicht römischen Ursprungs, zumal wenn sie in einer offensichtlich bereinigten Flur liegen (L 6920 Heilbronn: 3502/5446,5).

Der Vergleich zeigt, daß Zeugnisse früherer Epochen außerhalb der Siedlungen in sehr unterschiedlicher Dichte verzeichnet sind. Auch sind nicht alle solche Objekte überall zu finden, vielmehr kommen einige (Kelten- und Römersiedlungen, Steinkreuze) nur in bestimmten Gebieten vor.

Merke: Von früheren Siedlungsplätzen sind in der Karte nur wenige benannt oder erschließbar. Deshalb läßt sich aus der heutigen TK nichts über die frühere Siedlungsdichte aussagen. Gleichwohl ist eine historisch-genetische Betrachtung zumindest begrenzt möglich.

Immerhin kann man feststellen – und darauf kommt es an –, daß im Lauf der Zeit manche Umbewertung erfolgt ist. So manches heutige Waldstück war in früherer Zeit besiedelt und landwirtschaftlich genutzt (worauf auch Weinberg- und Ackerterrassen hinweisen, sofern sie eingetragen sind). So dürfte die als Kulturdenkmal verzeichnete Ruine „Leiselberger Kirche" im Staatsforst Katlenburg (L 4326 Osterode: 3572,5/ 5722) eine kleine verschwundene Siedlung anzeigen. Auch ein auffallender Baum an einem Wegekreuz, noch dazu mit einem Wirtshaus, kann ein verschwundenes Dorf bezeichnen. Im Falle von Wüstenhausen (L 6920 Heilbronn: 3520/5438) wurde der Platz offenbar später wieder besiedelt. Ebenso sind Ortsnamen enthaltende Wege- und Flurbezeichnungen als Indikatoren zu werten, wenn es keine Orte mit den betr.

Namen gibt, z. B. „Volksfelder Trift" und „Babenser Berg" (L 4324 Moringen: 3555/5726 und 3552,5/5722) (s. S. 42). So manche Siedlungen in Ungunsträumen wurden zu Zeiten eines Bevölkerungsrückgangs verlassen.

Aus allen diesen Überlegungen ist jetzt festzustellen, wann die Wüstungen, die sich nachweisen lassen, und die noch bestehenden Siedlungen entstanden (Ortsnamen) und wo sie lagen bzw. liegen, mit anderen Worten, welche Räume als Gunst- und Ungunsträume für die landwirtschaftliche Nutzung anzusehen sind. Sind die abgegangenen Siedlungen vielleicht „verspätet" in ungünstigeren Räumen angelegt worden? Beispiele finden sich in L 7522 Bad Urach: Zizel*hausen* und Achen*buch* (3527,5/5364 und 3542/5367) neben älteren Orten mit Namen auf -ingen. Eine Angabe, wann und warum Siedlungen aufgegeben wurden, ist allerdings nicht möglich. Sicherlich waren alle verlassenen Orte nicht sehr groß, sonst gäbe es in dem dicht mit Dörfern besetzten NW des Blattes L 4922 Melsungen nicht so viele Wüstungen.

Vorsicht ist bei den *Schanzen* geboten. Bei den „keltischen Viereckschanzen", die südlich des Mains verbreitet sind, handelt es sich nicht um Verteidigungsanlagen, sondern um ehemalige Kultstätten (BITTEL/SCHIEK/MÜLLER 1990). Ringwälle ö von Elbe und Saale können von Slawen angelegt worden sein. „Schweden-" oder „Franzosenschanzen" werden vom Volk zwar so bezeichnet, doch ist damit keineswegs gesagt, daß sie tatsächlich im 30jährigen Krieg oder in den Franzosenkriegen gebaut wurden. Von der „Eppinger Linie" ist allerdings bekannt, daß sie 1693 gegen die Franzosen angelegt wurde (L 6918 Bretten: 3486/5430). Eine Michaels- oder Peterskirche auf einem beherrschenden Berg zeigt ein vorchristliches Heiligtum an.

Manche Eintragungen vermag nur der Eingeweihte zu bewerten. In der ÖK 203 Maria Saal z. B. ist nördlich des Ortes der „Herzogsstuhl" bezeichnet. Daß dort früher Recht gesprochen wurde, ist der Karte nicht zu entnehmen.

Wie ging die Entwicklung der Siedlungen bzw. der Räume weiter? Manche Dörfer erfuhren bis heute keinen Ausbau (L 2748 Prenzlau: 5414/5915 Schapow, L 7524 Blaubeuren: 3573/5384 Zähringen), während andere zu *Arbeiterwohngemeinden* oder *Industriedörfern* gewachsen sind. Erkennbar ist das Wachstum daran, daß neben dem alten Ortskern (um die Kirche) neue Straßen entstanden sind (Abb. 31). Der Grund des Ausbaus kann in der Ansiedlung von Industriebetrieben liegen (B 1: 3519/5366 Unterhausen mit Textilindustrie aufgrund der Wasserkraft) und/oder in der Nähe zu wichtigen Zentren (Pendler, B 1: 3521/5365 Holzelfingen). Die Frage ist nun, ob der gesamte Raum eine einheitliche Entwicklung erfuhr oder ob es innerhalb des Kartenblattes Unterschiede gibt, vielleicht je nach der Entfernung vom Zentrum oder je nach Verkehrsanschluß, oder ob generell ein Wachstum ausgeblieben ist. Läßt sich die Antwort begründen? Für die neuen BL ist dabei die Siedlungspolitik der früheren DDR-Regierung zu berücksichtigen, die auf eine Konzentrierung und Spezialisierung in Genossenschafts-Betrieben abzielte.

Mit dieser Thematik ist zugleich die Frage nach der Struktur der ländlichen Siedlungen angesprochen: alte Kerne und neue Randgebiete, sei es mit Einzel- und Doppelhäusern oder mit größeren Miethäusern, vielleicht randliche Industriebereiche, zentrale Genossenschafts-Einrichtungen (Abb. 22: Göritz mit Stall und Flugplatz), vielleicht auch mit einem Schloß des früheren Ortsadels oder mit einem Gutsbetrieb, dessen Be-

deutung an seiner Größe abzuschätzen ist. Zahl und Größe der Gehöfte lassen auf die Betriebsgrößen schließen, bei denen auch das Erbrecht zu bedenken ist (Anerbenrecht: wenige, aber größere Höfe, Erbteilung: viele kleine Gehöfte).
Zu bewerten sind auch die gewerblichen Siedlungen des ländlichen Raumes: Mühlen verschiedener Art, Sägewerke, Hammerwerke, einzeln stehende Wirtshäuser usw. Haben sie ihre Funktionen bis heute erhalten? Auf Wandel weisen z. B. Wirtshäuser mit dem Namen -mühle hin.
Nach diesen Überlegungen können wir die Entwicklung der Agrarlandschaft zumindest seit der Landnahmezeit grob skizzieren, für die Neuzeit auch näher beschreiben und ihre heutige Struktur erklären, indem wir fragen und begründen:
Gibt es Zeugnisse früherer Epochen? Von wann? Welche (z. B. Hünengräber, Römersiedlungen)? Auch Zeugnisse früheren Waldgewerbes (Glashütte, Kohlplatz)?
Wann entstanden die heute noch bestehenden Siedlungen (Ortsnamen, Ortsformen)? Handelt es sich um Altsiedelland oder Jungsiedelland? Wurde das Siedlungsnetz nachträglich verdichtet? (Man untersuche z. B. die Verteilung der Ortsnamensgruppen in den Blättern L 6916 Karlsruhe-Nord und L 7318 Calw.)
Erfolgte die Besiedlung ungelenkt, gelenkt oder geplant (BORN 1977, S. 40ff.)?
Lassen sich Wüstungen nachweisen? Welchen Ortsnamensgruppen gehören sie an?
Wie ist der Raum hinsichtlich Gunst und Ungunst, wie eine unterschiedliche Waldverteilung zu bewerten?
Wie haben die Dörfer sich in jüngster Zeit entwickelt (Aufforstung von Grenzertragsböden, Aufbau neuer Wirtschaftszweige wie Tiermassenhaltung, Ausbau durch Pendler, Industrie/Gewerbe, Wochenend-/Feriensiedlungen)? Welches sind, soweit erkennbar, die treibenden Kräfte?
Welche Aussagen sind über die Bevölkerungsstruktur möglich?
Lassen sich nach heutigen Funktionen und Strukturen bestimmte Siedlungstypen ausweisen, z. B. das „alte", fast unveränderte Haufen- oder Straßendorf, das Weinbaudorf, das durch Pendler geprägte Dorf oder das Industriedorf?
In einigen Bundesländern werden ländliche Siedlungen mit besonderen Funktionen amtlich besonders benannt: in Bayern als „Markt", in Niedersachsen als „Flecken". Beispiele sind Dollnstein und Wellheim (Abb. 12), Mönchberg (L 6320 Miltenberg: 3519,5/5517,5), Duingen (L 3924 Hildesheim: 3548/5764), Delligsen (L 4124 Einbeck: 3555/5757). Man darf sie als Unterzentren bezeichnen.

Städtische Siedlungen

Bei der Betrachtung der städtischen Siedlungen können wir ähnlich vorgehen und zunächst fragen, wie sie hinsichtlich der *Größe* einzustufen sind.
In der Schriftgröße wird folgendermaßen gruppiert:

<10 000 E	2,75 mm	100 000 – 500 000	4,25 mm
10 000 – 50 000	3,25 mm	500 000 – 1 000 000	4,75 mm
50 000 – 100 000	3,75 mm	>1 000 000	5,25 mm

Wir wollen aber die in der Geographie übliche Klassifizierung zugrunde legen. In ihr rangieren als unterste Gruppe die *Zwerg-, Minder- und Kümmerstädte* (nach GRADMANN <2000 E.). Die Frage ist, warum sie klein geblieben oder verkümmert sind. Deshalb müssen wir klären, soweit dies aus der Karte heraus möglich ist, ob sie (zu) spät gegründet wurden, ob sie zu dicht beieinander oder zu sehr abseits liegen, ob sie – vielleicht wegen früherer territorialer Zersplitterung (die heute in der TK aber nicht feststellbar ist) oder wegen großer Wälder – ein zu geringes Umland haben oder ob die Verkehrsanbindung schlecht ist.

Als Beispiele für solche Städte, die lange stagnierten, seien genannt:
1. Rosenfeld (L 7718 Balingen). Abseits wichtiger Straßen, geringes Umland. (Gegründet ~1250.)
2. Schömberg (L 7718 Balingen), zwar an der wichtigen „Schweizer Straße" gelegen, aber ehemals in kleinem Territorium mit nur geringem Umland. (Gegründet Mitte 13. Jh.)
3. Wildberg (L 7318 Calw). Wenig tragfähiges Umland, nächste Städte (Calw und Nagold) zu nahe. (Gegründet im 13. Jh.)
4. Gnoien und Neukalen (L 2142 Gnoien). Nur wenig früherer Ausbau, neueres Wachstum erst durch den Bau von (vermutlich) Genossenschafts-Komplexen. Dünn besiedeltes agrarisches Umland, die etwas stärker gewachsenen Stadt Dargun zu nahe. Die TK gibt abgerundet die Einwohnerzahlen an: Gnoien 4000, Neukalen 3000, Dargun 4000.
5. Ähnliches gilt für Forchtenberg, Niedernhall und Ingelfingen (L 6722 Öhringen) mit Abständen von nur 5 bzw. 4 km, wobei Niedernhall auch nur 4 km von Künzelsau entfernt ist (frühere territoriale Zersplitterung).
6. Drosendorf-Stadt (ÖK 8 Geras) und Retz (ÖK 9 Retz).
7. Das verkehrsungünstig auf einer Kuppe gelegene Städtchen Romont und die abseits des Verkehrsweges gelegene Zwergstadt Gruyères (LKS 252 Bulle: 560,2/171,6 und 572,5/159,2).

Viele dieser Städte sind mit der Gemeindereform in eine höhere Kategorie gelangt, weil benachbarte Dörfer eingemeindet wurden und damit die namengebende Gemeinde den Grenzwert von 2000 E. überstieg. Man muß aber fragen, ob auch ohne die Eingemeindungen ein Wachstum erfolgt ist.

Der Größe nach unterschied man früher: *Ackerbürger-* oder *Landstädte* (bis 5000 E.), *Kleinstädte* (bis 20 000 E.), *Mittelstädte* (bis 100 000 E.) und *Großstädte* (>100 000 E.). Dagegen gliedert SCHWARZ (1989, S. 484) neuerdings: *Kleinstädte* <50 000 E., *Mittelstädte* 50 000–250 000 E., *Großstädte* >250 000 E. Eine genaue Zuordnung ist aus der Karte heraus allenfalls über die Schriftgröße möglich. Der Interpret sollte erwähnen, auf welche Gliederung er sich bezieht, und mit der Größe auch den Zentralitätsgrad ansprechen (s. u.).

Wichtig ist die Frage nach der topographischen und der geographischen *Lage*. Hier sei auf das verwiesen, was bei den ländlichen Siedlungen bereits gesagt wurde.

Die Typisierung der Städte kann nach verschiedenen Kriterien erfolgen, von denen Größe und Lage bereits besprochen wurden. Ein weiteres Kriterium ist das der Entstehung. Hier ist außer dem Namen der *Grundriß* der *Altstadt* zu betrachten.

1. *Gründungsstädte* sind erkennbar an dem „geordneten" Grundriß, z. B. Neubrandenburg, oft nach einem räumlich häufigen Muster. Meist ist er rund (Nördlingen) oder ~oval (Villingen), ~viereckig (Tangermünde) oder fünfeckig (B 1: Reutlingen), mitunter jedoch dem Gelände angepaßt (Dreieck mit drei Straßen bei Rosenfeld in L 7718 Balingen, mit zwei Straßen bei Drosendorf-Stadt in ÖK 8 Geras).

Wir nennen, ohne Vollständigkeit anstreben zu wollen:

Römerstädte, deren alter Kern ein geradliniges Straßennetz aufweist (Köln).
Dreistraßenanlage (LKS 242 Avenches: Murten, L 8314 Waldshut: Waldshut, L 7718 Balingen: Schömberg), bei denen die mittlere Straße die größere Bedeutung hat.
Kreuzform (Straßenkreuz) (L 7916 Villingen-Schwenningen: Villingen). Eine der Straßen diente als Straßenmarkt (Rottenburg).
Eine Zuordnung zu bestimmten Herrschergeschlechtern („Zähringerstädte" mit Straßenkreuz) sollte man nicht vornehmen, denn es gibt z. B. von den Zähringern gegründete Städte mit verschiedenen Grundrissen (Bern mit Dreistraßenanlage, Villingen mit Straßenkreuz und andere, s. MECKSEPER 1982, S. 80 f.), andererseits Städte verschiedener Herrschergeschlechter mit gleichem Grundriß (habsburgisch Waldshut, zollerisch Schömberg und zähringisch Murten mit Dreistraßenanlage).
Stadt mit *Straßenmarkt* wie Straubing.
Marktstadt der Ostkolonisation (viereckiger Marktplatz mit in der Regel acht abzweigenden Straßen, L 2546 Woldegk: Woldegk)
Frühneuzeitliche *Gründungsstädte* mit mühlespiel-, schachbrett- oder fächerförmigem Grundriß (Freudenstadt 1599, Mannheim 1606, Karlsruhe 1715). In der Regel handelt es sich um neue Residenzen (Ludwigsburg 1704), doch gehören auch einige Handelsstädte, insbesondere Hafenstädte hierher (Friedrichstadt/Eider 1619, Karlshafen 1699). Was könnte den Gründer veranlaßt haben, gerade den betr. Standort zu wählen? Die Jagd, das verfügbare Terrain, der erhoffte Güteraustausch? Nicht sichtbar ist, ob vorhandene Siedlungen dabei verschwinden mußten. Allerdings sind Fehlschlüsse dann möglich, wenn Städte nach einem Brande in geometrischem Grundriß wieder aufgebaut wurden (s. die Übersicht S. 109).

2. *Gewachsene Städte* mit unregelmäßigem Altstadtkern oder ohne einen solchen:

Alte *Handels-* und *Marktstädte* mit unregelmäßigem Grundriß (Esslingen in L 7320 Stuttgart Süd), oft mit mittelalterlicher Erweiterung (Abb. 24).
Kleine *Amtsstädte*, Siedlungen, die aufgrund ihrer Funktionen als Verwaltungssitze zu Städten erhoben wurden.
Wegen ihres Wachstums zu Städten erhobene Siedlungen. Heute gilt in Deutschland: Wird die Zahl von 10 000 E. überschritten, kann der Ort zur Stadt ernannt werden. Diesen Städten fehlt der alte städtische Kern (Abb. 18: Halle, L 7326 Heidenheim: 3587/5388 Herbrechtingen). Liegen sie im sonst ländlichen Raum, könnte man sie als *Dorfstädte*, ihnen ähnliche Siedlungen ohne Stadtrecht als *Stadtdörfer* bezeichnen (WEINREUTER 1969, S. 26). Dagegen erscheinen ältere, gewachsene *Industriestädte* mit einer dichten Bebauung (Ludwigshafen), junge mit locker angelegtem Straßennetz (Wolfsburg, Salzgitter-Lebenstedt).

Einen besonderen Typ bilden die *Festungsstädte*. Sie entstanden seit dem 17. Jh. entweder durch Gründung, wie Ziegenhain als Sperre eines Flußübergangs, oder durch entsprechenden Ausbau wie Ingolstadt. Ihre Merkmale sind bei älteren Festungen die mehr oder weniger sternförmig angelegten Befestigungen um die Stadt (L 2918 Bremen, L 5120 Ziegenhain). Die später zu Festungen ausgebauten Orte zeigen häufig zwei Merkmale: zum einen den als Schußfeld freigehaltenen Ring mit Schanzen um die Stadt, zum anderen die zackigen Bastionen mit Wall und Graben. Der freie Ring ist

108 4 Geographische Analyse topographischer Karten

bei vielen Städten noch heute erhalten, aber mit Grünanlagen besetzt (L 2544: Mauer- und Grabenring bei Neubrandenburg) oder mit breiten Straßen und repräsentativen Bauten zu Prachtstraßen gestaltet (Köln, Wien). Teilweise sind die früheren Bastionen noch in der Karte erkennbar (Lübeck). Die sternförmigen *Bastionen* wurden vor allem im 18. Jh. geschaffen, die 4–8 km vorgeschobenen *Forts* im 19. Jh. (Abb. 23, LKS 212 Boncourt: weiter Ring der Forts um Belfort). Mitunter sind es eigene kleine Festungen (L 5710 Koblenz: 3399/5579,5, heute mit Wohnsiedlungen bebaut, L 7524 Blaubeuren: 3572,5/5364,5, vorgelagerte Forts bei 3570,4/5365 und 3572,7/5365,2). Die Festungsanlagen behinderten oft lange Zeit das Wachstum. So sind bei Ingolstadt keine typisch wilhelminischen Viertel erkennbar.

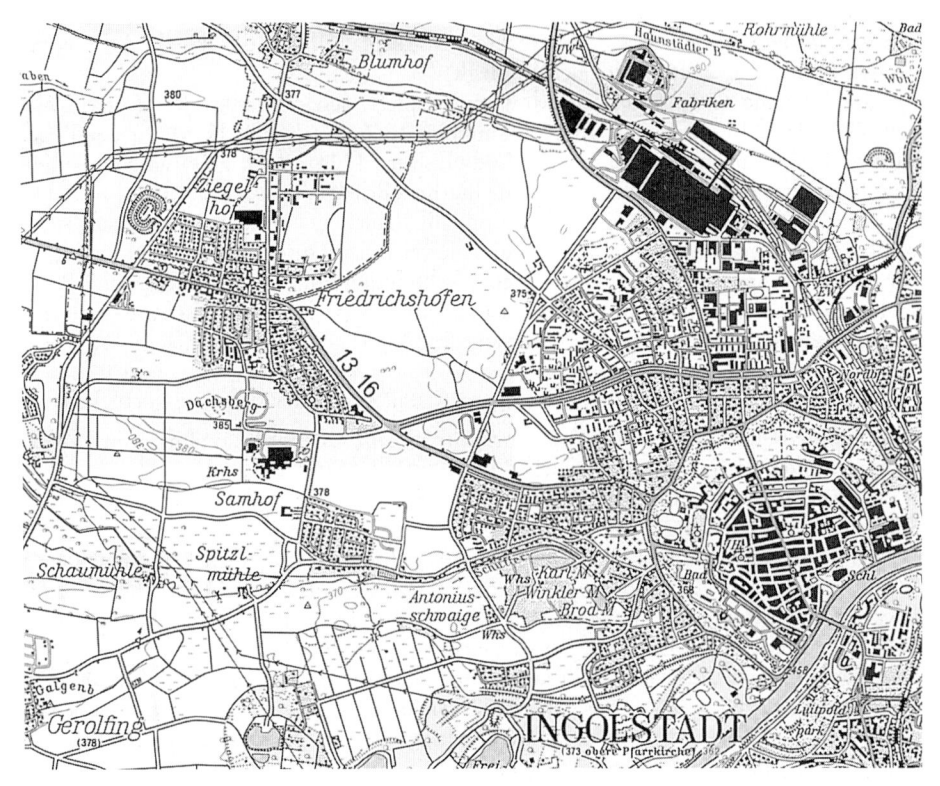

Abb. 23: Ingolstadt als Beispiel einer früheren Festung (Ausschnitt aus TK 1:50 000 Blatt L 7334 Ingolstadt, Ausgabe 1984). Der alte Festungsring ist noch gut erhalten. Er greift auch auf das Südufer der Donau über. Außenforts sind, als R(uinen) bezeichnet, sw und nw Friedrichshofen, am Nordrand (von der Bahn zerschnitten) und im NO zu erkennen. Wilhelminische Bebauung scheint zu fehlen. Das großflächige Werk im N könnte wegen der n von ihm verzeichneten Teststrecke als Automobilwerk gedeutet werden. Wiedergabe mit Genehmigung des Bayrischen Landesvermessungsamtes, München, Nr. 1632/98.

4 Geographische Analyse topographischer Karten

Übungshalber vergleichen wir einmal alle alten Stadtkerne des Blattes L 7322 Göppingen und ergänzen das Ergebnis durch einige Angaben aus der Literatur (MILLER/TADDEY 1965), die in der Karte nicht ablesbar sind:

Göppingen: -ingen, Grundriß schachbrettförmig im Fünfeck mit wichtiger W-O-Straße. – Mitte 12. Jh. Marktrecht, 2. Hälfte 13. Jh. Stadtrecht. 1782 durch Blitzschlag abgebrannt, auf Befehl des Herzogs Karl Eugen nach klassizistischem Idealplan wieder aufgebaut. Oberamtsstadt.
Weilheim: -heim. Eng, unregelmäßige Form, klein. – 1319 Stadtrecht, zweitorig, abseits, wenig Umland.
Kirchheim: -heim, fünfeckig, ziemlich, wenn auch nicht ganz regelmäßig. – 11. Jh. Marktrecht, ~1225 Stadtrecht. 1539 Landesfestung. 1690 Stadtbrand, Wiederaufbau in neuem Grundriß. Oberamtsstadt.
Nürtingen: -ingen. Unregelmäßiges Oval, Straßen ungleichmäßig angeordnet. – 1299–1330 Ausbau zur Stadt, viertorig. Brände in Teilen der Stadt 1757 + 1787, beim Wiederaufbau Straßen teilweise begradigt. Oberamtsstadt.
Wendlingen: -ingen. Kern klein, unregelmäßig. – 1230 Stadtrecht, dreitorig. Im 19. Jh. Stadtrecht aufgegeben, 1964 neu verliehen.
Wernau: -au. Kein städtischer Kern. Dörflicher Kern beim Schloß und der eintürmigen Kirche. Nahe dem Neckar zweitürmige Kirche. – 1938 zwei Dörfer unter neuem Namen Wernau vereinigt.
Plochingen: -ingen. Kein städtischer Kern. – 1948 zur Stadt erhoben.
Ebersbach: -bach. Kern vermutlich bei der Kirche am Austritt des Ebersbaches, zweiter, länglicher Kern an der Brücke? – 1975 Stadtrecht nach Eingemeindungen.

Ergebnis: Die Städtenamen mit alten Endungen zeigen meistens Orte an, die als Dörfer entstanden sind und im Mittelalter Markt- bzw. Stadtrecht erhielten. Die Entwicklung verlief je nach Alter, Lage und Verwaltungsfunktion unterschiedlich (z. B. Göppingen, Weilheim). Wiederaufbau nach Bränden kann zu einem völlig anderen Grundriß geführt haben. Die Schweiz bietet hierfür zwei berühmte Beispiele: La-Chaux-de-Fonds, 1794 abgebrannt und nach amerikanischem Vorbild wieder aufgebaut (232 Vallon de St. Imier), und Glarus, 1861 abgebrannt und nach gleichem Vorbild neu erbaut (236 Lachen). Das kann bei der Interpretation Schwierigkeiten bereiten, die allerdings unter Hinweis auf das Alter des Namens ausgeräumt werden können. Die Übersicht macht aber auch das Problem der Interpretation deutlich, das sich aus der Vereinigung von Dörfern unter neuem Namen ergibt, wie sie in den alten BL besonders in den 1970er Jahren betrieben wurde.

Bei näherer Betrachtung des Altstadtkerns stellt man oft fest, daß er aus mehreren Teilen besteht. Man könnte die Altstadt Wiens daraufhin untersuchen (ÖK 59 Wien). Wir nehmen Hildesheim als Beispiel (Abb. 24).

Allein aufgrund der Karte – ohne Verwendung von Literatur! – läßt sich der alte Kern Hildesheims mit folgenden Teilen umreißen: 1. Am stärksten hebt sich ein lanzettförmiger Teil mit unregelmäßigem Grundriß zwischen der alten und der neuen W-O-Straße ab, möglicherweise im N später erweitert, mit zwei Kirchen. 2. Locker bebautes Viertel w von 1 mit zwei Kirchen und mit Flußübergang. 3. Südlich davon ein locker bebauter Teil mit einer zweitürmigen und zwei eintürmigen Kirchen. 4. Im SO ein regelmäßig bebautes Viertel mit einer eintürmigen Kirche. Alle diese Teile werden umschlossen von der frühneuzeitlichen Befestigungsanlage, die im NW und im S-SO als Grünanlage erkennbar ist. Wie sind diese Viertel einzustufen? Vermutlich bestand die Siedlung zunächst aus zwei Keimzellen, nämlich aus der Kaufmanns- und der Bischofssiedlung (daß Hildesheim einen berühmten Dom hat, also Bischofssitz ist, darf man als

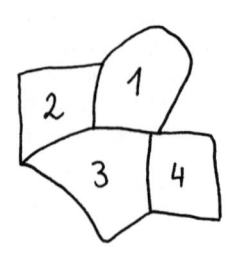

Abb. 24: Der Altstadtkern von Hildesheim. Links Ausschnitt aus TK 1:50 000, Blatt L 3924 Hildesheim, Ausgabe 1988, herausgegeben von und vervielfältigt mir Erlaubnis der Landesvermessung + Geobasisinformation Niedersachsen (LGN) 52-598/98. Rechts die zugehörige Interpretationsskizze.

bekannt voraussetzen). Wo könnten sie liegen? Da die Hochwassergefahr gering zu sein scheint – die Innerste ist nicht bedeicht –, dürfte die Kaufmanns-Siedlung am Flußübergang gelegen haben (Nr. 2), das Domviertel daneben (Nr. 3). Viertel 1 müßte dann später entstanden sein. Viertel 4 ist dem Grundriß nach offensichtlich das jüngste. Im ONO von 1 liegt ein vermutlich wilhelminisches Baugebiet. Zieht man die Literatur zu Rate (BRÜNING/SCHMIDT 1969, S. 228ff., SCHWARZ 1966, S. 895), so ergeben sich als wichtigste Phasen:
Im 8. Jh., spätestens Anfang 9. Jh. entstand die Kaufmanns-Siedlung mit Marktstraße (Nr. 2).
~815 gründete Ludwig der Fromme das Bischofsviertel (Nr. 3).
Im 12./13. Jh. entstand Nr. 1 mit Marktplatz.
~1220 gründete der Dompropst die Neustadt (Nr. 4) als selbständigen Ort.
1583 wurden Alt- und Neustadt vereinigt.
Dieses Beispiel zeigt, welche Schwierigkeiten sich bei der Interpretation ergeben können. Im übrigen ist die ursprüngliche Gliederung der Altstadt nicht immer eindeutig zu ermitteln. So kann man am Grundriß von Lübeck (L 2130) nicht erkennen, daß die Stadt einst aus drei Teilen bestand: herrschaftlicher Teil im N, bürgerlicher Teil in der Mitte (mit zweitürmiger Kirche) und Domviertel (mit zweitürmiger Kirche) im S, weil hier so deutliche Trennungen wie in Hildesheim fehlen.

Zusammen mit dem Grundriß und dem Ortsnamen ist die *Lage* zu bewerten:
Spornlage (z. B. L 7318 Calw: 3481/5387 Wildberg, LKS 243: Bern). Sie sollte besonderen Schutz bieten, beengte aber späteres Wachstum.
Furt- oder *Brückenlage* (Frankfurt, Köln, Zürich, Aarau, Innsbruck). Sie begünstigte die Entwicklung durch den Verkehr (Raststation) und Warenaustausch oder bedingte den Ausbau zu einer Festung.
Lage an der Straße vor dem Gebirge mit Zugang zu diesem Gebirge: *Pfortenstädte* (Reutlingen). Der Austausch mit den Siedlungen des Gebirges belebte den Handel.
Paßlage (z. B. Freudenstadt). Wichtig als Raststation.
Flußmündungslage an einem schiffbaren Wasserlauf. Hier konnte sich ein Hafen entwickeln, an größeren Wasserläufen auch weiter flußaufwärts, soweit der Fluß mit Seeschiffen befahren werden konnte (Hamburg, Bremen, Emden, Lübeck, Rostock).

Wichtig ist ferner der Abstand im Netz der Städte. So war im Fuhrwerksverkehr bei ~20 km Fahrt eine Rast erforderlich, und die Städte an einst wichtigen Verkehrswegen reihten sich in etwa gleichen Abständen auf und werden von der Straße meist geradlinig durchzogen. So haben die Hellweg-Städte von Essen bis Soest jeweils einen Abstand von 15–22 km. Allerdings kann die Verkehrslage z. Z. der Gründung oder Stadtrechtsverleihung anders bewertet worden sein als heute. (Vgl. die Angaben zur Lage bei den ländlichen Siedlungen.) Im Eisenbahnzeitalter wurde es für einen Ort wesentlich, ob er an oder abseits der Bahn zu liegen kam.

Die Betrachtungen von Lage, Namen, Form und Größe lassen schon wichtige Aussagen über Alter und Entwicklung der zu besprechenden Städte machen. Hinzu kommt die Betrachtung auch des Stadtgrundrisses außerhalb der Altstadt hinsichtlich der Straßenführung, der Bebauungsdichte, von Wohnbebauung, Industrie- und anderen Anlagen. Möglicherweise ist er vom Relief beeinflußt. Dabei lassen sich zunächst einige Epochen ausgliedern (Abb. 25):

Die Siedlungen der *wilhelminischen Zeit* sind gekennzeichnet durch ein häufig rechtwinkliges, z. T. aber auch etwas ungleichmäßiges Straßensystem, das sich in der Regel an die Altstadt anschließt. Auch sternförmige Platzanlagen waren üblich. Bezeichnend ist die Blockrandbebauung. Industrie und Wohngebäude kamen zunächst noch gemischt vor, doch setzte bereits Ende des 19. Jh. eine getrennte Ausweisung von Industriegebieten ein. Blockrandbebauung in geradlinigem Straßennetz war aber auch noch zwischen den beiden Weltkriegen üblich. Werksiedlungen, teilweise „Kolonien" genannt, dienten dazu, die Wohnungsnot zu beheben und die Arbeiter an das Werk zu binden. Ihre Merkmale sind die Nähe zum Betrieb, die gleichmäßige Anordnung mit Gärten sowie regelmäßig angelegte, in Kolonien nach der Jh.-Wende auch geschwungene Straßen (L 4510 Dortmund: 2595/5713, 2603/5714, 3406/5714).

Wohnsiedlungen aus der Zeit *zwischen den beiden Weltkriegen* zeigen teilweise gleiche Anordnung (L 2913 Bremen: Neustadt, L 3530 Wolfsburg: Innenstadt), zum Teil aber bereits andere Formen, insbesondere Ein- und Zweifamilienhäuser mit umgebenden Gärten (Signatur!) sowie genossenschaftliche Siedlungen mit Reihenhäusern oder Mietwohnungen.

Wohnsiedlungen der *letzten Jahrzehnte* sind oft mit geschwungenen Straßen und aufgelockert angeordneten, schräg oder neuerdings gewinkelt stehenden Häusern angelegt (L 2918 Bremen: Huchting, Obervieland, L 4510 Dortmund: 3399/5714, 3405/5711, Abb. 23: sw der Fabrik). Mitunter sind sie als „Garten-" oder „Waldstadt" abgetrennt. Gehobene Wohnviertel sind schwerlich gegen Eigenheimsiedlungen abzugrenzen (L 7320 Stuttgart-Süd: 3516/5403 Frauenkopf, 3518/5402 Lederberg), 1- bis 2stöckige Reihenhäuser oft nicht gegen 3- bis 4stöckige Miethäuser. Punkt-Hochhäuser sind bestenfalls zu erraten (Grundriß, Abstände; L 4510 Dortmund: 2600/5708 Sternform?). Gewerbegebiete werden als größere Komplexe ausgewiesen.

Gerade bei diesen Siedlungen kann es schwierig sein, die einzelnen Formen zu unterscheiden. Mehrstöckige Gebäude (Miethäuser, Eigentumswohnungen) erscheinen als längere Komplexe (geradlinig oder gewinkelt) mit etwas Abstand, Reihenhäuser als Linien, aber dichter stehend, nicht selten als Zackenlinie, die gegeneinander versetzte Gebäude darstellt, allerdings nur dann, wenn die Versetzung des Zeichens mindestens 0,2 mm beträgt.

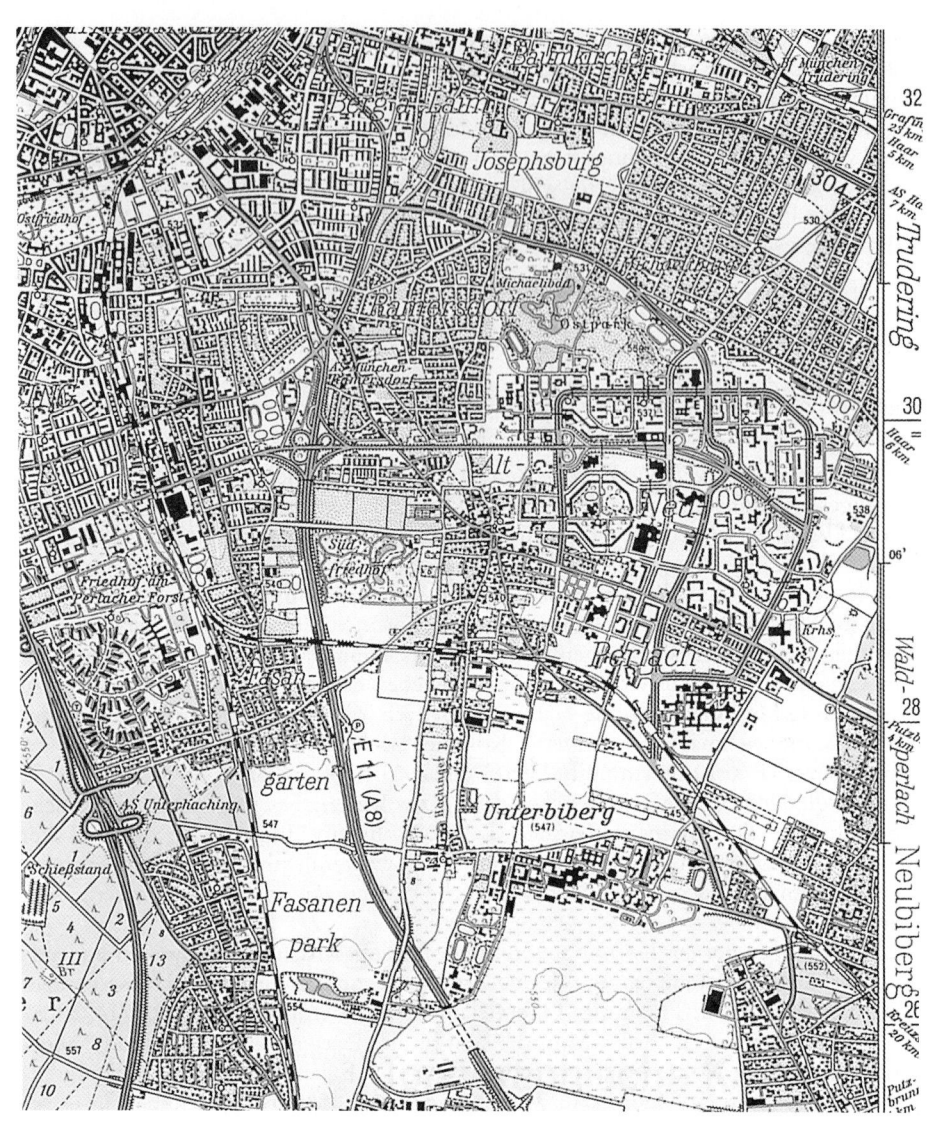

112   4 Geographische Analyse topographischer Karten

Abb. 25:   Grundrißformen verschieden alter Wohngebiete. Ausschnitt aus TK 1:50000 Blatt
L 7934 München, Ausgabe 1983. Wiedergabe mit Genehmigung des Bayrischen
Landesvermessungsamtes München, Nr. 1632/98.
Erläuterungen nebenstehend.

Man studiere unter diesen Gesichtspunkten Abb. 23, 25–30 sowie den Grundriß von Wiesbaden (L 5914) und versuche, ihn zu erklären und die Entwicklung der Stadt zu beschreiben und zu begründen. (Beachte dabei: Schloß in der Stadt, Kurhaus, Schloß am Rhein, Bahnhof, Industrie.) Gibt es Richtungen bevorzugten Wachstums? Bis zu welchem Abstand wurde Wachstum in ländlichen Gemeinden induziert? Wo liegen die teuren Wohnviertel (Hanglage, große Gärten)? Auch Wien (59 Wien), Bern (243 Bern) oder Zürich (225 Zürich) eignen sich gut für eine solche Analyse. Vor allem sollte man einmal mit der Karte in der Hand verschiedene Wohngebiete studieren!

Schlösser, die von Wall und Graben umgeben sind oder Bastionen der Stadtbefestigung bilden, stehen auf altem Standort, auch wenn sie neu gebaut oder erweitert wurden, z. B. Ingolstadt (Abb. 23: Altes Schloß 1255, Neues Schloß 1318–1432 erbaut), Jever (L 2510: 3427/5938,5, 14. Jh., Ausbau 15./16. Jh.), Celle (L 3326: 3573/5832,5, 13. Jh., neu gestaltet 1665–1705), Burg Vischering bei Lüdinghausen (13. Jh.). Dagegen sind Schlösser, die ein bestimmender Punkt des Stadtgrundrisses sind oder an die sich eine große (meist barocke) Garten- oder Parkanlage anschließt, in der absolutistischen Zeit errichtet worden, z. B. Schönbrunn bei Wien ab 1696, Schleißheim (L 7734 Dachau) ab 1701 und Ludwigslust (L 2734 Ludwigslust) 1765. Ebenso gehören herrschaftliche Bauten in der Einsamkeit („Eremitage" u. ä.) in diese Zeit. Leider erfolgt die Kennzeichnung nicht einheitlich; so sind in L 7320 die beiden Schlösser in Stuttgart (im NNO des alten Kerns) zwar eingezeichnet, aber (aus Platzgründen) nicht beschriftet, wogegen das Schloß Hohenheim in derselben Karte bezeichnet ist. Gleiches gilt für die Schlösser in Balingen und Hechingen im Gegensatz zu Haigerloch (L 7718 Balingen).

Industrie- und größere *Gewerbebetriebe* sind nicht immer eindeutig zu identifizieren und Branchen nicht zu erkennen. Der Interpret ist deshalb auf Sekundärinformationen angewiesen. Zu diesen gehören z. B.:
Betriebe mit Gleisanschluß können *Fabriken* sein, aber auch Großhandlungen (z. B. für Röhren). Ein großer Komplex mit mehreren Gleisanschlüssen (Nebengleisen) und Schornsteinen läßt allerdings ein Werk vermuten, das große Mengen eines schweren Materials oder Schwermaschinen herstellt oder große Mengen an Rohstoffen benötigt

Erläuterungen zu Abb. 25
Dargestellt sind u. a. (in Klammern: Hochwert / Abstand vom rechten Rand der Abb.):

Alte Dorfkerne:	5330,7 / 7,5 cm; 5329,3 / 5,1 cm; 5327 / 5,9 cm
	(w der Kirche größerer landwirtschaftlicher Betrieb)
Wilhelminisches Gebiet	um 5332,3 / 10 cm
3- bis 4stöckige Miethäuser	5331,6 / 7,4 cm; 5331,3 / 8,3 cm; 5331,2 / 6 cm;
	5329,75 / 8,8 cm; 5329,5 / 10,7 cm
1- bis 2stöckige Reihenhäuser	5331,5 / 5,5 cm (Abb. 26); 5330 / 8,8 cm (Abb. 27)
1- bis 2stöckige Einzelhäuser	5331 / 3 cm; 5327,9 / 9,2 cm; 5326,9 / 9,5 cm
Amerikan. Siedlung 1950er Jahre	um 5328,3 / 10,5 (Abb. 28)
Großwohnsiedlung 1970er Jahre	5328,6–5330,3 / 1–5 cm (Abb. 29)
Industrie-/Gewerbegebiete	5331,8 / 8,6 cm; 5329,8 / 9,7 cm
Forschungszentrum Siemens	um 5328 / 2,5 cm
Universität der Bundeswehr	um 5327 / 4 cm
Vollzugsanstalt Stadelheim	5329,1 / 11 cm
Flugplatz Neubiberg	um 5326 / 4 cm

Abb. 26: Einfamilien-Reihenhäuser in der Bad-Kissingen-Straße in München. Aufn. vom Verf. 11. 1. 1998.

Abb. 27: Reihenhäuser mit Mietwohnungen in der Zellerhornstraße in München. Aufn. vom Verf. 11. 1. 1998.

Abb. 28: Für die Wohnsiedlungen der US-Amerikaner aus den 1950er Jahren ist die lockere Anordnung größerer Gebäude typisch. Das Bild zeigt einen Blick in die Leifstraße in München, die jetzt von deutschen Bürgern bewohnt wird. Aufn. vom Verf. 11. 1. 1998.

Abb. 29: Der höchste Wohnblock der Münchener Großwohnsiedlung Neuperlach steht über der Paul-Löbe-Straße. Aufn. vom Verf. 11. 1. 1998.

(Abb. 5: schwere Druckmaschinen; L 4510 Dortmund: 3396/5613 Hüttenwerk). Das große Werk n Ingolstadt mit einer Teststrecke ist vermutlich ein Automobilwerk (Abb. 23), die Werke bei Allmendingen (L 7724 Ulm: 3555/5355) und Schelklingen (3554/5359) können nur Zementfabriken sein: mit hohem Schornstein, einigen Silos und Seilbahnen zu den Steinbrüchen. Wo Fabriken nahe bei Tongruben stehen (L 5512 Montabaur: 3416/5595), kann es sich um Ziegeleien, aber auch um keramische Industrie handeln (Name „Kannenbäckerland"!).
Universitäten, andere größere *Hochschulen* und *Forschungseinrichtungen* sind häufig, aber nicht immer und selbst in einzelnen BL nicht einheitlich als solche bezeichnet. So darf man rätseln: Gehören die auffallenden Komplexe in Tübingen (L 7520 Reutlingen: bei 3503/5377) und in Karlruhe (L 6916 Karlsruhe-Nord: 3459,5/5434) jeweils zur Universität? Grundriß und Anordnung der Gebäude können ein Kriterium sein (Abb. 25).
Messegelände ist in der Regel als solches bezeichnet (Hannover, Köln, Leipzig).
Sendeanlagen sind an der Signatur erkennbar (L 2308 Norderney: 2579,5/5946, L 7732 Altomünster: 4611/5345).

Als Fragen stellen sich hier die nach Größe und Standortfaktoren (wie Anschluß an Bahn oder Wasserweg). Die mögliche Nutzung der Wasserkraft ließ im 19. Jh. viele Mühlen zu Fabriken wachsen oder neue Industriebetriebe entstehen (L 7316 Wildbad: im Murgtal die Papierfabriken). Stellenweise wurde eigens ein Kanalsystem geschaffen wie in Augsburg (L 7730). In solchen Fällen kann man von einem „ererbten Standort" sprechen. Man frage aber auch nach Alter, Lage, Grundriß. Über die Zahlen von Beschäftigten läßt sich kaum etwas aussagen.

Rundbauten sind in ihrem Umfeld zu bewerten. Sind sie groß, so kann es sich um Silos einer Zuckerfabrik (Anklam, Uelzen), um Öltanks, Gasbehälter oder Kühltürme handeln. Kleine runde Gebäude können Silos (bei der Tiermassenhaltung), Öltanks, Raffinerietürme oder Hochöfen sein. Entscheidend also ist, ob sie bei ländlichen Siedlungen, bei Kraftwerken, an Häfen oder bei großen Werken stehen.

Bergwerksanlagen sind durch besondere Signatur gekennzeichnet. Wir unterscheiden bei ihnen zwei Arten. Die *Schächte* gehen senkrecht hinab, und von ihnen führen die Strecken (nicht Stollen!) vor den „Ort". Einige Schächte dienen allerdings nur der Lüftung innerhalb von Verbundsystemen. *Stollen* führen schräg von der Oberfläche, meist vom Hang dem Schichtfallen folgend, in den Berg hinein. Stärkere Eingriffe bedingen als die zweite Art die *Tagebaue*.

Schächte und Stollen verursachen weniger Abraum (Halden) als Tagebaue, bei denen die gesamte hangende Schicht zunächst abgetragen werden muß. Die Tagebaue sind als große Gruben mit Steilrändern und unweit davon flächig und terrassenförmig aufgeschütteten, steilwandigen Halden sowie vielfach an zahlreichen Gleisanlagen erkennbar. Einen Vergleich beider Typen bietet L 5138 Gera mit Uran-Schacht- und -Tagebergbau. Die Gruben des Braunkohlenabbaus sind allerdings weitaus größer und zusätzlich an den Industriekomplexen (Industrie, Brikettfabriken, Kraftwerke) kenntlich. Diese Gruben werden, wenn sie ausgekohlt sind, aufgefüllt und mit regelmäßig angelegten Parzellen und Wegen rekultiviert oder zu Erholungsgebieten mit Wäldern und kleinen Seen umgestaltet. Als Beispiele seien L 5106 Köln, L 4980 Borna und Abb. 6 angeführt. Bergbau in Basaltgebieten dürfte auf Braunkohle gehen (L 4922 Melsungen: 3535/5660,5 Bruchfeld und „Alte Grube" am Hügelskopf und 1,5 km sw aufgegebener Braunkohle-Tagebau).

4 Geographische Analyse topographischer Karten 117

Erscheinungen des Stadtrandes sind die *Kleingärten* (Schrebergärten), die mit der Gartensignatur dargestellt und an den vielen Hütten erkennbar sind. Wo liegen sie?

Als ein besonderes Element sei das *Militär* angesprochen (s. auch oben Festungsstädte). Die Anlagen sind nicht beschriftet, mit einiger Übung aber meist (wenn auch nicht immer) zu erkennen. Sie verfügen in der Regel über einen mehrseitig umbauten Platz, etliche Nebengebäude und einen Sportplatz. Oft ist auch ein Zaun eingezeichnet, wo der Komplex an freies Gelände stößt. Ein (unbezeichneter) Flugplatz kann angrenzen (meist als freie Rasenfläche dargestellt, sei es mit oder ohne Piste und Lärmschutzwall, Abb. 25, jetzt zivil). Manche Kasernen sowie die Flugplätze haben Bahnanschluß (Panzertransport?, Flugbenzin). Ein Standort- oder Truppenübungsplatz und ein Schießstand sind nicht weit entfernt. Als Beispiele nennen wir:
L 2144 Demmin: Flugplatz bei Tutow („zur Zeit nicht betretbares Gebiet")
L 2512 Jever: um 3426/5934 Wiese im Wald mit Bahnanschluß (Flugplatz?).
L 3742 Werder: Hackenheide (nicht beschriftet, Truppenübungsplatz).
L 6336 Eschenbach: Kaserne in Vilseck mit Bahnanschluß.
L 6920 Heilbronn: 3516/5442, jetzt zivile Nutzung.
L 7320 Stuttgart-Süd: 3503/5394 mit Standortübungsplatz.
Dagegen L 7320 Stuttgart-Süd: 3513,5/5398 kaum als Kaserne erkennbar.

Zu diesem Sektor sind auch die *Munitionsanstalten* (kurz Munas genannt) zu zählen. Sie liegen abseits der Siedlungen im Wald und haben Bahnanschluß, der sich oft im Wald auffächert. Nach dem 2. WK sind in Deutschland alle Munas umfunktioniert worden, sie unterliegen damit nicht mehr der Geheimhaltung und sind folglich dargestellt. An Lage und Anlage sind sie, auch wenn sie inzwischen als Gewerbegebiete baulich aufgefüllt wurden, noch gut erkennbar. Genannt seien Lübeck-Schlutup und Wahlstedt (s. S. 59) sowie aus Österreich die Anlage südlich Stadl-Paura (49 Wels).

Die Anlagen der *Energieversorgung* (Strom, Wärme) sind bezeichnet mit EW bzw. KW, Umspannwerke mit UW, Kernkraftwerke mit voller Angabe (L 6716 Speyer: 3459/5457), dagegen Pumpspeicherwerke nicht immer. Kraftwerke in Seehäfen und an Flüssen basieren auf der Einfuhr von Kohle oder Öl per Schiff (L 2708 Emden, L 6516 Mannheim). Große Kraftwerke an Flüssen nutzen das Flußwasser für Kühlzwecke; die Kühltürme sind deutlich erkennbar (L 5106 Köln: 2547/5651,2, L 6920 Heilbronn: 3513/5434), können allerdings mit Öltanks verwechselt werden. Die Zahl der Stromleitungen zeigt die Bedeutung der Werke an.

Die Betrachtung der *Ver- und Entsorgung* muß unvollständig bleiben. Man erkennt Pumpwerke, Wasserbehälter und -türme, aber keine unterirdischen Fernleitungen. Krankenhäuser sind nicht immer bezeichnet, und bei Deponien ist die Funktion (wofür?) nicht erkennbar. Bei Kläranlagen ist nicht ablesbar, welche Orte sie entsorgen. Als Beispiele seien die Kläranlagen und Deponien in L 7734 Dachau (4472,5/5341) genannt. Eine Ausnahme bilden die Filterbecken und Anlagen zur Wassergewinnung im Tal der Ruhr (L 4510 Dortmund).

Verkehr

Es bleibt noch der *Verkehr* zu analysieren: Welche Arten von Verkehrswegen gibt es in dem zu interpretierenden Blatt? Welchen Rang oder welche Bedeutung haben sie? Ist eine Orientierung auf ein Zentrum oder auf einen Knoten festzustellen, oder handelt es sich bei wichtigen Verkehrslinien nur um Durchgangsverkehr? Inwieweit zeigen die Verkehrslinien eine Abhängigkeit vom Relief (Untergrund, Flußübergänge, Steigungen, Pfortenlage wie in L 3916 Bielefeld)? Waren sie für die Ausbildung besonderer Viertel bestimmend? Wie ist der Raum erschlossen?

Merke: Verkehrsdichte und -aufkommen sind nicht ablesbar, sondern allenfalls relativ abzuschätzen.

Seit der zweiten Hälfte des 19. Jh. haben viele Verkehrswege eine starke Umwertung erfahren. Früher zog man, nötigenfalls mit Vorspann, auf kurzem Wege auf die Höhe. Deshalb verlaufen viele alte *Heerstraßen* im Gebirge auf höheren Ebenen.

Beispiele hierfür bieten Namen wie „Hohe Straße" oder „Alte Weinstraße" (L 7316 Wildbad: von 3457/5385 nach N), auch „Römerstraße" (Abb. 12). In L 4124 Einbeck führte die alte Straße von der Stadt Einbeck direkt nach N über die Höhe zum „Zollhaus", die neue umgeht autogerecht die Höhe. In der LKS 268 Julierpass findet man den Septimerpass (769/143), dessen Name anzeigt, daß er zur Römerzeit ebenso wie der Julierpass benutzt wurde. Bei dem Ort Bivio (= zwei Wege) teilte sich der von N kommende Weg zu den beiden Pässen. Was Maultiere damals schafften, nämlich das starke Gefälle auf der Südseite zu bewältigen, gelingt dem Straßenbau nicht, so daß der Septimerpass heute nur für Bergwanderer interessant ist. Auch Namen wie „Königsstraße", „Eisenstraße" (L 5914 Wiesbaden), „Salzstraße", „Sälzerstraße" (L 4922 Melsungen), „Kohlstraße" oder „Kohlenstraße" (L 7124 Schwäbisch Gmünd: 3563/5428) sind hier zu nennen und vom Interpreten anzusprechen.

Bezüglich der *Bahnlinien* sollte man darauf sehen, ob die Linie mit vielen engen Kurven kleine Orte verbindet (Nebenbahn) oder ob sie mehr geradlinig und mehrgleisig gebaut ist. Bei >2,5% Steigung und Radien <300 m verkehren keine Schnellzüge mehr (FEZER 1976, S. 78). Wo ein großer Höhenunterschied zu überwinden ist, wird in Kehrentunnels Höhe gewonnen (LKS 255 Sustenpass: im O). Je größer der Anteil an Kunstbauten (Tunnels, Brücken) ist, desto bedeutender dürfte die Linie sein. Die neuen ICE-Strecken führen nur in die größeren Bahnhöfe, verlaufen ansonsten meist abseits und weisen im Mittelgebirge viele Kunstbauten auf (L 3924 Hildesheim, L 4922 Melsungen). Ähnliches gilt für *Straßen:* Die sehr geradlinigen Verbindungen entstanden seit der napoleonischen Zeit (L 2126 Bad Segeberg: B 432), Umfahrungsstraßen im 20. Jh. (L 3924 Hildesheim: B 3 im W um Elze [sprich Eelze]), obgleich man einzelne bereits im 19. Jh. anlegte. Autobahnen und Schnellstraßen baute man ebenfalls erst im 20. Jh.

Bergbahnen gibt es seit dem 19. Jh. Bei >4% Steigung ist Zahnradantrieb erforderlich, >5% eine Standseilbahn, die an ihrer Ausweichstelle auf halber Strecke zu erkennen ist (FEZER 1976, S. 78). Bei Bergbahnen, Kabinenseilbahnen und Liften sucht man nach dem Ziel: Ein Aussichtspunkt oder eine Skiabfahrt? Letztere ist an den Pisten durch den Wald zu identifizieren, oft auch daran, daß von einer „Mittelstation" weitere Lifte hangaufwärts führen. Ihre Anzahl kann etwas über die Bedeutung des Frem-

4 Geographische Analyse topographischer Karten   119

denverkehrs für den betr. Ort aussagen, wobei man allerdings beachten sollte, daß z. B. die Lifte im Schwarzwald hauptsächlich von den Bewohnern der nahen Großstädte in Anspruch genommen werden. Materialseilbahnen führen zu Almen.

Mit der neueren Entwicklung der Verkehrsmittel mußten viele Strecken der Bahn stillgelegt werden. Man kann sie aber oft noch erkennen, nämlich an ungenutzten Dämmen, Brücken, Einschnitten, Tunnelstrecken und Bahnhöfen. Ein gutes Beispiel hierfür bietet die aufgelassene Strecke in L 4922 Melsungen vom Bahnhof Homberg nach OSO über ein Bahnwärterhaus, einen Einschnitt, eine Brücke, den „Bahnhof" Remsfeld und einen Tunnel nach Niederbeisheim bis Malsfeld und über einen Reststrang ostwärts nach Spangenberg. „Wertwandel" oder „Umwertung" wären hier als Stichworte zu nennen. Im Falle der Auflassung einer Linie ist nach den Gründen zu fragen: Es könnte sein, daß ein Bergwerk stillgelegt wurde, es konnte die Zonengrenze (Grenze der DDR) den Bahnverkehr unterbunden haben (L 4128 Goslar: von Vienenburg nach O), oder es kann Unrentabilität der Grund sein. Manchmal nehmen heute (Rad-)Wanderwege die aufgegebene Bahntrasse ein, und es kann so der Fall eintreten, daß Wanderwege eine Bundesstraße auf einer Brücke überqueren (L 7320 Stuttgart-Süd: 3509,5/5393,2 bei der Seebrückenmühle über die B 27).

Neben- oder „Kleinbahnen" haben oft neben dem Bahnhof der Hauptbahn auch bei gleicher Spurweite einen eigenen „Klein-" oder „Kreisbahnhof" (z. B. in L 2748 Prenzlau: 5424,5/5810,5 für die „Kreisbahn" nach Templin, Strasburg und Löcknitz, inzwischen stillgelegt). Auf den Ostfriesischen Inseln sind Bahnen dort im Einsatz, wo keine gewöhnlichen Kraftfahrzeuge fahren dürfen, der Abstand vom Hafen aber groß ist (z. B. Borkum, Juist). *Verschiebebahnhöfe* (Rangierbahnhöfe) und Bereitstellungsanlagen sind als großflächige Gleisanlagen gut zu erkennen (Abb. 16, 30). Sie liegen nahe bedeutender Knotenpunkte (L 5106 Köln: 2565,5/5641, L 6516 Mannheim: 3465/5479 + 3459/5482, LKS 225 Zürich: 672/252) oder nahe einer Landesgrenze (LKS 296 Chiasso: in Chiasso nahe der Grenze zu Italien).

Eine weitere Frage ist, wie der *Bahnhof* zur Siedlung liegt und ob er ein Wachstum vom Ort zur Bahn hin induziert hat, die berühmte „Bahnhofstraße" (L 3924 Hildesheim: 3551,5/5776,5 Elze), ob eine Bahnhofssiedlung entstanden ist (L 6914 Landau: 3428,5/5434 bei Kapsweyer, ÖK 43 Marchegg: Ortsteil Marchegg-Bahnhof) oder ob sich gar bei einem abseits gelegenen Bahnhof ein Weiler gebildet hat (L 7932 Fürstenfeldbruck: 4428,5/4330,3).

Flugplätze und *Rohrleitungen* wurden bereits auf S. 42f. angesprochen.

Binnenschiffahrtswege sind an der Angabe der Flußkilometer, an Anlegestellen, Leitdämmen und Häfen, z. T. auch an Begradigungen und Schleusenanlagen erkennbar (Abb. 11). Am Rhein zwischen Bingen und Bonn sind die Häfen, wie es die Landverkehrsanlagen und Bauten anzeigen, für den Umschlag unbedeutend, sie dienen vor allem als Nothäfen (Hochwasser, Eisgang). Ihre Molen zeigen bezeichnenderweise flußabwärts. Bei Hafenbecken mit größeren Anlagen (Karlsruhe, Köln, Basel, Linz) kann man die Bedeutung abschätzen. Die für sich angelegten Ölhäfen sind an den runden Grundrissen der Tanks erkennbar. Bei Kanälen ist zu prüfen, welche Wege sie benutzen (soweit das aus nur einem Blatt ersichtlich ist), ob Seitenkanäle abzweigen und welche Orte oder Flußsysteme verbunden werden.

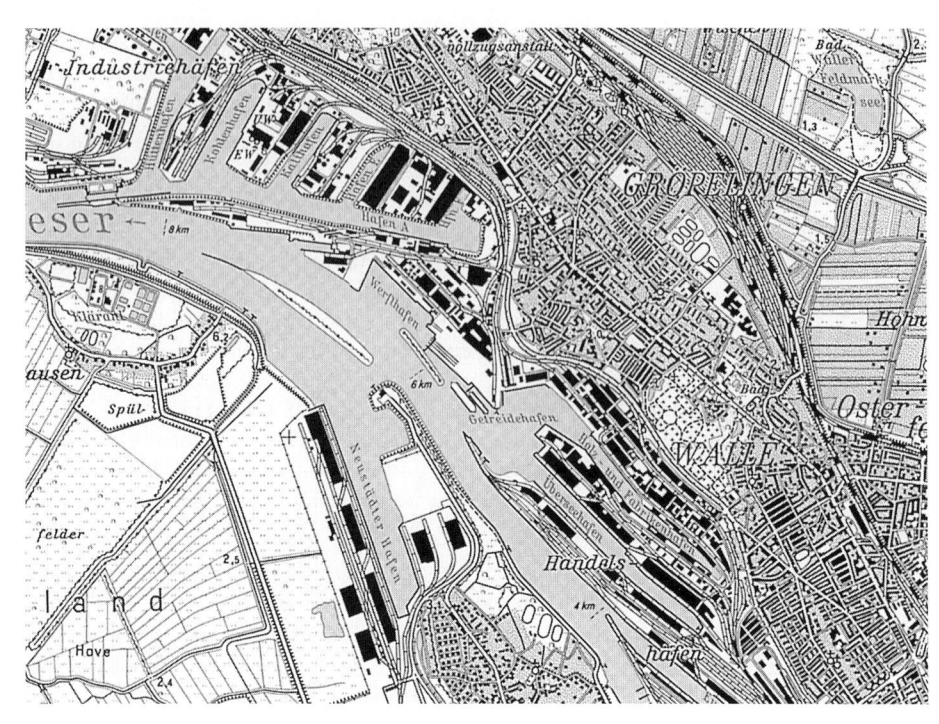

4 Geographische Analyse topographischer Karten

Abb. 30: Ausschnitt aus TK 1:50000 Blatt L 2918 Bremen, Ausgabe 1985. Herausgegeben von und vervielfältigt mit Erlaubnis der Landesvermessung + Geobasisinformation Niedersachsen (LGN) 52-598/98. Man beachte die Namen der Hafenbecken und deren Ausstattung mit Gleisanlagen, Straßen, Kai- bzw. Lagerschuppen, Elektrizitätswerk usw. Beim Werfthafen erkennt man sö drei Hellingen und weiter sö ein Schwimmdock. Der Neustädter Hafen ist in der Abb. erst an einer Seite, inzwischen allerdings voll ausgebaut. Man beachte auch die Siedlungsstruktur.

Für *Seehäfen* gilt ähnliches (Abb. 30). Hier ist vor allem nach der funktionalen Gliederung zu fragen. Zwar ist die Funktion einzelner Hafenbecken oft nicht angegeben, doch kann man Sekundärinformationen einbringen: Stückgutumschlag erfordert Straßen, Bahnen und Kaischuppen, Containerumschlag große Abstellflächen, Flüssigutumschlag Tankanlagen, Werften benötigen Hellingen sowie Schwimm- oder Trockendocks (L 2708 Emden: 2580/5914 Trockendocks). Dalbenreihen zeigen Umschlag- bzw. Liegeplätze „im Strom" an. Im Eisenbahn-Fährhafen führen Bahngleise so an den Kai, daß sie aufs Schiff fortgesetzt werden können (L 2130 Lübeck: s Travemünde, L 1532 Fehmarn). In Hamburg ist der Binnenschiffshafen flußaufwärts vom Seehafen angeordnet, aber beide sind direkt miteinander verbunden, warum? Kleine Häfen mit vielen Stegen, aber ohne größere Bauten dienen dem Wassersport (L 2310 Esens). Wo der Tidenhub groß ist, sind die Häfen (zumindest teilweise) als *Dockhäfen* angelegt, d.h. nur durch Schleusen zugänglich.

Sportplätze, Schwimmbäder und Parkanlagen sind heute für Städte selbstverständlich und können nicht als Indikatoren für Fremdenverkehr dienen.

Typisierung

Wichtig ist die Untersuchung der *Zentralität* (zentralörtliche Funktionen). Die Größe der Stadt und ihres Umlandes abschätzend, kommt man – mit einiger Erfahrung – meistens auf die richtige Größenordnung (Unter-, Mittel-, Oberzentrum), wobei man als Sekundärinformation einfließen lassen kann, daß Kreisstädte in der Regel Mittelzentren und Städte mit Regierungspräsidien oder Landesregierungen meist Oberzentren sind. Auf die Bestimmung von Zwischenstufen (teil- oder voll- oder stärker ausgestattet) wird man verzichten müssen. Auch die Einwohnerzahl kann man, sofern man sie feststellen kann, bei der Einstufung heranziehen.

Für die Einordnung als *Trabanten-* oder *Satellitenstadt*, für welche die Pendleranteile wesentlich sind, kann man von dem Anteil der Industrie-/Gewerbeflächen an der Siedlungsfläche ausgehen. In Satellitenstädten ist er gering, doch müssen Gewerbebetriebe nicht fehlen.

Fazit

Jetzt ziehen wir das Fazit. Aus der Betrachtung des Grundrisses ergibt sich die Frage: Wann und wie ist die betrachtete Stadt gewachsen und wie ist sie strukturell zu gliedern? Welche Viertel (im geographischen Sinne) lassen sich nachweisen? Wie umfangreich sind Eingemeindungen? Welches Gewicht haben Industrie und Gewerbe, vielleicht auch der Bergbau, welches die Verwaltung (Nebenkärtchen der Verwaltungsgliederung beachten!), und lassen sich bestimmte Branchen oder Schwerpunkte erkennen? Wie ist das Verkehrsnetz ausgebaut? Welche Rolle spielen Verkehr, Freiräume (Erholung) und Militär für den Raum insgesamt? Sind Aussagen darüber möglich, wo Villenviertel, wo Mietshausviertel, evtl. auch Arbeiterkolonien liegen? Was läßt sich aus allem über die Funktionen der Stadt aussagen (Industriestadt, Hafenstadt, Bahnzentrum, Automobilstadt, Universitätsstadt)? Wie stark oder schwach ist die Verflechtung mit dem Umland (Verkehrsanbindung)? Wie groß ist die Städtedichte in dem betr. Raum und wie wirken die Städte auf das Umland ein (neue Wohn- und Gewerbegebiete, Pendler)? Wie ist die Dynamik des Raumes einzuschätzen? Ist ein Struktur- und/oder Funktionswandel ablesbar?

4.5 Kulturräumliche Einheiten

Meist läßt sich schon bei einem ersten Überblick feststellen, wie der in der TK dargestellte Raum typisiert werden kann, und man wird dementsprechend Indikatoren suchen. Um Wiederholungen mit den voraufgegangenen Abschnitten zu vermeiden, sei die Darstellung hier kürzer gehalten als bei den naturräumlichen Einheiten.

Agrarlandschaften

Stadtarme, durch Großbetriebe geprägte Agrarlandschaften sind vorwiegend im N und O Deutschlands zu finden (Abb. 22). Güter, mitunter auch Domänen zeichnen sich meist durch ein Herrenhaus (Schloß), Vorwerke und evtl. Meiereien (Meierhöfe) aus. Dies kann auch in den genossenschaftlichen Siedlungen der neuen BL dann der Fall sein, wenn sie aus Gütern hervorgegangen sind. Ansonsten sind für diese Betriebe Gemeinschaftseinrichtungen wie große Ställe oder Werkstätten typisch. Gemeinsam ist allen die Großblockflur mit weniger dichtem Wegenetz. Ein hoher Grünlandanteil zeigt Spezialisierung auf Viehwirtschaft an (Lage?).

Einen anderen Typ bilden die dichter besiedelten *Agrarräume mit mittleren oder Kleinbetrieben* und ausgedehnter Flur, aber ohne größere Erweiterungen. Aussiedlungen sind weit verbreitet.

Als dritten Typ kann man den *verstädterten bzw. industrialisierten ländlichen Raum* herausstellen (Abb. 31). Hier sind die Siedlungen stark erweitert worden und haben Gewerbe am Ort oder in der Nähe. Nach HÜTTERMANN (1993, S. 102 f.) kann man sie unterteilen in a) Arbeiter-Bauerngemeinden mit umfangreichen Ortserweiterungen, b) Pendler-Wohngemeinden mit relativ geringem Anteil der Flur und c) gewerbliche Gemeinden. In Großstadtnähe können Glashauskulturen Bedeutung haben. In jedem Fall ist die Verkehrslage anzusprechen.

Bei der *Agrarlandschaft des Hochgebirges* muß auf die Lage der Siedlungen eingegangen werden (im Tal, auf Terrassen?). Ein besonderes Merkmal ist die Almwirtschaft. In klimatisch begünstigten Tälern wie im Wallis ist Weinbau möglich.

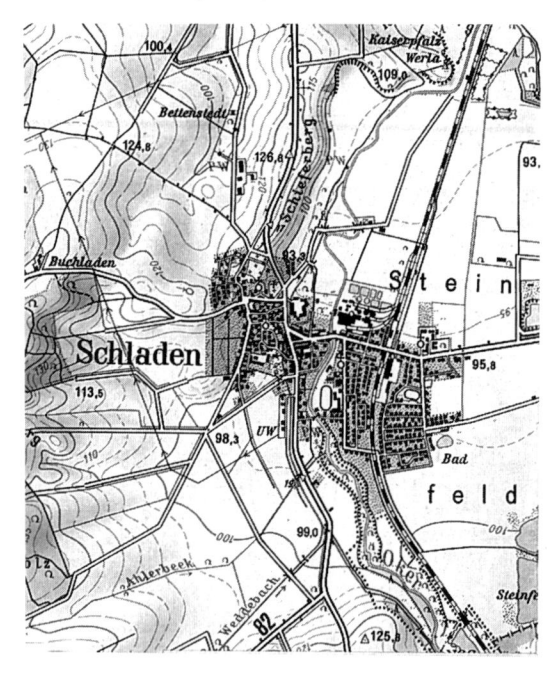

Abb. 31:
Beispiel eines industrialisierten und durch Pendler verstädterten Dorfes: Schladen zwischen Goslar und Wolfenbüttel. Im SO ist südlich der Zuckerfabrik ein neues Wohngebiet entstanden. Im NO die ehemalige Kaiserpfalz Werla. Das ebene Steinfeld ö des Ortes ist die Niederterrasse der Oker. Ausschnitt aus TK 1:50000, Blatt L 3928 Salzgitter, Ausgabe 1982. Herausgegeben von und vervielfältigt mit Erlaubnis der Landesvermessung + Geobasisinformation Niedersachsen (LGN) 52-598/98.

Einen weiteren Typ bilden Räume mit arbeits- und kapitalintensiven *Spezialkulturen*, z. B. mit Teichwirtschaft, Tiermassenhaltung („Veredelungsbetriebe"?), Baumschulen, Glashauskulturen, Garten-, Obst-, Hopfen- und Weinbau. Spargelkulturen und Tabakanbau sind nicht erkennbar. Man vgl. SICK 1993, S. 180f.

Stadtlandschaften

Bei größeren städtischen Siedlungen überdeckt der Schwarzdruck alle anderen Eintragungen. Die Interpretation des Reliefs ist damit erschwert oder unmöglich. Zudem erscheint das dicht bebaute Gebiet zunächst verwirrend und unübersichtlich. Trotzdem ist nach Funktionen und Struktur zu fragen. Darüber hinaus können wir a) schwach und b) stark verstädterte Gebiete sowie c) ein- und d) mehrkernige Stadtlandschaften unterscheiden. Man vergleiche z. B. zu a) L 7124 Schwäbisch Gmünd, b) L 7520 Reutlingen, c) L 7934 München und d) L 7320 Stuttgart-Süd. Besonders bei dicht bebauten Stadtlandschaften wird man nach ökologischen Ausgleichsflächen (Grünanlagen, Frischluftschneisen u. ä.) suchen und evtl. die Bodenversiegelung abschätzen. Läßt sich die Lebensqualität bewerten?
Die Auswirkungen auf das Umland sind im Hinblick auf Pendlerströme und Fragen der Ver- und Entsorgung (Gewächshäuser, Klärwerke, Deponien usw.) abzuschätzen.

Bergbaulandschaften

Bei Bergbaulandschaften können wir kleinräumige wie Ronneburg/Thüringen und großräumige Bergbaugebiete, zum einen mit Schachtbau (z. B. Ruhrgebiet), zum anderen mit Tagebau (z. B. bei Borna) unterscheiden. Über die vorher bereits genannten Indikatoren hinaus sind als wesentliche Merkmale zu nennen:
– *Klärteiche* bei Bergwerken dienen der Reinigung des Grubenwassers.
– *Kraftwerke* bei Kohlezechen und Braunkohlegruben sind rohstofforientiert.
– *Bergmannssiedlungen* („Kolonien") entstanden ab der Mitte des 19. bis zur Mitte des 20. Jh..
– *Senkungsgebiete* zeigen ausgekohlte Bereiche an, werden aber nicht mehr eingetragen.
– *Umgesiedelte Dörfer* (Grundriß!) sind in Tagebaugebieten nicht selten.
– *Seen* und *Erholungsgebiete* findet man in rekultivierten Tagebauen.

Fremdenverkehrslandschaften

Um von einer Fremdenverkehrslandschaft sprechen zu können, wird eine starke Prägung durch den Tourismus vorausgesetzt. Damit wir einen Raum bewerten können, suchen wir nach entsprechenden Eintragungen und deren Häufigkeit, die in einzelnen Teilen eines Blattes durchaus verschieden sein kann: Wochenend- oder Ferienhäuser, Wintersportsiedlungen (wie Verbier in LKS 282 Martigny), Kurbäder und Sanatorien

(Ortsnamen!), Camping- und Golfplätze, Lifte, Seilbahnen und Sprungschanzen. In ÖK 173 Sölden z. B. führen vom Pitztal im NO eine Bahn durch einen Stollen zu Gletscherschwebebahnen und ein Straßentunnel zum Rettenbachferner (196/200). Sie lassen zusammen mit den Schwebebahnen auf ganzjährigen Skisport schließen und zeigen, welcher Aufwand hierfür getrieben wird. An der Zahl der Lifte und Bergbahnen kann man die Bedeutung des Tourismus abschätzen, sei es für den Sommer oder für den Winter, ja sogar die Beliebtheit einzelner Gipfel und Abfahrten (LKS 268 Julierpass: an mehreren Stellen).

Seebäder sind durch Anlegestellen für Ausflugsschiffe charakterisiert, die Inseln und Orte an Mündungen oder Sielen zudem durch Häfen für Sportboote. Auch Anlagen wie eine Radsportstrecke (L 4350 Cottbus-West: 5448/5732), eine Autorennstrecke (L 6716 Speyer: 3469/5466 Motodrom) oder die Regattaanlage bei Oberschleißheim (L 7734 Dachau: 4465/5346) können in eine Bewertung eingehen. Die touristische Bedeutung historischer Stätten läßt sich dagegen nur schwer abschätzen. Genannt seien Ruinen berühmter Burgen, bedeutende Bauten (Wartburg) und Denkmäler (Kyffhäuser), Soldatenfriedhöfe, ehemalige Konzentrationslager. Straßen mit besonderen Namen – „Burgenstraße", „Alleenstraße", „Nibelungenstraße" o. ä. – sind Strecken, die besondere Sehenswürdigkeiten verbinden. Sind die an ihnen gelegenen Orte vielleicht vom Tourismus geprägt?

Konfessionsgebiete

Eine Aussage über die Zugehörigkeit der Bevölkerungsmehrheit zu einer bestimmten Konfession ist nur begrenzt möglich. In Gebieten mit evangelischer Bevölkerung fehlen Hinweise auf die Konfession. In katholischen Gebieten dagegen finden sich freistehende Kapellen, Kreuzwege (für Prozessionen, z. B. L 7720 Albstadt: 3518/5353 bei Trochtelfingen), durch Schrift bezeichnete Kalvarienberge, auch Bildstöcke (Abb. 12).

In L 6920 Heilbronn vergleichen wir übungshalber die Bereiche 3500-3510/5446-5451 und 3500-3510/5440-5446 miteinander. Im ersten zählen wir fünf Feldkreuze und eine Kapelle, im zweiten, sogar etwas größeren dagegen nichts dergleichen. Hier spiegelt sich die frühere politische und gemäß der frühneuzeitlichen Regel cuius regio eius religio auch konfessionelle Zersplitterung wider: In dem sonst evangelischen Gebiet ist Massenbachhausen katholisch, und Kirchhausen gehörte dem (katholischen) Deutschen Ritterorden. Trotz dieser Hinweise

Merke: Der Umkehrschluß, ein Gebiet ohne Bildstöcke sei evangelisch, stimmt nicht.

Klöster können nur dann ein Hinweis sein, wenn sie als solche genutzt werden. Klosterruinen dagegen können als Zeugnisse eines Konfessionswechsels interpretiert werden.

4.6 Grenzen

Heutige Grenzen – und weitgehend auch der römische Limes – sind verzeichnet (s. o.). Frühere Stadt- oder Landesgrenzen kann man erkennen an Warten (Wachttürmen) entlang der Grenzen (L 6920 Heilbronn: 3508/5443) oder in einem Umkreis um die Städte (z. B. Frankfurt) und an Landtürmen (L 4124 Einbeck: 3558/5746,5 Kuventhaler Turm, ferner Leineturm und Klapperturm, L 6920 Heilbronn: 3515/5437 + 3519,5/5437). Sie dienten einmal der Wache, zum anderen der Zolleinnahme, und die an solche Türme anschließende „Landwehr" hatte die Aufgabe, den Verkehr zu diesen Stellen zu lenken.

Entlang von Grenzen sind gelegentlich Befestigungsanlagen oder deren Reste erhalten (am Limes z. T. rekonstruiert). Sind es alte Werke und liegen sie bei heutigen Grenzen, dann ist diese Grenze wahrscheinlich alt (L 6914 Landau: im SW an der Lauter mehrere Redouten [geschlossene Schanzen] und die „Weißenburger Linie" an der heutigen Staatsgrenze). Allerdings muß nicht jede „Linie" eine Staatsgrenze gewesen sein (s. o. „Eppinger Linie"). (Siehe auch GEIGER 1977, S. 22.)

Wichtig ist die Frage, wie die Grenze topographisch verläuft und ob sie durchgängig bzw. verkehrsoffen ist oder nicht. Zu fragen ist außerdem nach einer möglicherweise unterschiedlichen Bewertung durch die Nachbarn, d. h. nach ihren Auswirkungen auf die räumliche Struktur zu beiden Seiten, etwa nach einem Unterschied im Ausbau des Verkehrsnetzes und in der Siedlungsdichte (L 2130 Lübeck: die Grenze der ehem. DDR) oder nach unterschiedlichen Siedlungsformen (L 6320 Miltenberg: alte Bistumsgrenze, L 3308 Meppen: unterschiedliche Besiedlung des Bourtanger Moores). Auch Konfessionen und Erbrecht können beiderseits einer Grenze verschieden sein.

Bemerkenswert ist, wie die Gemeindegrenze in L 2748 Prenzlau im N mit Zacken über die Ucker hin und her springt. Dies läßt auf eine Begradigung des Flusses schließen, der keine „Grenzbereinigung" folgte. Geradlinige Grenzen wie im Bourtanger Moor wurden relativ spät gezogen.

4.7 Messen in der Karte

Die einfachste Möglichkeit, *Entfernungen* zu messen, besteht im Abmessen mit dem Lineal, das man anschließend an den *Längenmaßstab* so anlegt, daß der eine Endpunkt an einen vollen Kilometer-Betrag rechts vom Nullpunkt zu liegen kommt, der andere dagegen im (unterteilten) „Kopf" links von der Null liegt. Sodann kann man in beiden Abschnitten die Streckenlängen ablesen und addieren. Mit dem Zirkel kann man auch eine gebogene Strecke (z. B. Straße, Fluß) abmessen. Man tut dies in gleichgroßen Schritten, deren Zahl man dann mit der an der Maßstabsleiste auszumessenden Zirkelöffnung multipliziert, oder man wiederholt die Schritte auf dem Längenmaßstab in gleicher Weise wie mit dem Lineal von rechts nach links. Man kann auch einen schmalen Papierstreifen benutzen, darauf einzelne Streckenabschnitte anzeichnen, jeweils von der letzten Markierung aus weitermessen und anschließend die Gesamtlänge am Längenmaßstab wie oben ablesen.

Merke: Bei Längenmessungen wird nicht der wahre Abstand l, den zwei Punkte A und B voneinander haben, ermittelt, sondern die Länge der Projektion l' in der Zeichenebene.

Dies ergibt sich aus Abb. 32. Bei geringen Höhenunterschieden kann man den Unterschied vernachlässigen, bei größeren nach Anfertigung einer der Abb. 32 entsprechenden Zeichnung aus dieser den tatsächlichen Abstand bestimmen oder schätzen, oder man kann ihn mathematisch berechnen.

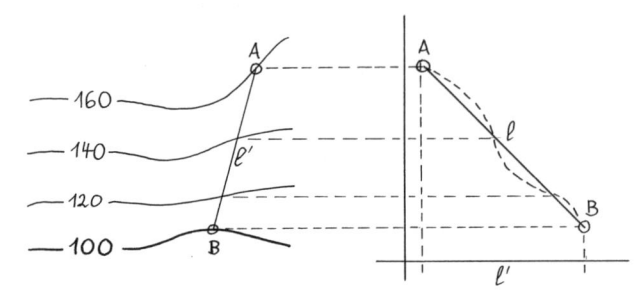

Abb. 32:
Tafelskizze zur Bestimmung von Abstand und Gefälle zwischen zwei Orten.

Flächenmessungen sind im Rahmen der „Seminar-Interpretationen" kaum erforderlich. Nötigenfalls mißt man der zu bestimmenden Fläche angenäherte Recht- oder Dreiecke aus und berechnet danach die angenäherte Fläche. Handelt es sich um größere Einheiten, so kann man die Gesamtfläche des benutzten Blattes errechnen und die gesuchte Fläche abschätzen. Ausführlicheres s. IMHOF 1968, S. 190f. und HAKE 1935, S. 312ff.

Die *Höhen* einzelner Punkte kann man aufgrund ihrer Lage zwischen zwei Höhenlinien in etwa abschätzen oder anhand einer Skizze nach Abb. 32 mit Vorbehalt ermitteln. In der Regel dürfte bei der Interpretation eine ca.-Angabe genügen. Für eine genauere Angabe siehe HAKE 1985, S. 317ff.

Die *Hangneigung* läßt sich anhand des Neigungsmaßstabs ermitteln oder auf einfache Weise errechnen: Man mißt den Abstand zweier Punkte l' in der Projektionsebene und bestimmt anhand der Höhenlinien ihren Höhenunterschied Δh (Abb. 32). Nach der Gleichung

$$\Delta h : l' = x : 100 \quad \text{oder umgeformt} \quad \Delta h \cdot 100 : l' = x\%$$

erhält man die Hangneigung. Dabei ist zu beachten, daß stets gleiche Längeneinheiten benutzt werden. Nehmen wir an, der Abstand betrage in unserem Beispiel (Abb. 32) 3600 m, der Höhenunterschied 60 m, so würde sich folgende Rechnung ergeben:

$$60 : 3600 = x : 100 \quad \text{oder} \quad 60 : 3600 \cdot 100 = \sim 1{,}67\%.$$

Will man dies in einer Verhältniszahl ausdrücken, kann man den Wert umrechnen:

$$1 : x = 1{,}67 : 100 \quad \text{oder} \quad 100 : 1{,}67 = x = 59{,}88.$$

Die Steigung beträgt demnach 1 m auf 59,88 m.

Das Problem besteht darin, daß man aus der Karte nicht ersehen kann, ob die Erdoberfläche zwischen den einzelnen Isohypsen geradlinig oder eingemuldet oder aufgewölbt ist (s. gestrichelte Linie in Abb. 32). Die Gefällsangabe kann also nur ein Mittelwert sein.

Eine ausführliche Darstellung mag man bei IMHOF 1968, S. 172ff. nachlesen.

Winkelmessungen sind im Rahmen der Seminar- und Klausur-Interpretationen kaum erforderlich. Notfalls kann man hierzu ein Geo-Dreieck benutzen und, falls nötig, ein Lineal zum Anlegen des Dreiecks.

Mit den Schwankungen der Luftfeuchtigkeit kann sich das Karten-Papier etwas verziehen. Dieser *Papierverzug* wirkt sich auf Längenmessungen in der Karte aus. Im Rahmen der Seminare und Klausuren können wir ihn jedoch vernachlässigen. Wer ihn bei wissenschaftlichen Arbeiten berücksichtigen muß, möge auf die Informationen bei HAKE (1985, S. 174, 305, 311, 316) zurückgreifen.

5 Darstellung des Ergebnisses

Die zusammenfassende Darstellung der Analyse-Ergebnisse ist als Synthese die Krönung der Interpretation, und sie zeigt, ob der Interpret geographisches Verständnis hat, d. h. ob er fähig ist, das Wesentliche, Bestimmende räumlicher Muster zu erkennen. Sollen bei der Analyse alle Elemente erfaßt werden, so mag man bei der Darstellung durchaus Akzente setzen, auch wenn das Thema „landeskundliche Interpretation" lautet. Gerade durch die schwerpunktmäßige Behandlung der bestimmenden Faktoren kann der Interpret seinen geographischen Blick beweisen.

Merke: Was in der Karte nicht dargestellt oder nicht ablesbar ist, kann nicht interpretiert werden. Über den Inhalt der TK und über die üblichen Sekundärinformationen hinausgehende besondere Kenntnisse des Interpreten sollte dieser als solche bezeichnen, wenn er sie in die Darstellung einbezieht.

Dem ersten Satz entsprechend, sollte ein Prüfer auch nicht verlangen, daß der Interpret nicht dargestellte oder nicht erkennbare Sachverhalte anspricht, es sei denn, es handelt sich um eine Hausarbeit, zu der auch Literatur herangezogen werden darf oder sogar soll.

Wege der Darstellung

Die Frage ist: Wie wird man einem bestimmten Raum am besten gerecht? Wie kann man Wesentliches am besten herausstellen? Mögliche Ansätze können die verschiedenen Methoden der Länderkunde bieten.

1. Das *länderkundliche Schema* behandelt alle Geofaktoren systematisch nach dem Prinzip: das Grundlegende vor dem Veränderlichen und vor dem, was sich aus ihm ergibt (SPETHMANN 1931, HETTNER 1932). Das führt zu der Reihenfolge Relief – Klima – Gewässer – Vegetation – Siedlungen – Wirtschaft – Verkehr, zu einer Abfolge also, wie wir sie dem Anfänger für die Analyse empfohlen hatten. Sie garantiert, daß man alle Faktoren gleichmäßig berücksichtigt. Man hüte sich aber vor einem zu weit gehenden Determinismus!

Merke: Als Methode der Analyse anwendbar, ist das länderkundliche Schema für die Darstellung wenig geeignet, weil zu oft Rückbezüge auf bereits Gesagtes genommen werden müssen und Zusammenhänge nicht deutlich genug herausgearbeitet werden können – es sei denn, man löst sich vom Schema. Anwendbar ist es allenfalls bei schwach strukturierten Räumen.

2. Die *dynamische Länderkunde* stellt die Kräfte (Dynamen) und damit die Prozesse in den Vordergrund (SPETHMANN 1928). Welche Kräfte haben die Struktur eines Raumes bewirkt? Dabei gelten an sich inaktive Naturfaktoren ebenso als Kräfte, wenn sie den Menschen zu einer Aktivität herausfordern (z. B. Klima, Bodenschätze), wie beispielsweise eine Bevölkerungszunahme, die Aktivitäten auslöst. Eine feste Abfolge gibt es nicht, im Vordergrund stehen die wichtigsten Kräfte, das Individuelle wird betont. Allerdings sind Kräfte in der TK allenfalls bedingt ablesbar und nur aus der

Kenntnis abzuleiten. Überdies besteht die Gefahr, daß die Darstellung ungleichgewichtig wird, weil man in der TK nicht alle Kräfte hinreichend erkennt und sich deshalb zu sehr auf den gegenwärtigen Zustand beschränkt.

3. Gut geeignet erscheint der Weg, von der dynamischen Länderkunde ausgehend *Dominanten* herauszustellen: Was war und ist für den zu besprechenden Raum bzw. die Teilräume wesentlich und warum? Unwichtiges kann dabei durchaus übergangen, Prozesse und Gesamt-Dynamik können aber durchaus angesprochen werden (B 2).
Als Beispiel hierzu sei das Blatt 6013 Bingen der TK 25 genannt. Dominanter Faktor ist in diesem Bereich der Eintritt des Rheins in das Schiefergebirge. Freilich wird hier eine gewisse Kenntnis vorausgesetzt. Unter diesem Aspekt lassen sich verbinden: Gebirge und Antezedenz, tektonischer Graben und Schollen, Verlauf der Flüsse, mehrere Flußterrassen in verschiedenen Höhenlagen, also verschiedenen Alters, Quarzriegel und Änderung von Breite und Gefälle von Rhein und Nahe, Siedlungsgunst und -ungunst, Verkehrsgunst und -ungunst, Maßnahmen für die Schiffahrt, Klimagunst und -ungunst (Verbreitung von Wald und Weinbau), touristische Attraktionen usw.

4. Ebenfalls von der dynamischen Länderkunde ableitbar ist eine *historisch-genetische Darstellung*. Sie wählt die Zeit als Maßstab und stellt dar, zu welchen Zeiten und warum welche strukturellen und funktionalen Veränderungen in dem zu behandelnden Raum bis hin zur Gegenwart erfolgt sind. Es handelt sich also um eine historisch orientierte, Prozesse in den Vordergrund rückende Darstellung, die versucht, aus der Karte heraus die jeweils erfolgten und noch erfolgenden Veränderungen zu begründen und damit den gegenwärtigen Zustand genetisch zu erklären (B 1).
Hierfür könnte sich z. B. das Blatt L 7936 Grafing bei München eignen. Ausgehend von der Prägung durch das Eis (Landschaftsformen, Bodenverhältnisse) wäre auf die sich daraus ergebende Besiedlung, Waldverteilung und Verkehrsentwicklung (Verlauf der Hauptverkehrswege) einzugehen und abschließend das Wachstum der Großstadt München und deren Ausstrahlung ins Umland (gegenwärtige Dynamik und Struktur) darzustellen.

5. Der *länderkundliche Vergleich* gestattet es, durch Gegenüberstellung verschiedenartiger Räume deren Charakteristika herauszuarbeiten (KREBS 1951): Worin stimmen die Räume überein (Gemeinsamkeiten), worin unterscheiden sie sich (Verschiedenheiten) und warum ist das so? Diese Methode ist allerdings nur begrenzt anwendbar; denn es ist sinnlos, Watt und Hochgebirge oder Großstadt und Agrarraum miteinander vergleichen zu wollen. Es geht also darum, für nicht zu unterschiedliche Räume durch den Vergleich die jeweils bestimmenden Merkmale herauszuarbeiten und zu erklären.
Anwendbar ist diese Methode z. B. bei L 6916 Karlsruhe-Nord (Abb. 8). Der im Blatt erfaßte Raum gliedert sich in drei Teile: feuchte Rheinniederung, kiesige Niederterrasse, lößbedeckter Kraichgau. Aus dem Vergleich von Relief und Bodenverhältnissen läßt sich die unterschiedliche Entwicklung (Dynamik) der Teilräume (Gang von Besiedlung, Verkehrsentwicklung, Industrialisierung usw.) nachvollziehen und anschließend die jüngste Entwicklung mit der Frage, wieweit die einzelnen Räume vom Einfluß der Großstadt erfaßt werden, darstellen und die Verflechtung der Teilräume untereinander ansprechen.

6. Die Lehre vom *geographischen Formenwandel* geht davon aus, daß sich die Eigenschaften eines Raumes in vier Kategorien ändern: Von Nord nach Süd, planetarisch (von W nach O), hypsometrisch (mit der Höhe) und peripher-zentral (LAUTENSACH 1952). Die in den einzelnen Kartenblättern dargestellten Räume sind allerdings meist

zu klein, um sie unter diesem Aspekt zu behandeln, ausgenommen die Blätter des Hochgebirges, bei denen sich der hypsometrische Formenwandel (Veränderung von Formenschatz, Vegetation, Nutzung mit zunehmender Höhe) als Darstellungsprinzip eignet.

Eine Darstellung nach den *Daseins-Grundfunktionen* (HÜTTERMANN 1993, S. 129) setzt den Schwerpunkt in die Sozialgeographie und läuft damit Gefahr, zu einseitig zu bleiben, abgesehen davon, daß sie gleiche Nachteile hat wie das länderkundliche Schema.

Anzuführen ist ferner eine wichtige Methode zur geographischen Abgrenzung von Räumen: die *Grenzgürtelmethode* (MAULL 1915, WITT 1970). Hier werden die Verbreitungsgrenzen einzelner Elemente (Bodenformen, Böden, Vegetation, Siedlungsformen usw.) gesucht und aufgezeichnet. Flächen, die innerhalb aller dieser Grenzen liegen, bilden das Kerngebiet. MAULL unterschied vier qualitative (nicht räumlich aufeinander folgende!) Grenzgürtel:

1. Scheidegürtel: viele Grenzen treffen auf engem Raum dicht aufeinander, es liegt eine Scheidegrenze vor.
2. Schwellengürtel: die einzelnen Grenzen verteilen sich etwas mehr im Raum.
3. Übergangsgürtel: Es erfolgt ein allmählicher Übergang durch Auftreten anderer Strukturmerkmale.
4. Rand- und Endgürtel: Bestimmte Elemente verschwinden allmählich.

Diese Methode ist im Rahmen der Interpretation weniger zur Ermittlung eines Kerngebiets als mehr zur Bestimmung der Art der Grenze und vor allem dann anwendbar, wenn das Blatt unterschiedlich strukturierte Räume darstellt. Gegebenenfalls kann man die Begriffe Scheidegrenze und Grenzgürtel einfließen lassen. Breite Übergangsgürtel dürften im Rahmen einer Seminararbeit mit nur einem Blatt kaum erkannt werden können.

Der von HÜTTERMANN (1978, S. 23) genannte *prognostisch-planerische Ansatz* zielt darauf ab anzugeben, welche Probleme wie gelöst werden sollen (besser: könnten) und welche Möglichkeiten der Entwicklung bestehen. Dieser Frage nachzugehen ist allein aus der TK heraus aber kaum möglich, weil wesentliches Hintergrundmaterial (z. B. Daten über Sozial-, Wirtschafts- und Verkehrsstruktur und deren Entwicklung) fehlt.

Gliederung der Darstellung

Es ist allgemein üblich, eine wissenschaftliche Arbeit in drei Teile zu gliedern: 1. kurze Einleitung, 2. ausführlicher, möglichst gegliederter Hauptteil, 3. kurze Zusammenfassung. Dies sollte auch für die Darstellung der Interpretation gelten.

In der *Einleitung* ist zunächst die räumliche Einordnung des zu behandelnden Blattes zu beschreiben: Wo sind wir? Unterschiedliche Teilräume können benannt, besonders wichtig erscheinende Fragen, denen man schwerpunktmäßig nachgehen möchte, kurz angesprochen werden. Vor allem ist zu begründen, für welche Art der Darstellung man sich entscheidet.

Im *Hauptteil* werden der im Kartenblatt dargestellte Raum oder seine Teilräume in der gewählten Methode hinsichtlich Struktur (Gliederung), Funktion (Verflechtungen) und Dynamik (Entwicklung, Wandel) – diese Stichworte sind wichtig! – erklärend beschrieben. Es ist also das Beziehungsgefüge (Ursachen/Kräfte – Wirkungen/Folgen – Verflechtungen) zu erläutern. Dabei ist auch die Intensität, in der sich die einzelnen Elemente/Faktoren präsentieren (stark oder schwach ausgebildet oder wirksam), anzusprechen. Alle Beweise sind aus der Karte zu entnehmen und nötigenfalls mit Angabe von R und H zu nennen. Eine Untergliederung durch Zwischenüberschriften wird sehr empfohlen, denn sie erleichtert den Überblick. Welchen Weg der Darstellung man wählt, ist je nach dem Kartenblatt zu entscheiden.

Der *Schlußabsatz* soll das Fazit ziehen. Um was für einen Raum (Raumtyp) handelt es sich? Man kann sich dabei orientieren an den Fragen: Was ist das Charakteristische des Kartengebiets? Was ist in ihm besonders beispiel-, vielleicht sogar lehrbuchhaft? Welche Einsichten sind hier zu gewinnen? Auch kann eine Bewertung der Strukturen, Funktionen und Prozesse vorgenommen und können besondere Probleme angesprochen werden (Kriterien angeben!).

Bei *Hausarbeiten* ist es unerläßlich, ein Verzeichnis der benutzten Literatur beizufügen, das selbstverständlich den Regeln des Zitierens entsprechen soll. Werden Zitate oder Zeichnungen aus der Literatur übernommen, so sind sie wie in jeder wissenschaftlichen Arbeit durch Quellenangaben zu kennzeichnen. In der Klausur und bei handschriftlichen Hausarbeiten soll man sich bemühen, lesbar zu schreiben. Daß die Regeln der Rechtschreibung eingehalten werden, dürfte selbstverständlich sein.

Hilfsmittel der Darstellung

Es ist häufig zweckmäßig, die Ausführungen durch Zeichnungen zu belegen, zumal man dann unter Hinweis auf diese so manchen Satz sparen kann. Dabei ist zu denken an eine Strukturskizze, ein Profil, evtl. eine Interpretationsskizze, ein Blockbild.

Die *Strukturskizze* fertigt man bereits bei der Analyse als Übersicht über die Grobgliederung des Blattbereichs an (s. S. 53). Sie kann oft dazu dienen, die Vorgehensweise zu begründen. Man sollte sie in die Darstellung übernehmen und möglichst farbig anlegen (z. B. naturräumliche Grenzen grün, siedlungsräumliche Grenzen rot). Der Begriff „Skizze" deutet an, daß eine ungefähre Lagegenauigkeit genügt.

Um Höhenverhältnisse und Höhengliederungen zu erkennen und darzustellen, eignet sich ein *Profil* (FREBOLD 1951). Querprofile legt man möglichst so, daß viele Höhenlinien senkrecht geschnitten werden, also quer zum Talzug, Kamm oder zur Stufe (Abb. 14), Landschaftsprofile so, daß man räumliche Gegensätze gut erfaßt. Längsprofile, etwa zur Darstellung der Gefällsverhältnisse eines Flusses, folgen dem Tal, notfalls mit Knicken.

Man zeichnet ein Profil, indem man mit dem Lineal, allenfalls mit Bleistift eine Linie durch die Karte legt und sich, z. B. auf Millimeterpapier, ein Diagramm zeichnet, in dem die x-Achse dieser Linie entspricht und die y-Achse die Höhen angibt (Abb. 14). Auf der x-Achse sind die Entfernungen, auf der y-Achse die Höhen aufzutragen, wobei man auf Letzterer mit einem Wert etwas unter dem tiefsten darzustellenden Punkt beginnt. Zur besseren Veranschaulichung ist eine Überhöhung zu empfehlen, doch sollte sie nicht zu stark sein. Oft genügt es, zwei- oder zweieinhalbfach, allenfalls vielleicht fünffach zu überhöhen; eine zehnfache Überhöhung läßt sogar ein flaches Gebiet zum Hochgebirge werden. Die Überhöhung gibt an, wievielmal länger die Höhenabstände dargestellt sind als die Entfernung; so ist z. B. die Strecke für 100 m Höhenunterschied bei einer zweifachen Überhöhung doppelt so lang wie für 100 m Entfernungsabstand.

Nun mißt man in der TK die Entfernungen von einem darzustellenden Höhenpunkt zum nächsten usw. und trägt die Höhenpunkte entsprechend in seine Zeichnung ein. Fühlt man sich hierbei nicht sicher, so kann man nach FREBOLD (1951, S. 14) einen schmalen Papierstreifen mit geradem Rande in der Karte anlegen, darin die Schnittpunkte mit den Höhenlinien bzw. die Höhenpunkte markieren, daneben die zugehörige Höhe notieren, sodann den Streifen unten auf sein Zeichenblatt legen und in diesem die Punkte der Höhe entsprechend bezeichnen. Zum Schluß verbindet man die so erhaltenen Punkte miteinander, wobei Spitzen in der Regel (ausgenommen bei Kämmen) gerundet werden. Man kann dann wichtige Objekte wie Siedlungen oder Flüsse in ihrer Lage markieren und beschriften, Nutzungen farblich (z. B. Wald dunkelgrün, Rebhänge hellgrün) und/oder durch Signaturen andeuten. Am rechten und linken Kopf des Profils werden die Himmelsrichtungen oder markante Punkte eingetragen sowie oben oder unten der (selbst zu wählende) Titel sowie der Längen- und der Überhöhungsmaßstab des Profils angegeben. Falls man das Profil nicht geradlinig, sondern geknickt zeichnet, sollte der Verlauf in einer Skizze angedeutet und der Knickpunkt bezeichnet werden.

Stellt man ein das ganze Blatt überspannendes Profil an den Kopf einer Seite und ordnet man spaltenweise unter dessen einzelne Abschnitte die wichtigsten Stichworte an, so erhält man ein *Kausalprofil* (KRAUSE 1927, 1930).

Die *Interpretationsskizze* dient dazu, Verbreitungsgebiete (bestimmter Formen, Namen o. ä.) darzustellen (HÜTTERMANN 1993, S. 140 ff.).

Etwas zeitaufwendiger und deshalb in Klausuren allenfalls gelegentlich anwendbar ist das *Blockbild* (IMHOF 1968, S. 16 ff., FREBOLD 1951, FALKE 1975). Es mag schon genügen, mehrere dicht beieinander liegende Profile schräg hintereinander anzuordnen (Profilserie nach SCHRÖDER 1985, S. 132). Bei Hausarbeiten, für die mehr Zeit zur Verfügung steht, kann man auch ein ausführliches Blockbild zeichnen.

Einige Tips für die Klausur

Wichtig ist es, den *Titel* der Arbeit genau wiederzugeben. Aufgabe und Inhalt müssen übereinstimmen. Es ist in einer Klausur jedoch nicht unbedingt erforderlich, da unnötig zeitraubend, die meist im Thema ohnehin genannte Bezeichnung der Karte sowie deren Herausgeber, Erscheinungsjahr, Maßstab und Berichtigungsstand niederzuschreiben, da der Korrektor sie selbst aus der ihm vorliegenden Karte entnehmen kann.

Wichtig ist ferner, sich die *Zeit* richtig einzuteilen. Die Darstellung muß sich also auf Wesentliches beschränken. Aus diesem Grunde ist eine übersichtliche Gliederung sinnvoll. Die Zeiteinteilung kann man in Probeklausuren zu Hause üben (s. S. 51).

Merke: Man soll nicht Einzelbeobachtungen beschreibend aneinanderreihen, sondern das räumliche Gefüge (Struktur, funktionale Verflechtungen) und die Dynamik herausarbeiten und erklären. Es hat wenig Sinn, häufig zu erwähnen, was *nicht* aus der Karte herauszulesen ist. Kann man einen nicht (ganz unwichtigen) Sachverhalt, den man in der Karte erkannt hat, nicht erklären, so sollte man ihn erwähnen und angeben, was für diese oder jene Deutung spricht; denn es ist besser zu bekunden, daß man ein Problem erkannt hat, als darüber zu schweigen. Wo Mehrfachdeutungen möglich sind, kann man sie diskutieren. Verallgemeinerungen sind nur dann möglich, wenn sie hinreichend abgesichert werden können.

Merke: Man kann vom oberen und unteren, linken und rechten Karten*rand* reden, in der Karte selbst aber gibt es kein oben und unten – es sei denn der Höhe nach –, kein links und rechts, sondern nur N und S, W und O bzw. n, s, w, ö. Auch sage und schreibe man nicht ost*wärts*, sofern man nicht eine Bewegungsrichtung angeben will, sonden *östlich*, wenn man eine Lagebezeichnung meint. Denn die Sprache soll klar und deutlich sein.

Wiederholungen sollte man möglichst vermeiden.

Abb. 33: Ausblick vom Ostrand der Wanne (3517/5367,5, 690 m) nach NO auf den Rand der Schwäbischen Alb zum Vergleich mit B 1. Vorne Echaz-Tal und Urselberg (697 m), dahinter der Vorsprung des Gutenbergs (703 m), in der Mitte der Grasberg (778 m), ansteigend bis zur Hohen Warte (820 m). Man beachte den Knick im Hang des Urselbergs. Die Startrampe der Drachenflieger links vorne ist ein Hinweis auf die häufigen Aufwinde. Aufn. vom Verf. 9. 7. 1997.

6 Die Beispiele: Darstellung der Interpretation der zwei Beilagen

Beilage 1: Ausschnitt aus L 7520 Reutlingen

Das Blatt zeigt einen Ausschnitt aus der südwestdeutschen Schichtstufenlandschaft mit einem Teil der Schwäbischen Alb und dem Vorland bei Reutlingen (Abb. 33). Für die erklärende Darstellung bieten sich zwei Wege an: die Besprechung und Gegenüberstellung der einzelnen Räume oder eine dynamische bzw. historisch-genetische Betrachtung. In diesem Fall soll der zweite Weg gegangen werden.

Wir gehen aus von der dominanten Form des Reliefs, der Schichtstufe der Reutlinger Alb, die das Vorland um etwa 300 m überragt. Bemerkenswert ist zum einen der stark zerlappte Rand mit Ausliegerbergen (3518/5366 Lippentaler Hochberg, 3520/5368 Ursel-Hochberg), zum anderen die Ebenheit der oberen Fläche (z. B. bei der Eninger Weide 3522/5371), die mit Trockentälern überzogen ist (Heutal 3523/5365), wie auch der zunächst steile Abfall des stellenweise mit Felsen besetzten Stufenrandes (3524/5374), der im nördlichen Teil bei etwa 500 m in einen flacheren Hang mit sehr unruhigem Isohypsenverlauf übergeht. Dieser Übergang ist durch zahlreiche Quellen gekennzeichnet. Das alles sind typische Merkmale einer Schichtstufe. Mehrere Steinbrüche und der Flurname Kalkofen (3517/5363) sowie einige Höhlen (3516,5/5364,2 + 3520/5363,7) bezeugen, daß der Stufenbildner aus Kalk besteht. Diese Schicht ist am Grasberg (3522/5373) etwa 200 m mächtig, aber in sich noch gestuft (R 3517: Schönberg 793 m, Wanne 699 m, H 5368: Ursel-Hochberg >790 m, Urselberg >670 m, ähnlich am Dracken-, Geiß- und Gutenberg). Das weist auf geschichtete Kalke hin. Unter diesen liegt, wie Isohypsenknitterung und Quellenreichtum beweisen, eine wasserstauende, aber rutschfähige Schicht, d. h. Mergel oder Ton.

Der Stufenrand wird ständig weiter zurückverlegt. Die Rutschzungen im Ton/Mergel zeigen das an. Dafür spricht auch das weite Zurückgreifen der Täler in den Körper der Alb, das so weit geht, daß einige Vorsprünge bereits zu Ausliegerbergen abgeschnürt sind. Die Trockentäler streichen teilweise nach N aus (R 3516), wurden also durch die Erosion am Stufenrand gekappt.

Vor der Stufe wiederholt sich die Anordnung in kleinerem Ausmaß. Das zeigt die kleine Verebnung bei 3519/5373, die in einen unruhigen Hang mit der Bezeichnung Erdschliff übergeht. Wo dieser Name auftritt, muß in historischer Zeit ein Hangrutsch erfolgt sein. Die Rückverlegung der Stufen geht also ständig weiter.

Aus alledem läßt sich etwa folgende Dynamik ableiten: Der Körper der Alb reichte einstmals viel weiter nach NW (gekappte Täler!). Das Niederschlagswasser versickerte und versickert im Kalk und tritt auf dem Mergel/Ton in Überlaufquellen zutage, die zum Neckar, also zum rheinischen System abfließen. Sie bewirken immer wieder Rutschungen im Mergel und damit nicht nur das Zurückwandern des Traufs, sondern auch das Zurückschneiden der größeren Täler und die Abschnürung von Ausliegern und Zeugenbergen (Achalm 3518/5373). Während der Kaltzeiten, als das Niederschlagswasser wegen Gefrornis nicht versickern konnte, floß es oberirdisch südwärts zur Donau ab und schuf die Täler, wich aber härteren Kuppen aus. Gegenwärtig kann es wieder versickern und unterirdisch in dem leicht nach O geneigten Schichtpaket abfließen oder in Überlaufquellen nach NW zutage treten.

Die trockenen Böden der Alb müssen in vorgeschichtlicher Zeit leicht zu bearbeiten gewesen sein. Darauf lassen die Hügelgräber auf der Eninger Weide als Indikatoren früher Besiedlung schließen (3523/5370). Im Vorland sind gleiche Hinweise nicht zu finden, doch da sie dort der Bebauung zum Opfer gefallen sein können, möge hieraus kein Schluß gezogen werden. Die nachrömische Besiedlung vollzog sich auf der Alb wie im Vorland in mehreren Phasen. Die erste wird durch die Ortsnamen auf -ingen und -stetten bezeichnet (Landnahmezeit). Anhaltende Bevölkerungszunahme führte in der Ausbauzeit zu den Gründungen auf -hausen. Namen mit Sankt sowie – für Burgen und Gehöfte am Albrand – mit den Endungen -stein und -eck bezeichnen eine dritte Phase in der Rodungszeit. Von diesen Siedlungen hat sich Reutlingen, begünstigt durch die Pfortenlage, zur Stadt entwickelt.

Während die Hochfläche lange Zeit ländlich geprägt war, entwickelten sich die Täler der Echaz und einige Zuflüsse zu Industriestandorten, wobei – wie in Pfullingen deutlich abzuleiten – die Nutzung der Wasserkraft eine wichtige Rolle spielte. Der Bau der Eisenbahn begünstigte diese Entwicklung, wie die (spärlichen) Reste einer Bahnlinie nach Unterhausen erkennen lassen.

Das nahezu gleichmäßige Straßennetz nö der fünfeckigen Altstadt von Reutlingen läßt darauf schließen, daß ein stärkeres Wachstum der Stadt bereits in wilhelminischer Zeit erfolgte. Allerdings scheinen größere Mietshäuser selten zu sein, da eine geschlossene Blockrandbebauung allenfalls in Bahnhofsnähe zu erkennen ist. Diese Dynamik hielt bis in die allerjüngste Zeit an, auch mit der Anlage größerer Wohngebiete (im N) und neuer Gewerbeparks (3516,5/5370,5 + 3517/5374,5). Der mehrspurige Ausbau des Straßennetzes bei Reutlingen war damit unausweichlich. In dieses Wachstum wurden durch Pendler auch die Nachbarorte und sogar Dörfer der Alb einbezogen, denn sie weisen alle jüngere Siedlungsteile auf. Das ehemalige Haufendorf Pfullingen nahm derart an Einwohnern zu, daß ihm das Stadtrecht verliehen wurde. Die Aufforstung von Grenzertragsböden weist ebenfalls auf diesen Wandel hin (3518/5363, 3522/5365).

In neuerer Zeit mußte die Alb neue Funktionen übernehmen. Zum einen ist hier das Pumpspeicherwerk zu nennen (3521/5374,5 + 3522/5373), das den Höhenunterschied von fast 300 m zur Stromgewinnung nutzt, zum anderen die Segelfluggelände (3524/5375 + 3522/5369), die ihre Anlage den am Albrand aufsteigenden Winden verdanken. Wanderheime und Hütten (3522/5373 + 3515,5/5363) sowie mehrere Aussichtstürme (z. B. 3517/5367) bezeugen die Bedeutung vor allem des Albrandes für die Naherholung.

Fazit

Der Ausschnitt zeigt ein Gebiet, das sowohl in physisch-geographischer wie auch in kulturgeographischer Sicht von einer starken Dynamik geprägt ist. Die Ausbildung des Schichtstufenrandes erscheint hier sogar lehrbuchhaft. Es lassen sich zum einen mehrere Reliefgenerationen, zum anderen mehrere Epochen der Siedlungsentwicklung feststellen.

6 Die Beispiele: Darstellung der Interpretation der zwei Beilagen

Beilage 2: Ausschnitt aus der Landeskarte der Schweiz Blatt 268 Julierpass

Dieser Ausschnitt stellt die Hochgebirgslandschaft um die Berninagruppe an der Grenze zu Italien dar. Er ist nahezu siedlungsleer und eignet sich deshalb besonders, schwerpunktmäßig die Glazialmorphologie zu betrachten. Dabei empfiehlt es sich, der Fließrichtung der Gletscher von oben nach unten zu folgen.

Das Gebiet (des Kartenausschnitts!) weist mehrere vorherrschende Richtungen auf: zum einen etwa N-S-gerichtete, z. T. als Grate ausgebildete Kämme sowie Täler, zum anderen (im S) eine WSW-ONO verlaufende Kammlinie und im Bereich um den Piz Bernina Grate und Bergzüge in SW-NO- und SO-NW-Richtung. Höchster Punkt ist der Piz Bernina mit 4048,6 m. Auch die benachbarten Berge – Piz Palü, Piz Zupò, Piz Argient, Piz Scerscen und Piz Roseg – erreichen immerhin >3900 m, ja fast 4000 m. Nach N ist der Kamm etwas niedriger (Piz Morteratsch 3751 m, Piz Boval 3353 m). Der nach N anschließende Rücken zeigt ebenso wie Piz Surley im NW und Munt Pers im O Höhen um 3000–3200 m. Der sw gelegene Kamm bleibt eben unter 3600 m.

Die Landesgrenze der Schweiz gegen Italien folgt der Kammlinie vom Piz Glüschaint (3594 m) über Piz Bernina zum Piz Palü, wo sie den Kamm nach S verläßt. Sie wirkt sich im Bereich des Ausschnitts nicht aus.

Die Kammpartie gehört der schroffen Felsregion an. Teilweise reichen die Gletscher bis an die Kämme heran, wobei sich allerdings auf N- und S-Seiten infolge der unterschiedlichen Sonneneinstrahlung deutliche Unterschiede ergeben. Die beiden Seiten unterscheiden sich auch in der Größe der Kare: Auf der N-Seite sind sie kleiner und damit zahlreicher als im S.

Wir folgen nun in der Beschreibung dem Vadret da Morteratsch (Morteratsch-Gletscher) und dem Vadret Pers (Pers-Gletscher) von ihrem Ursprung bis zum Ende. Die Gletscher setzen im Talschluß an der Kammlinie zwischen Piz Bernina und Bellavista bzw. beidseits des Piz Palü an und reichen am Piz Argient bis >3800 m, am Piz Palü bis 3900 m hinauf. Karartige Formen sind in dieser Höhe beim Morteratsch-Gletscher jedoch nur n Piz Argient zu erkennen, etwas tiefer außerdem n und ö des Piz Bernina. Deutlicher sind sie am Piz Palü (sowie beim Vadret da Tschierva) ausgeprägt. Der Piz Bernina ist dreiseitig von Karen eingefaßt und kann deshalb als Karling bezeichnet werden. Ein Teil des an der Kammlinie sö des Piz Bernina sich bildenden Eises fließt auf die Südseite ab (Diffluenz), nämlich zwischen Piz Argient und Crast' Agüzza (~791,2/138,3, 3820 m) und – deutlicher – an der Fuorcla Crast' Agüzza (790,5/ 138,7, 3597 m). Auch n des Piz Zupó ist in 3840 m und ö der Bellavista in 3600–3700 m Diffluenz erkennbar. Morteratsch- und Pers-Gletscher fließen nach N ab.

Im Labyrinth (791,3/140,4) zeichnet sich im Morteratsch-Gletscher durch zahlreiche Spalten eine Geländeabstufe ab, über die der Gletscher von ~3140 m bis auf ~2940 m absteigt. Kleinere Stufen sind weiter oberhalb erkennbar. An diesen Stellen ragen einzelne Felspartien auch aus dem Eis heraus, ebenso unterhalb des Piz Palü, wo man von Nunatakkern sprechen könnte. Bei ~2600 m setzen im W eine Mittel- und eine Seitenmoräne ein, und etwa bei 2520 m geht bei geringerem Gefälle das Nährgebiet des Morteratsch-Gletschers in das Zehrgebiet über, liegt also die Schneegrenze. Beim

6 Die Beispiele: Darstellung der Interpretation der zwei Beilagen   137

Pers-Gletscher liegt diese Grenze höher, nämlich bei ~2680 m. Wahrscheinlich erhält der Pers-Gletscher abends länger Sonne als der im Schatten des Piz Morteratsch liegende Morteratsch-Gletscher. Da der Pers-Gletscher höher liegt, fällt er mit einem Eisbruch mit zahlreichen Quer- und – etwas tiefer – Längsspalten zum Morteratsch-Gletscher ab. (Bei völligem Abschmelzen wäre hier ein Hängetal zu erwarten.) An ihrem Zusammentreffen (Konfluenz) haben die beiden Gletscher mit ihren Seitenmoränen einen kleinen Moränen-Stausee gebildet. Gegenüber bricht am W-Hang ein vom Piz Privlus herabkommender Gletscher an einem Steilhang ab, so daß man ihn als Hängegletscher bezeichnen kann.

Die beim Zusammentreffen von Morteratsch- und Pers-Gletscher ansetzende Mittelmoräne liegt zunächst ein wenig tiefer als die Gletscheroberfläche, verbreitert sich aber talabwärts und erscheint schließlich erhöht, weil das mit dem Abschmelzen des Eises mächtiger werdende Geröll das Eis vor der Sonneneinstrahlung schützt. Die Gletscheroberfläche bleibt großenteils unruhig und ist von Rand- und Querspalten durchzogen. Etwa bei 2020 m findet der Gletscher sein Ende, und aus einem Gletschertor fließt sein Schmelzwasser nordwärts dem Val Bernina zu. Der weite Abstand der Isohypsen am Gletscherende zeigt an, daß der Gletscher im Abschmelzen begriffen ist.

Beim Morteratsch-Gletscher setzen ab ~2600 m, beim Pers-Gletscher ~2800 m Seitenmoränen ein, die an der Schottersignatur erkennbar sind. Weiter talabwärts erscheinen sie deutlich als Wälle (talabwärts spitz ausbiegende Isohypsen, z.B. bei 792,2/144,3). Offenbar handelt es sich bei diesen Wällen um Seitenmoränen des letzten Höchststandes (um 1850). Auch die Wallzunge, die ö Morteratsch in das von O herabziehende Tal vorspringt, ist als frühere Seitenmoräne zu deuten; Fluß, Straße und Bahn müssen ihr in einem Bogen ausweichen. Besonders gut sind alte Seitenmoränen beim Tschierva-Gletscher zu erkennen, die im Roseg-Tal einen größeren See aufstauen. Unterhalb der Gletscher erfüllen Schotter die Täler. Typisch ist auch die Zerfaserung der Schmelzwässer im Schotterfeld des Roseg-Tals bei H 144-146.

Als auffallende Formen seien ferner das Große Kar ö des Munt Pers (um 794/144) mit einem kleinen und einem etwas größeren Karsee erwähnt sowie der Lago di-Gera (794/134,3), neben denen es im italienischen Bereich noch weitere gibt. Ebenso sind im italienischen Teil auch einige Wälle von Seitenmoränen gut zu erkennen. Die Schliffkante ist am deutlichsten an der SW-Seite des Piz Tschierva (sw 788/143) bei gut 3000 m zu sehen. Im übrigen scheint der W-Hang dieses Berges mehrere Gesimse aufzuweisen. Auf der S-Seite könnte die Schliffkante unterhalb des Bivacco Parravicini (bei 788,3/136,8) bei 2640 m liegen. Der Rücken n des Piz Mirsaun dürfte wegen seiner gerundeten Form während der Eiszeit von Gletschereis bedeckt gewesen sein. Eine Trogschulter ist auf der W-Seite des unteren Morteratsch-Tals in 2400–2600 m Höhe auszumachen (Pascul's da Boval), in Ansätzen auch am W-Hang des Roseg-Tals bei 784,3/141,6 und ein wenig weiter unterhalb bei der Alp Ota.

Die Zerfaserung des Abflusses im Roseg-Tal findet ihr Ende an dem auffallenden Muot da Crasta, der das etwa 1990 m hohe Tal bis auf 2101 m überragt und den Wasserlauf auf die O-Seite abdrängt. Während dieser Hügel nach W weniger steil erscheint, fällt er nach O stark ab. Dies alles spricht für eine Bergsturzmasse, die von der W-Seite, herabgestürzt ist, vermutlich aus der als Foura da Brunner bezeichneten Nische.

Weil die Bergsturzmasse eine relativ ruhige Form besitzt, könnte sie von Eis überformt worden sein.

Ober- und unterhalb des Muot da Crasta buchten die Höhenlinien stellenweise ins Tal hinein aus und zeigen zusammen mit der Schottersignatur Ablagerungen von Bächen (786,7/144,8 + 786,8/145,5 mit Versumpfung oberhalb davon) und von Muren (787/147) an, die erst abgesetzt worden sein können, als das Tal eisfrei war.

Der Wald reicht bis etwa 2200 m hinauf, ist allerdings durch viele Lawinen- oder Muren-Schneisen zerschnitten. Genutzt wird das Gebiet durch die Alpwirtschaft und von Wanderern (Hotel eben s des Bergsturzhügels). Wintersport wird im O beim Sass-Queder betrieben: Eine Seilbahn verbindet das (Bernina-) Tal mit der Diavolezza (2973 m), und von unterhalb dieser Station führen Sesselbahn und Skilift bis auf ~3000 m Höhe am Sass-Queder. Auch auf der S-Seite ist Wintersport möglich, nämlich – schwer erreichbar – bei Capanna Scerscen in 2700–>2900 m Höhe. Warum bei 788,5/134,7 ein Friedhof für Alpini angelegt wurde, ist aus der Karte nicht zu entnehmen.

Wichtigere Verkehrswege sind im Bernina-Tal im NO des Ausschnitts angeschnitten.

Fazit

Der Kartenausschnitt zeigt alle wichtigen Glazialformen geradezu lehrbuchhaft. Auch die Bedeutung der Exposition und Gletscherschwankungen (Seitenmoränen!) sind gut zu erkennen. Die Erschließung für den Wintersport ist im Bereich des Ausschnittes allerdings gering.

Literaturverzeichnis

ABELE, G.: Bergstürze in den Alpen. Wiss. Alpenvereinshefte 25, München 1974.
ARNBERGER, E.: Handbuch der thematischen Kartographie. Wien 1966.
ARNBERGER, E.: Thematische Kartographie. 2. Aufl. Braunschweig 1987.
ARNBERGER, E. u. I. KRETSCHMER: Wesen und Aufgaben der Kartographie. Wien 1975.
BACH, A.: Deutsche Namenskunde. 3 Bände. Heidelberg 1953/54.
BAGROW, L.: Die Geschichte der Kartographie. Berlin 1951.
BAGROW, L. u. R. A. SKELTON: Meister der Kartographie. Berlin 1963.
BARTEL, J.: Wege zur Karteninterpretation. Kartogr. Nachr. 20, 1970, S. 127–154.
BENZING, A. G.: Vereinfachtes Blockbildzeichnen. Geogr. Tb. 1962/63, S. 317–320.
BENZING, A. G.: Blockbilder als Arbeitshilfen bei geographischen Exkursionen. Geogr. Rdsch. 15, 1963, S. 421–424.
BITTEL, K., S. SCHIEK u. D. MÜLLER: Die keltischen Viereckschanzen. Atlas archäol. Geländedenkmäler in Baden-Württemberg 1/1. Stuttgart 1990.
BLASCHKE, R. u. G. DITTMANN: Interpretation geologischer Karten. 2. Aufl. Stuttgart 1989.
BLEIEL, K. H. u. A. JESCHOR: Orientierung mit Karte und Luftbild. 3. Aufl. 1989.
BORN, M.: Die Entwicklung der deutschen Agrarlandschaft. 2. Aufl. Darmstadt 1982.
BORN, M.: Geographie der ländlichen Siedlungen. 1. Die Genese der Siedlungsformen in Mitteleuropa. Stuttgart 1977.
BRIEM, E. u. P. OELMANN: Geländeformen. Atlas zur Geomorphologie typischer Landschaften. Karlsruhe o. J.
BRÜGGEMANN, H.: CERCO im Wandel. Kartogr. Nachr. 44, 1994, S. 89–96.
BRÜNING, K. u. H. SCHMIDT: Niedersachsen. Handb. d. histor. Stätten 2, 3. Aufl., Stuttgart 1969.
CHRISTALLER, W.: Die zentralen Orte in Süddeutschland. Jena 1933.
DUPHORN, K. u. a.: Die deutsche Ostseeküste. Samml. geol. Führer 88, Berlin/Stuttgart 1995.
DURY, G. H.: Map Interpretation. London 1960.
EGERER, A.: Kartenkunde. I. Einführung in das Kartenverständnis. Leipzig/Berlin 1920.
EGLI, H.-R.: Die Karte als Darstellungsmittel geographischer Ergebnisse. – Geogr. helv. 1990, S. 72–76.
FALKE, H.: Anlegung und Ausdeutung einer geologischen Karte. Berlin 1975.
FEZER, F.: Karteninterpretation. 2. Aufl., Braunschweig 1976.
FISCHER, H.: Werke der Tiroler Bauernkartographen. Vermessungen in Vorderösterreich vor etwa 200 Jahren. Beitr. z. Landesk., Stuttgart, Nr. 5/1997, S. 8–15.
FREBOLD, G.: Profil und Blockbild. Braunschweig 1951.
FREI, H.: Der frühe Eisenerzbergbau und seine Geländespuren im nördlichen Alpenvorland. Münch. Geogr. H. 29, Kallmünz 1966.
FREITAG, U.: Die Zeitalter und Epochen der Kartengeschichte. Kartogr. Nachr. 22, 1972, S. 184–191.
GEYER, O. F. u. M. P. GWINNER: Geologie von Baden-Württemberg. Stuttgart 1986.
GEIGER, F.: Methodische Überlegungen zur Karteninterpretation, dargestellt am Beispiel der topographischen Karte 1:50000 Blatt L 8312 Schopfheim. Freiburger geogr. Mitt. 1977, H. 1/2, S. 15–25.
GRADMANN, R.: Durchbruchsberge. Z. Ges. f. Erdk. Berlin, Sonderband 1928, S. 274–283.
GRIMM, W.: Kartenprobe Siedlungsfläche zur Topographischen Karte 1:100000 Blatt C 5914 Wiesbaden. Kartogr. Nachr. 32, 1982, S. 94–97.
GRIMM, W.: Eine neue Kartengraphik für das digitale kartographische Modell „ATKIS-DKM 25". Kartogr. Nachr. 43, 1993, S. 61–68.

GRIPP, K.: Diluvialmorphologische Untersuchungen in Südost-Holstein. Z. Dt. Geol. Ges. 86, 1934, S. 73–82.
GROSJEAN, G.: Geschichte der Kartographie. Geographica Bernensia U 8, 3. Aufl. Bern 1996.
HÄBERLEIN, R. u. J. HAGEL: Die Schmitt'sche Karte von Südwestdeutschland 1:57600. Reproduktionen alter Karten, hrsg. vom LV Baden-Württemberg, Stuttgart 1987.
HAAG, H.: Geschichte des Nullmeridians. Diss. Gießen 1912.
HAGEL, J.: Die Weltkarte des Joan Blaeu von 1648. Kosmos-Wandbilder für den Unterricht, Lieferung 83/1981, S. 4343/1–8.
HAGEL, J.: Stuttgart im Spiegel alter Karten und Pläne. Stuttgart 1984.
HAGEL, J.: Quo vaditis TK 25 und 50? Kartogr. Nachr. 43, 1993, S. 155-156.
HAKE, G.: Kartographie. Bd. I: 6. Aufl. Berlin 1982 (7. Aufl. mit D. Grünreich 1994). Bd. II: 3. Aufl. Berlin 1985.
HAMMERL, Chr. u. W. LENHARDT: Erdbeben in Österreich. Graz 1997.
HÄRTIG, P.: Das Kausalprofil. Geogr. Rdsch. 2, 1950, S. 143–144.
HARTKE, W.: Die Heckenlandschaft. Erdkunde 5, 1951, S. 132–152.
HECTOR, K.: Eine Karte über den Alster-Trave-Kanal aus dem Jahre 1528. – Heimatkdl. Jb. Krs. Segeberg 7, 1961, S. 32–34.
HEINRITZ, G.: Zentralität und zentrale Orte. Stuttgart 1979.
HEMPEL, L.: Möglichkeiten und Grenzen der Auswertung amtlicher Karten für die Geomorphologie. Dt. Geogr.-tag Würzburg 1957, Tagungsber. u. wiss. Abh., Wiesbaden 1958, S. 272–279.
HERDEG, E.: Die amtliche Kartographie zwischen analoger und digitaler Karte. Kartogr. Nachr. 43, 1993, S. 1–7.
HERZIG, R.: Amtliche topographische Karten – verwirrende Vielfalt? In: A. Hüttermann: Beiträge zur Kartennutzung in der Schule = Mater. z. Didaktik d. Geogr. 17, Trier 1995, S. 39–47.
HETTNER, A.: Das länderkundliche Schema. Geogr. Anz. 33, 1932, S. 1–6.
HEYER, E. u. a.: Arbeitsmethoden in der physischen Geographie. Berlin 1968, S. 17–57.
HOFMANN, W.: Geländeaufnahme. Geländedarstellung. Braunschweig 1971.
HUTTENLOCHER, F.: Baden-Württemberg, kleine geographische Landeskunde. 4. Aufl. Karlsruhe 1972.
HÜTTERMANN, A.: Die geographische Karteninterpretation. Kartogr. Nachr. 25, 1975, S. 62–66.
HÜTTERMANN, A.: Der Einsatz topographischer Karten auf Exkursionen. Osnabrücker Studien z. Geogr. 1, 1978 (a), S. 219–246.
HÜTTERMANN, A.: Die topographische Karte als geographisches Arbeitsmittel. Der Erdkundeunterricht 26, Stuttgart 1978 (b), 2. Aufl. 1981.
HÜTTERMANN, A.: Karteninterpretation in Stichworten. Teil II: Geographische Interpretation thematischer Karten. Kiel 1979.
HÜTTERMANN, A.: Die Karte als geographischer Informationsträger. Geogr. u. Schule 1, 1979, S. 4–13.
HÜTTERMANN, A. (Hrsg.): Probleme der geographischen Kartenauswertung. Darmstadt 1981.
HÜTTERMANN, A.: Die topographische Karte im Alltag: Wie können Hilfen für den Nutzer aussehen? Kartogr. Nachr. 42, 1992, S. 94–99.
HÜTTERMANN, A.: Karteninterpretation in Stichworten. Teil I: Geographische Interpretation topographischer Karten. 3. Aufl. Berlin/Stuttgart 1993.
IMHOF, E.: Gelände und Karte. 3. Aufl. Erlenbach-Zürich/Stuttgart 1968.
Institut für Landeskunde (Hrsg.): Deutsche Landschaften. Geographisch-landeskundliche Erläuterungen zur Topographischen Karte 1:50000. 4 Lieferungen, Bad Godesberg 1963–1970. 2. Aufl. in 6 Auswahl-Sammlungen Bad Godesberg, jetzt Trier 1978ff.
JANKUHN, H.: Die Frühgeschichte. Geschichte Schleswig-Holsteins 3, Neumünster 1957.
JENSCH, G.: Die Erde und ihre Darstellung im Kartenbild. 2. Aufl., Braunschweig 1975.

JESSEN, O.: Fernwirkungen der Alpen. Mitt. Geogr. Ges. München 35, 1949–50, S. 7–67.
JORDAN, W., O. EGGERT, M. KNEISSL: Handbuch der Vermessungskunde. 10. Ausg., Bd. 3: M. KNEISSL: Höhenmessung, Tachymetrie. Stuttgart 1955.
JUNGMANN, W. W. u. A. PLETSCH: Geographisch-landeskundliche Erläuterungen zur Topographischen Karte 1:50000 Blatt L 5318 Amöneburg. Jb. 1992 Marburger Geogr. Ges. S. 44–68.
JUNGMANN, W. W. u. A. PLETSCH: Das Schwalmgebiet und seine Randlanschaften – Geographisch-landeskundliche Erläuterungen zur Topographischen Karte 1:50000 Blatt 5120 Ziegenhain. Jb. 1993 Geogr. Ges. Marburg S. 105–153.
KAHLFUSS, H.-J.: Landesaufnahme und Flurvermessung in den Herzogtümern Schleswig, Holstein und Lauenburg vor 1864. Kiel 1959.
KANNENBERG, E. G.: Die Entwicklung der Kulturlandschaft im Verdichtungsraum Stuttgart von 1900 bis 1965. Grundlagen, Methoden und Ergebnisse einer kartographischen Untersuchung. Forsch.- u. Sitzungsber. d. Akad. f. Raumf. und Landespl. 51, 1969, S. 149–161.
KIENAU, C.: Die Siedlungen des ländlichen Raumes. 2. Aufl. Braunschweig 1995.
KOST, W.: Die amtlichen topographischen Karten in Niedersachsen. Geschichtlicher Rückblick und heutiger Stand. Beitr. z. dt. Landeskd. 10, 1951, S. 378–386.
KRAUSE, K.: Das geographische Kausalprofil. Geogr. Anz. 28, 1927, S. 280–284.
KRAUSE, K.: Geographische Kausalprofile. Breslau 1930.
KRAUSS, G. u. R. HARBECK: Die Entwicklung der Landesaufnahme. Karlsruhe 1985.
KREBS, N.: Vergleichende Länderkunde. Stuttgart 1951 (S. 5–9).
KRETSCHMER, I., J. DÖRFLINGER u. F. WAWRIK: Lexikon zur Geschichte der Kartographie. 2 Bde, Wien 1986.
KUPCIK, I.: Alte Landkarten. Von der Antike bis zum Ende des 19. Jahrhunderts. 6. Aufl., Hanau 1990.
LAUR, W.: Die Ortsnamen in Schleswig-Holstein. Die Heimat 104, 1997, S. 136–142.
LAUTENSACH, H.: Der geographische Formenwandel. Coll. geogr. 3, Bonn 1952.
LEERHOFF, H.: Niedersachsen in alten Karten. Neumünster 1985.
LEHMANN, H.: Konstruktion von Blockdiagrammen. Geogr. Tb. 1951/52, S. 395–397.
LEITHÄUSER, J. G.: Mappae mundi. Die geistige Eroberung der Welt. Berlin 1958.
LIEDTKE, H.: Die nordischen Vereisungen in Mitteleuropa. Forsch. z. dt. Landesk. 204, 2. Aufl. Trier 1981.
LINKE, W.: Orientierung mit Karte und Kompaß. 8. Aufl. Herford 1996.
LOUIS, H. u. K. FISCHER: Allgemeine Geomorphologie. 4. Aufl. Berlin 1979.
MÄDER, Ch.: Kartographie für Geographen. Geographica Bernensia U 22, 2. Aufl. Bern 1996.
MARK, H.: Karstformen in der Topographischen Karte. Kartogr. Nachr. 43, 1993, S. 107–111.
MARQUARDT, G.: Die schleswig-holsteinische Knicklandschaft. Schr. Geogr. Inst. Univ. Kiel XIII/3, Kiel 1950.
MAULL, O.: Kultur- und politischgeographische Entwicklung und Aufgaben des heutigen Griechenlands. Mitt. Geogr. Ges. München 10, 1915, S. 91–171 (mit Karte des makedonisch-albanischen Grenzgürtels).
MECKSEPER, C.: Kleine Kunstgeschichte der deutschen Stadt im Mittelalter. Darmstadt 1982.
MEIBEYER, W.: Die Rundlingsdörfer im östlichen Niedersachsen. Braunschw. Geogr. Stud. 1, 1964.
MESSNER, R.: Die amtliche Kartographie Österreichs bis zum Jahre 1918. In: Bundesamt f. Eich- und Vermessungswesen (Hrsg.): Die amtliche Kartographie Österreichs. Wien 1970, S. 7–61.
MILLER, M. u. G. TADDEY: Baden-Württemberg. Handb. d. histor. Stätten Deutschlands 6, 2. Aufl. Stuttgart 1965.
MÜLLER, H. H.: „Kartenprobe Siedlungsflächen" C 5914 Wiesbaden. Wende in der Siedlungsdarstellung. Kartogr. Nachr. 31, 1981, S. 45–52.

MÜLLER-MINY, H.: Die topographische Karte 1:50000 in der Erdkunde und im Erdkundeunterricht am Beispiel des Blattes Ahrweiler. Geogr. Z. 53, 1965, S. 171–187.

NEUMANN, D.: Lage und Ausdehnung des Dobratschbergsturzes von 1348. Neues aus Alt-Villach, Museum der Stadt Villach 25. Jb., 1988, S. 69–77.

NEUMANN, J.: Entwicklungslinien deutscher Kartographiegeschichte – eine Skizze. Kartogr. Nachr. 43, 1993, S. 41–48.

NIEMEIER, G.: Siedlungsgeographie. Braunschweig 1967.

OEHME, R.: Geschichte der Kartographie des deutschen Südwestens. Konstanz 1961.

PASCHINGER, H.: Grundriß der Allgemeinen Kartenkunde. I.Teil: Einführung in das Kartenverständnis und in die großen Kartenwerke. Innsbruck 1953, 3. Aufl. 1967.

SANDER, H.-J. u. A. WENZEL: Karteninterpretation und -synopse in Schul- und Hochschulgeographie. Kartogr. Nachr. 25, 1975, S. 1–12.

SCHAEFER, I.: Der Talknoten von Donau und Lech. Zur Frage des Laufwechsels der Donau vom „Wellheimer Trockental" ins „Neuburger Durchbruchsstal". Mitt. Geogr. Ges. München 51, 1966, S. 59–11.

SCHAEFER, I.: Die Räumung der Kirchener/Schmiech/Blau-Talzuges durch die Donau. Mitt. Geogr. Ges. München 52, 1967, S. 191–230.

SCHICK, M.: Zur Methodik des Auswertens topographischer Karten. Veröff. Geogr. Inst. Techn. Hochsch. Darmstadt 1, 4. Aufl. Darmstadt 1985.

SCHMITZ, H.: Grenzen und Möglichkeiten geographischer Karteninterpretation. Kartogr. Nachr. 23, 1973, S. 89–95.

SCHRÖDER, K. H. u. G. SCHWARZ: Die ländlichen Siedlungsformen in Mitteleuropa. Forsch. z. dt. Landeskd. 175, 2. Aufl. Trier 1978.

SCHRÖDER, P.: Diagrammdarstellung in Stichworten. Unterägeri 1985.

SCHULZ, G.: Lexikon zur Bestimmung der Geländeformen in Karten. Berliner geogr. Stud. 28, 1989.

SCHÜTTLER, A.: L 3718 Minden. Eine landeskundliche Blattbeschreibung zur Topographischen Karte 1:50000. Ber. z. dt. Landesk. 36, 1966, S. 17–30.

SCHWARZ, G.: Allgemeine Siedlungsgeographie. 4. Aufl. Berlin 1989.

SCHWARZMAIER, H.: Kartographie und Gerichtsverfahren. Karten des 16. Jahrhunderts als Aktenbeilagen. In: Aus der Arbeit des Archivars, Festschrift für Eberhard Gönner. Veröff. staatl. Archivverw. Baden-Württ. 44, Stuttgart 1986, S. 163–186.

SEMMEL, A.: Karteninterpretation aus geoökologischer Sicht. Frankfurter geowiss. Arb. D 16, Karlsruhe 1993, 2. Aufl. Karlsruhe 1996.

SICK, W.-D.: Die Vereinödung im nördlichen Bodenseegebiet. Württ. Jb. f. Statistik u. Landesk. 1951/52, Stuttgart 1952, S. 81–105.

SICK, W.-D.: Oberschwaben und Bodenseegebiet – ein Überblick. In: Geographische Landeskunde von Baden-Württemberg, hrsg. v. Ch. Borcherdt, 3. Aufl. Stuttgart 1992, S. 363–372.

SICK, W.-D.: Agrargeographie. 2. Aufl. Braunschweig 1993.

SMETTAN, H. W.: Naturwissenschaftliche Untersuchungen in der Neckarschlinge bei Lauffen. Fundber. Baden-Württ. 15, Stuttgart 1990, S. 437–473.

SPERLING, W.: Nochmals zum digitalen kartographischen Modell „ATKIS-DKM 25". Kartogr. Nachr. 44, 1994, S. 113–114.

SPETHMANN, H.: Dynamische Länderkunde. Breslau 1928.

SPETHMANN, H.: Das länderkundliche Schema in der deutschen Geographie. Berlin 1931.

STROBEL, A.: Die Grundlagenvermessung. In: 150 Jahre württembergische Landesvermessung 1818–1968, hrsg. LV Baden-Württemberg, Stuttgart 1968, S. 57–112.

STURMFELS, W. u. H. BISCHOF: Unsere Ortsnamen im ABC erklärt. 3. Aufl. Bonn 1961.

TIETZE, W. (Hrsg.): Westermann Lexikon der Geographie. 4 Bde, 2. Aufl. Weinheim 1982.

TRAUTMANN, R.: Die elb- und ostseeslavischen Ortsnamen. Abh. dt. Akad. Wiss. Berlin, phil.-hist. Klasse 1947, Nr. 4, Berlin 1948, u. Nr. 7, Berlin 1949.

TROLL, C.: Heckenlandschaften im maritimen Grünlandgürtel und im Gäuland Mitteleuropas. Erdkunde 5, 1951, S. 152–157.
VOLLET, H.: Cassini de Thury und seine Reiseberichte zur Triangulation Straßburg – Wien 1761/62. Kartographiehist. Kolloquium Wien '86. Berlin 1987, S. 81–89.
WAGNER, H.: Der Kartenmaßstab. Z. Ges. f. Erdk. Berlin 1914, S. 1–34, 81–117.
WAGNER, W.: Die amtliche Kartographie Österreichs seit dem 1. Weltkrieg und ihre topographischen Kartenwerke. In: Bundesamt f. Eich- u. Vermessungswesen (Hrsg.): Die amtliche Kartographie Österreichs, Wien 1970, S. 63–95.
WALTER, F.: Landesforschung und Karte. Kartogr. Nachr. 10, 1960, S. 107–112.
WEINREUTER, E.: Stadtdörfer in Südwest-Deutschland. Tübinger geogr. Stud. 32, Tübingen 1969.
WILHELMY, H.: Kartographie in Stichworten. Kiel 1966. 5. Aufl. bearb. von A. Hüttermann u. P. Schröder, Unterägeri 1990.
WITT, W.: Grenzlinien und Grenzgürtelmethode. In: Grundsatzfragen der Kartographie, hrsg. v. d. Öst. Kartogr. Ges., Wien 1970, S. 194–307.
WITT, W.: Lexikon der Kartographie. Wien 1979.
WOLF, R.: Landschaftswandel in der weiteren Umgebung von Marbach a. N. in acht Jahrzehnten. Ludwigsburger Geschichtsbl. 38, 1985, S. 9–32 (m. Kartenbeil.).
WOLF, R.: „Landschaftsverbrauch" im Kartenvergleich. In: A. Hüttermann (Hrsg.), Beiträge zur Kartennutzung in der Schule = Mater. z. Didaktik d. Geogr. 17, Trier 1995, S. 31–38.
WOLFF, H. u. a.: Cartographia Bavariae. Bayern im Bild der Karte. Weißenhorn i. Bay. 1988.
WOLKENHAUER, W.: Aus der Geschichte der Kartographie. Die Periode der Triangulation und topographischen Aufnahme (1750–1840). Dt. Geogr. Bl. XXXVIII, 1916/17, H. 1, S. 101–128.

Topographische Atlanten

Bayerisches Landesvermessungsamt (Hrsg.): Topographischer Atlas Bayern. München 1968.
DEGN, Chr. u. U. MUUSS: Topographischer Atlas Schleswig-Holstein und Hamburg. 4. Aufl. Neumünster 1979.
ERNST, E. u. H. KLINGSPORN: Hessen in Karte und Luftbild. Band 1 Neumünster 1969, Band 2 Berlin 1973.
FEZER, F.: Topographischer Atlas Baden-Württemberg. Neumünster 1979.
Landesvermessungsämter der Bundesrepublik Deutschland u. Institut für Angewandte Geodäsie (Hrsg.): Topographischer Atlas Bundesrepublik Deutschland. München u. Neumünster 1977.
LIEDTKE, H., K.-H. HEPP u. Chr. JENTSCH: Das Saarland in Karte und Luftbild. Neumünster 1974.
LIEDTKE, H., G. SCHARF u. W. SPERLING: Topographischer Atlas Rheinland-Pfalz. Neumünster 1973.
PAPE, Ch. u. U. FREITAG: Topographischer Atlas Berlin. Berlin 1987.
SCHRADER, E.: Die Landschaften Niedersachsens. 3. Aufl. Hannover 1965.
Landesvermessungsamt Nordrhein-Westfalen (Hrsg.): Topographischer Atlas Nordrhein-Westfalen. Bonn 1968.
SEEDORF, H.-H.: Topographischer Atlas Niedersachsen und Bremen. Neumünster 1977.

Musterblätter und Zeichenerklärungen

(Teilweise nicht im Buchhandel!)

Arbeitskreis Kartennutzung der Deutschen Gesellschaft für Kartographie (Hrsg.): Topographische Karte 1:50000. Tips zum Kartenlesen. o. O. 1992.

Bundesamt für Eich- und Vermessungswesen (Hrg.): Zeichenschlüssel für die Österreichische Karte 1:50000. Wien 1993.

Bundesamt für Eich- und Vermessungswesen: Das Bundesmeldenetz. Eine Information über das österreichische Meridianstreifensystem, das Bundesmeldenetz usw. Wien 1992.

Bundesamt für Landestopographie (Hrsg.): Zeichenerklärung für die topographischen Landeskarten 1:25000, 1:50000, 1:100000. Wabern (Schweiz) 1989.

Hessisches Landesvermessungsamt: Topographische Karten kennenlernen, verstehen, nutzen. 2. Aufl. Wiesbaden 1996.

Landesvermessungsamt Baden-Württemberg (Hrsg.): Musterblatt für die Topographische Karte 1:50000. 4. Ausg. Stuttgart 1981 mit Erg.-Bl. 1989.

Landesvermessungsamt Baden-Württemberg: Zusammenstellung der wichtigsten Zeichen für die Topographischen Karten 1:25000, 1:50000, 1:100000, 1:200000. Stuttgart 1970, Ausgabe 1988.

Landesvermessungsamt Brandenburg: Topographische Karte 1:50000. Staatliches Kartenwerk der ehemaligen DDR (AS). Potsdam o.J. (Faltblatt mit Zeichenerklärung).

Ministerium des Innern [der DDR], Verwaltung Vermessungs- und Kartenwesen (Hrsg.): Zeichenerklärung für die Topographischen Karten (Ausgabe für die Volkswirtschaft) 1:10000, 1:25000, 1:50000. Berlin 1980.